创新型高等职业教育精品教材

互联网+活页式理念新形态教材

电工电子技术基础与应用

主审 欧阳慧平
主编 易 凡 季小峰 郭成军

教·学
资 源

航空工业出版社

北 京

内 容 提 要

本书共有7个项目，包括直流电路、正弦交流电路、变压器与三相异步电动机、二极管及其应用、三极管及其应用、逻辑门电路与组合逻辑电路、触发器与时序逻辑电路等内容。

本书突出了应用性，注重培养学生的综合技能，可作为高等职业院校电子信息类、机电设备类、自动化类、通信类和电力技术类等相关专业的教材。

图书在版编目（CIP）数据

电工电子技术基础与应用 / 易凡，季小峰，郭成军主编. -- 北京：航空工业出版社，2023.2（2024.2重印）
ISBN 978-7-5165-3267-6

Ⅰ．①电… Ⅱ．①易… ②季… ③郭… Ⅲ．①电工技术－高等职业教育－教材②电子技术－高等职业教育－教材 Ⅳ．①TM②TN

中国国家版本馆CIP数据核字(2023)第026331号

电工电子技术基础与应用
Diangong Dianzi Jishu Jichu yu Yingyong

航空工业出版社出版发行
（北京市朝阳区京顺路5号曙光大厦C座四层　100028）
发行部电话：010-85672666　010-85672683

捷鹰印刷（天津）有限公司印刷	全国各地新华书店经销
2023年2月第1版	2024年2月第2次印刷
开本：787×1092　1/16	字数：381千字
印张：16.5	定价：59.80元

本书编委会

主　审　欧阳慧平

主　编　易　凡　季小峰　郭成军

副主编　徐　蓬　申利民　谢金涛

　　　　刘燕琪　李　佳　周荷清

　　　　胡婷婷　俞金华

前言 PREFACE

近年来,随着大数据、云计算、互联网、物联网等信息技术的快速发展,我国制造业的数字化、网络化、智能化水平不断提升,我国制造业正加速从"中国制造"走向"中国智造"。作为制造业的基础技术,电工电子技术已广泛应用于工农业生产和社会民生的众多领域,其发展与应用水平已成为衡量一个国家制造业发展水平的重要指标。因此,各相关专业的技术人员应掌握电工电子技术基础知识,具备分析和解决电工电子技术问题的基本技能。为了培养这方面的人才,我们精心编写了本书。

本书主要具有以下特色。

1. 素质教育,立德树人

为贯彻党的二十大精神,坚持为党育人、为国育才的教育初心,落实立德树人根本任务,本书将知识传授、能力培养、人才成长与理想信念、价值理念、道德观念教育有机结合,在每个项目的开头明确了"素质目标",并在相关知识部分设置"砥节砺行"模块,让学生在学习专业知识的同时感受先进人物事迹,了解行业发展态势,以帮助学生树立正确的世界观、人生观、价值观,培养学生爱党爱国、守正创新、甘于奉献的职业素养。

2. 校企合作,工学结合

编者在编写本书的过程中,获得了多位电工电子技术方面的专家和一线工作人员的大力支持,充分考虑了电工电子技术相关岗位的实际需求,在内容组织上遵循"理论够用、实用为主"的原则,突出电工电子技术相关技能的培养。学生在学完本书后,可具备较强的电工电子技术实践技能。

3. 活页理念,全新形态

为落实教育主管部门相关文件精神,满足新时代职业教育教学改革要求,本书采用"活页式理念"进行编写,坚持以应用为主线,在传授学生理论知识的同时,还着力培养学生的专业技能,塑造学生的职业道德与职业意识,旨在培养既懂理论又擅实践的高素质人才。

4．标准前沿，课证融通

本书相关内容对接最新的国家标准和行业标准，从而保证了知识点的规范性和时效性。为适应职业院校"1+X"证书制度的需求，本书理论知识和实践操作对接国家相关职业技能鉴定标准和规范，实现了课程标准与职业资格标准的融通。

5．任务驱动，理实一体

本书采用"任务驱动式"体例编写，全书分成若干项目，每个项目分成若干任务，每个任务按照"任务引入"→"任务工单"→"相关知识"的结构安排内容。

任务引入：通过相关案例、资讯等引出实际的工作任务，以激发学生的学习兴趣，让学生对本任务有一个初步的认识。

任务工单：让学生在任务实施的过程中学习相关知识，并在实践操作中进一步融会贯通，以实现"做中学，学中做"的一体化教学思想，最大限度地培养学生的自主学习能力和分析、解决实际问题的能力。

相关知识：作为任务工单的理论支撑，侧重介绍相关技术原理及其在工程实际中的应用方法。

此外，本书还在每个项目的最后设置了"综合测试"模块，学生可以通过解答习题来巩固所学知识。

6．强化成果，引领创新

本书以目标为导向，将"实践""巩固""评价"等环节有机地贯穿于每个项目中，以强化教学成果，并引领学生进一步拓展创新思维。

首先，本书在每个项目的开始明确了本项目所要达成的知识目标、技能目标和素质目标。

其次，本书在每个任务工单的末尾设置了"创想天地"模块，通过设置社会实践活动或让学生讨论与实操技能相关的开放性话题，开发学生的创新能力，提升学生的创业素养。

再次，本书在关键节点处设置了随堂笔记，引导学生在学习和实践过程中记录相关经验和感想，巩固学习成果。

最后，本书在每个项目的末尾设置了"学习成果评价"模块，教师可以从知识、技能和素养三个方面对学生进行综合评价，检验学生对学习成果的转化情况。

7．图文并茂，模块丰富

本书为便于学生理解，设置了大量的实物图、原理图、操作图等精美图片，提升了教材的可读性。书中还设有"点拨""经验传承""头脑风暴""拓展升华"等小模块，以强化课堂互动，拓宽学生视野，增加本书的趣味性。

8．数字资源，平台辅助

本书将"互联网+"思想融入教材。读者可借助手机或其他移动设备扫描二维码获取微课视频，也可登录文旌综合教育平台"文旌课堂"（www.wenjingketang.com）查看和下载本书配套资源，如习题答案、优质课件、教案等。

此外，本书还提供了在线题库，支持"教学作业，一键发布"，指导教师只需通过微信或"文旌课堂"App扫描扉页二维码，即可迅速选题、一键发布、智能批改，并查看学生的作业分析报告，提高教学效率、提升教学体验。学生可在线完成作业，巩固所学知识，提高学习效率。

在编写本书的过程中，编者参考了大量有关电工电子技术的文献资料。在此，向这些文献资料的作者表示衷心的感谢！由于编者水平有限，书中存在的疏漏与不妥之处，敬请广大读者批评指正。

目录

项目 1 直流电路 ... 1

任务 1.1 掌握电路的基本知识 ... 2
任务引入 ... 2
任务工单——测试电阻的伏安特性 ... 3
相关知识 ... 5
  1.1.1 电路的组成 ... 5
  1.1.2 电路的基本物理量 ... 5
  1.1.3 电路的基本元件 ... 8

任务 1.2 分析与测量直流电路 ... 15
任务引入 ... 15
任务工单——验证基尔霍夫定律和叠加定理 ... 17
相关知识 ... 21
  1.2.1 基尔霍夫定律 ... 21
  1.2.2 支路电流法 ... 23
  1.2.3 叠加定理 ... 24
  1.2.4 戴维南定理 ... 25

综合测试 ... 26
学习成果评价 ... 28

项目 2 正弦交流电路 ... 29

任务 2.1 认识正弦交流电路 ... 30
任务引入 ... 30
任务工单——测量 *RLC* 的阻抗频率特性 ... 31
相关知识 ... 33
  2.1.1 正弦交流电概述 ... 33
  2.1.2 单一参数正弦交流电路 ... 36
  2.1.3 正弦交流电路的分析 ... 39

任务 2.2　认识三相交流电路 ·· 44

　　任务引入 ··· 44

　　任务工单——测量三相交流电路的电压和电流 ··· 45

　　相关知识 ··· 49

　　　2.2.1　三相交流电源 ··· 49

　　　2.2.2　三相交流电路的联结方法 ·· 50

　　　2.2.3　三相交流电路的功率 ·· 56

综合测试 ··· 58

学习成果评价 ··· 59

项目 3　变压器与三相异步电动机 ··· 61

任务 3.1　认识变压器 ··· 62

　　任务引入 ··· 62

　　任务工单——测试单相变压器的变比和外特性 ··· 63

　　相关知识 ··· 65

　　　3.1.1　磁路 ·· 65

　　　3.1.2　变压器 ·· 68

任务 3.2　认识三相异步电动机 ··· 73

　　任务引入 ··· 73

　　任务工单——拆装三相异步电动机 ·· 75

　　相关知识 ··· 77

　　　3.2.1　三相异步电动机的基本结构 ·· 77

　　　3.2.2　三相异步电动机的工作原理 ·· 79

　　　3.2.3　三相异步电动机的启动方法 ·· 81

任务 3.3　认识三相异步电动机的控制电路 ·· 85

　　任务引入 ··· 85

　　任务工单——调试三相异步电动机的正反转控制电路 ····································· 87

　　相关知识 ··· 89

　　　3.3.1　常用低压电器 ··· 89

　　　3.3.2　单向控制电路 ··· 93

　　　3.3.3　点动控制电路 ··· 94

　　　3.3.4　正反转控制电路 ·· 95

综合测试 ··· 98

学习成果评价 ··· 100

项目 4　二极管及其应用 ····· 101

任务 4.1　认识二极管 ····· 102
任务引入 ····· 102
任务工单——测试二极管的伏安特性 ····· 103
相关知识 ····· 107
4.1.1　半导体概述 ····· 107
4.1.2　二极管 ····· 110

任务 4.2　认识整流滤波电路 ····· 113
任务引入 ····· 113
任务工单——调试整流滤波电路 ····· 115
相关知识 ····· 119
4.2.1　整流电路 ····· 119
4.2.2　滤波电路 ····· 122

任务 4.3　认识稳压电路 ····· 125
任务引入 ····· 125
任务工单——测试集成直流稳压电源 ····· 127
相关知识 ····· 129
4.3.1　稳压管稳压电路 ····· 129
4.3.2　三端集成稳压器 ····· 130

综合测试 ····· 133
学习成果评价 ····· 135

项目 5　三极管及其应用 ····· 137

任务 5.1　认识三极管 ····· 138
任务引入 ····· 138
任务工单——测试三极管的伏安特性 ····· 139
相关知识 ····· 143
5.1.1　三极管的结构和电流放大作用 ····· 143
5.1.2　三极管的伏安特性 ····· 144
5.1.3　三极管的主要参数 ····· 146

任务 5.2　认识放大电路 ····· 148
任务引入 ····· 148
任务工单——调试基本放大电路 ····· 149

相关知识 ………………………………………………………… 153
　　　5.2.1　共发射极放大电路 ………………………………… 153
　　　5.2.2　分压偏置放大电路 ………………………………… 158
　　　5.2.3　共集电极放大电路 ………………………………… 159
　　　5.2.4　多级放大电路 ……………………………………… 160
　　　5.2.5　功率放大电路 ……………………………………… 161
　任务 5.3　认识集成运放 …………………………………………… 164
　　任务引入 ………………………………………………………… 164
　　任务工单——测试集成运放的性能指标 ……………………… 165
　　相关知识 ………………………………………………………… 169
　　　5.3.1　放大电路中的反馈 ………………………………… 169
　　　5.3.2　集成运放的结构 …………………………………… 171
　　　5.3.3　集成运放的性能指标 ……………………………… 172
　　　5.3.4　集成运放的工作特性 ……………………………… 174
　　　5.3.5　集成运放的典型应用 ……………………………… 175
综合测试 ……………………………………………………………… 179
学习成果评价 ………………………………………………………… 181

项目 6　逻辑门电路与组合逻辑电路 ……………………………… 183

　任务 6.1　掌握逻辑代数的基本知识 ……………………………… 184
　　任务引入 ………………………………………………………… 184
　　任务工单——分析数字集成电路的内部逻辑结构 …………… 185
　　相关知识 ………………………………………………………… 189
　　　6.1.1　数制转换 …………………………………………… 189
　　　6.1.2　编码 ………………………………………………… 190
　　　6.1.3　逻辑运算 …………………………………………… 192
　　　6.1.4　逻辑函数的表示方法 ……………………………… 196
　任务 6.2　认识逻辑门电路 ………………………………………… 197
　　任务引入 ………………………………………………………… 197
　　任务工单——测试 TTL 集成门电路的逻辑功能 …………… 199
　　相关知识 ………………………………………………………… 201
　　　6.2.1　分立元件门电路 …………………………………… 201
　　　6.2.2　TTL 集成门电路 …………………………………… 204
　任务 6.3　掌握组合逻辑电路的应用 ……………………………… 208
　　任务引入 ………………………………………………………… 208

任务工单——制作三人表决器 ··· 209
　　相关知识 ··· 211
　　　6.3.1　组合逻辑电路的分析方法 ·· 211
　　　6.3.2　组合逻辑电路的设计方法 ·· 212
　　　6.3.3　常用的组合逻辑器件 ·· 212
综合测试 ··· 219
学习成果评价 ··· 220

项目 7　触发器与时序逻辑电路 ··· 221

任务 7.1　认识触发器 ··· 222
　　任务引入 ··· 222
　　任务工单——测试触发器的逻辑功能 ·· 223
　　相关知识 ··· 227
　　　7.1.1　RS 触发器 ·· 227
　　　7.1.2　JK 触发器 ·· 229
　　　7.1.3　D 触发器 ·· 231
　　　7.1.4　T 触发器 ·· 231

任务 7.2　掌握时序逻辑电路的应用 ··· 233
　　任务引入 ··· 233
　　任务工单——制作同步十进制加法计数器 ···································· 235
　　相关知识 ··· 237
　　　7.2.1　时序逻辑电路的分析方法 ·· 237
　　　7.2.2　时序逻辑电路的设计方法 ·· 240
　　　7.2.3　时序逻辑电路的典型应用 ·· 242
综合测试 ··· 247
学习成果评价 ··· 249

参考文献 ··· 250

项目 1　直流电路

项目导读

在使用电能时，需要用导线将电源和用电设备合理地连接起来，组成电路，才能使电流在用电设备中做功或进行信号的转换和传递。电力、电子、通信、计算机和自动化等学科都是建立在电路理论基础上的。

根据电路中电流性质的不同，电路可分为直流电路和交流电路。其中，直流电路是指电流的大小和方向都不随时间变化的电路，它是电路最基本的形式。直流电路中的一些规律在交流电路中也同样适用。

本项目主要介绍电路的基本知识以及直流电路的分析与测量方法。

知识目标

- 了解电路的组成
- 掌握电路基本物理量的计算和测量方法
- 掌握电路基本元件的特性和分析方法
- 掌握直流电路常用的分析方法

技能目标

- 能够正确、熟练地使用数字万用表
- 能够正确测量电路的基本物理量
- 能够正确测量电路基本元件的伏安特性
- 能够通过试验来验证基尔霍夫定律和叠加定理

素质目标

- 树立勇于探索、追求真理的职业精神
- 养成坚持不懈、刻苦钻研的工作作风

任务 1.1 掌握电路的基本知识

 **任务引入**

白炽灯曾是人们普遍使用的一种灯具,它是将灯丝通电,加热到白炽状态,利用灯丝的热辐射发出可见光,以此来实现照明的。在使用白炽灯进行照明时,常会遇到这样的情况:当电网中突然接入大功率负载时,电网电压便会出现较大的波动,此时白炽灯会突然变暗;当电网电压恢复正常后,白炽灯又会恢复为原来的亮度。这是因为白炽灯的灯丝是一种电阻,其两端电压的变化会使通过其内部的电流发生变化。

请选择合适的工具和器材,对电阻的伏安特性进行测试。本任务的知识与技能要求如表1-1所示。

表1-1 知识与技能要求

任务内容	掌握电路的基本知识	学习程度		
		识记	理解	应用
学习任务	电路的组成	●		
	电路的基本物理量		●	
	电路的基本元件		●	
实训任务	测试电阻的伏安特性			●
自我勉励				

任务工单——测试电阻的伏安特性

1. 知识准备

伏安特性是指一种电路元件两端所加的电压与通过其内部的电流之间的关系。电阻的伏安特性常用纵坐标表示电流、横坐标表示电压,由按照电阻的 U-I 关系绘制出的曲线(即伏安特性曲线)表示。

2. 工具和器材准备

准备任务实施所需的工具和器材,补全表1-2。

表1-2 工具和器材清单

名称	规格	型号	数量	名称	规格	型号	数量
直流电源			1路	白炽灯	12 V、0.1 A		1组
数字万用表			1台	线性电阻	1 kΩ		1个
直流电压表			1台	导线			
直流电流表			1台				

3. 任务实施

1)测试线性电阻的伏安特性

如图1-1所示连接电路,调节直流电源的输出电压 U,使直流电压表的读数 U_R 从 0 V 开始缓慢增大到 10 V,将不同 U_R 值所对应的直流电流表读数 I_R 分别填入表1-3中,并绘制线性电阻的伏安特性曲线。

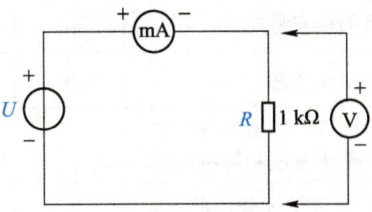

图1-1 线性电阻伏安特性的测试电路

表1-3 线性电阻伏安特性的测试结果

U_R(V)	0	2	4	6	8	10
I_R(mA)						

2)测试白炽灯的伏安特性

将图1-1中的 R 换成一盏 12 V、0.1 A 的白炽灯,此时直流电压表的读数为白炽灯的

端电压 U_L。调节直流电源的输出电压 U，使 U_L 从 0 V 开始缓慢增大到 5 V，将不同 U_L 值所对应的直流电流表读数 I_L 分别填入表 1-4 中，并绘制白炽灯的伏安特性曲线。

表 1-4　白炽灯伏安特性的测试结果

U_L（V）	0	0.5	1	2	3	4	5
I_L（mA）							

经验传承

　　在实施上述任务时，应先估算出所测电压和电流的大小，然后合理选择仪器仪表的量程，勿使仪器仪表超量程工作；同时，不可把仪器仪表的极性接错。

创想天地

　　几乎在所有的电路中都可以看到电阻的身影，但它们的作用不尽相同。请查阅有关资料，分析电阻的应用情况，讨论电阻在实际电路中可以起到哪些作用。

4. 任务评价

请指导教师按照学生的实际表现情况进行评分，并将评分结果填入表 1-5 中。

表 1-5　考核评价表

评价项目	评价标准	满分/分	实际得分/分	教师评语
技能操作	正确测试线性电阻的伏安特性	40		
	正确测试白炽灯的伏安特性	40		
参与程度	认真参加活动，积极思考，主动与同学、指导教师进行交流，善于发现和解决问题	10		
合作意识	积极参与探讨，勇于接受任务，敢于承担责任	10		
总分		100		

相关知识

1.1.1 电路的组成

电路是指电流的通路,它是为满足一定需要,由各种电路元件按一定方式组合起来的。电路既可用于传输、分配和转换电能,又可用于传递和处理信号。在实际应用中,无论电路的结构有多么复杂,它都是由电源、负载以及连接电源和负载的中间环节组成的。

为了便于对实际电路进行分析,通常用由统一规定符号表示的理想电路元件替代实际电路元件,建立实际电路的模型,即对实际电路进行"模型化"处理。这些由理想电路元件组成的电路称为电路模型,本书所介绍的电路均是指电路模型。

如图 1-2(a)所示为手电筒的实际电路,它由干电池、小灯泡、开关和导线组成。手电筒的电路模型如图 1-2(b)所示。其中,电阻 R_L 是小灯泡的模型,理想电压源 U_S 和与其相串联的电阻 R_0 是干电池的模型,导线和开关 S 是中间环节。

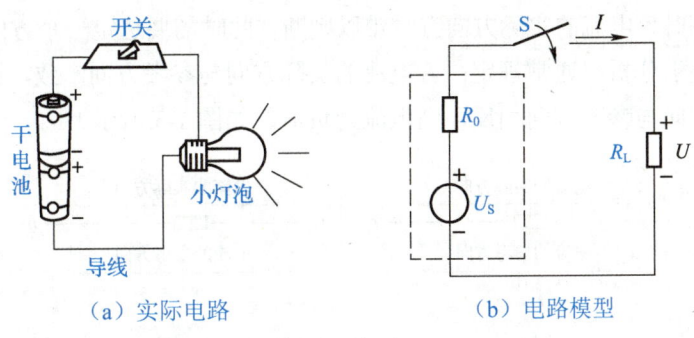

(a)实际电路   (b)电路模型

图 1-2 手电筒的实际电路及其电路模型

1.1.2 电路的基本物理量

在分析电路之前,首先介绍一下电流、电位、电压、电动势、电能、功率等电路的基本物理量。

1. 电流

在电场力的作用下,导体内带有电荷的粒子会有规则地进行定向移动。此时,单位时间内通过导体任意横截面的电荷的大小称为电流,用 i 表示,即

$$i = \frac{dq}{dt} \tag{1-1}$$

式中:

i ——电流,单位为安(A);

q ——电荷,单位为库(C);

t ——时间,单位为秒(s)。

通常规定电流的方向为正电荷运动的方向或负电荷运动的反方向。大小和方向都不随时间变化的电流称为直流电流,用 I 表示。对于直流电流,式(1-1)可写为

$$I = \frac{Q}{t} \tag{1-2}$$

 点　拨

> 在电路中,根据各物理量的表示方法及书写规范,不随时间变化的物理量或物理量的有效值通常用大写字母表示,如直流电压和直流电流分别用 U 和 I 表示;随时间变化的物理量或物理量的瞬时值通常用小写字母表示,如交流电压和交流电流分别用 u 和 i 表示。

在国际单位制中,电流的单位为安(A),常用的单位还有毫安(mA)和微安(μA),它们之间的换算关系为

$$1\,\text{A} = 10^3\,\text{mA} = 10^6\,\text{μA}$$

在分析电路时,电流的实际方向有时难以判断,此时需要选定一个方向作为电流的参考方向。为了便于分析,通常规定:若电流的实际方向与参考方向一致,则电流为正值;若电流的实际方向与参考方向相反,则电流为负值,如图1-3所示。

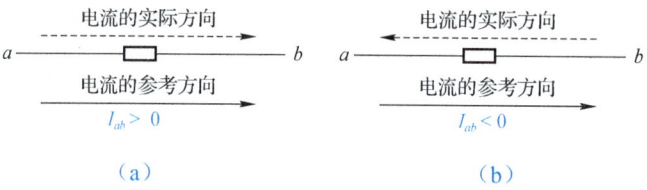

图1-3　电流的方向

电流的参考方向可以用箭头表示,也可以用双下标表示。例如,I_{ab} 表示电流的参考方向为由 a 指向 b。

2. 电位与电压

在电路中任选一点作为参考点,则电场力把单位正电荷从某点移动到参考点所做的功称为该点的电位,用 v 表示。

电场力把单位正电荷从 a 点移动到 b 点所做的功称为 a、b 两点之间的电压,用 u_{ab} 表示,即

$$u_{ab} = \frac{\mathrm{d}W}{\mathrm{d}q} \tag{1-3}$$

式中:

u_{ab}——电压,单位为伏(V)。

习惯上规定电压的实际方向为由高电位端指向低电位端，即电位降低的方向。因此，电路中两点间的电压也可用两点间的电位差来表示，即

$$u_{ab} = v_a - v_b$$

在直流电路中，电压用 U 表示，常用双下标表示，如 U_{ab}，则

$$U_{ab} = \frac{W}{Q} \qquad (1\text{-}4)$$

在国际单位制中，电压的单位为伏（V），常用的单位还有毫伏（mV）和千伏（kV），它们之间的换算关系为

$$1\,\text{V} = 10^3\,\text{mV} = 10^{-3}\,\text{kV}$$

 经验传承

> 从实际应用的角度来讲，电路中的电流是在电压的作用下产生的，电路中两点之间的电压是不变的，而各点的电位则随所选参考点的不同而有所不同。因此，在分析同一电路时，只能选取一个电位参考点。

与电流类似，在分析电路的电压时，有时也需要先选定一个方向作为参考方向。为了便于分析，通常规定：若电压的实际方向与参考方向一致，则电压为正值；若电压的实际方向与参考方向相反，则电压为负值，如图 1-4 所示。

图 1-4 电压的方向

电压的参考方向可以用极性"＋"和"－"表示，也可以用双下标表示。例如，U_{ab} 表示电压的参考方向是由 a 指向 b 的。对于同一电路，如果选定的电流参考方向与电压参考方向一致，则把电流和电压的参考方向称为关联参考方向；否则，称为非关联参考方向。

电位、电压、电动势的区别与联系

3. 电动势

电动势是指电源内部的非静电力把单位正电荷从负极移动到正极所做的功，用 e 表示，即

$$e = \frac{dW}{dq} \qquad (1\text{-}5)$$

式中：

e ——电动势，单位为伏（V）。

电动势反映了电源把其他形式的能量转换成电能的能力。电动势的实际方向为由低电位端指向高电位端,即电位升高的方向,因此,电源电动势的方向与电源两端电压的方向相反。

4. 电能与功率

1) 电能

电能是指电路元件在电路工作过程中吸收或消耗的电能量,用 W 表示,它可用一定时间内电场力对电荷所做的功来描述,则有

$$W = UIt \tag{1-6}$$

式中:

W——电能,单位为焦(J)。

在实际应用中,电能通常用千瓦时(kW·h)作为单位,它与焦的换算关系为

$$1\,\text{kW·h} = 3.6 \times 10^6\,\text{J}$$

2) 功率

单位时间内电路元件吸收或消耗的电能量称为功率,用 P 表示,即

$$P = \frac{W}{t} = \frac{UIt}{t} = UI \tag{1-7}$$

式中:

P——功率,单位为瓦(W)。

电路在工作状态下总伴随着能量的转换,而功率则反映了电路元件进行电能转换的能力。例如,某电灯的功率为 100 W,表示该电灯在 1 s 内可将 100 J 的电能转换成光能和热能;某电动机的功率为 1 000 W,表示该电动机在 1 s 内可将 1 000 J 的电能转换成机械能。

在计算电路某部分的功率时,可令 U、I 为关联参考方向。若计算的 $P>0$,则说明 U、I 的实际方向一致,这部分电路为负载性质,消耗功率;若计算的 $P<0$ 时,则说明 U、I 的实际方向相反,这部分电路为电源性质,产生功率。因此,从 P 的正、负就可以区分电路或电路元件的性质。

1.1.3 电路的基本元件

电路的基本元件主要有电阻、电感、电容、电压源和电流源等,下面分别进行介绍。

1. 电阻

电阻是一种耗能元件，用 R 表示，其物理量的单位为欧（Ω）。电阻可分为线性电阻和非线性电阻两种，它们的特性有所不同。

线性电阻在电路中的图形符号如图 1-5（a）所示。线性电阻两端的电压与通过其内部的电流成正比，即

$$U = IR \text{ 或 } u = iR \tag{1-8}$$

这种电压与电流的关系称为欧姆定律。其中，线性电阻是一个与电压和电流无关的常数，其伏安特性曲线（即电压与电流的关系曲线）是一条通过原点的直线，如图 1-5（b）所示。

非线性电阻在电路中的图形符号如图 1-6（a）所示。非线性电阻不遵循欧姆定律，其两端的电压与通过其内部的电流不成正比关系。非线性电阻不是一个常数，它随电压和电流的变化而变化，其伏安特性曲线是一条通过原点的曲线，如图 1-6（b）所示。

电阻器、电感器和电容器

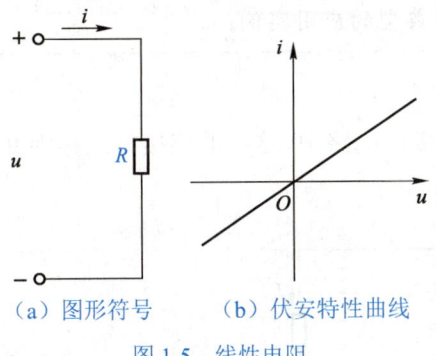

（a）图形符号　　（b）伏安特性曲线

图 1-5　线性电阻

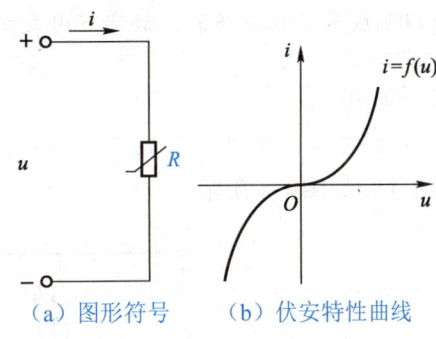

（a）图形符号　　（b）伏安特性曲线

图 1-6　非线性电阻

点　拨

当电路中所有元件均为线性元件时，该电路称为线性电路；当电路中含有非线性元件时，该电路称为非线性电路。除非特别指明，下文所指的电阻均是指线性电阻。

1）电阻的串联

将若干个元件依次首尾相连地接在电路中，这样的连接方式称为串联。电阻的串联如图 1-7 所示。

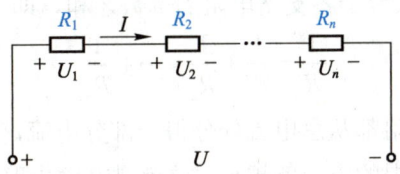

图 1-7　电阻的串联

电阻的串联电路具有以下特点。

（1）电路的总电流等于通过各电阻内部的电流，即

$$I = I_1 = I_2 = \cdots = I_n$$

（2）电路的总电压等于各电阻两端的电压之和，即

$$U = U_1 + U_2 + \cdots + U_n$$

（3）电路的总电阻等于各电阻的阻值之和，即

$$R = R_1 + R_2 + \cdots + R_n$$

两个电阻串联，每个电阻都从总电压处分得一部分电压，所分得的电压与自身的电阻成正比，即电阻越大，所分得的电压就越多，这就是串联电路的分压规律。利用这一规律可以通过串联电阻来增大电压表的量程。

点　拨

实际上，电压表都是在灵敏电流计上串联适当的分压电阻制成的，串联多个电阻就可以制成多量程电压表，数字万用表就是一个典型的应用实例。

2）电阻的并联

将电路中元件的始端与始端、末端与末端并接在电路中，这样的连接方式称为并联。电阻的并联如图1-8所示。

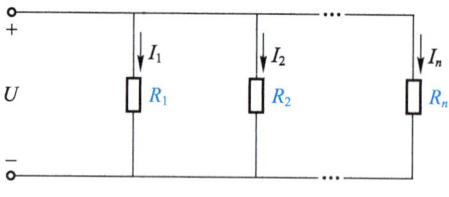

图1-8　电阻的并联

电阻的并联电路具有以下特点。

（1）各支路的电压相等，且等于并联电路的总电压，即

$$U = U_1 = U_2 = \cdots = U_n$$

（2）电路的总电流等于各支路的电流之和，即

$$I = I_1 + I_2 + \cdots + I_n$$

（3）电路总电阻的倒数等于各支路电阻的倒数之和，即

$$\frac{1}{R} = \frac{1}{R_1} + \frac{1}{R_2} + \cdots + \frac{1}{R_n}$$

两个电阻并联，每个电阻都从总电流处分得一部分电流，所分得的电流与自身的电阻成反比，即电阻越大，所分得的电流就越小，这就是并联电路的分流规律。利用这一规律

可以通过并联电阻来增大电流表的量程。

> 对于电流表，由于在使用时必须将其串联在电路中，因此其内阻越小越好，这样就可以忽略电流表在电路中的分压作用；对于电压表，由于在使用时必须将其并联在电路中，因此其内阻越大越好，这样就可以忽略电压表在电路中的分流作用。

3）电阻的混联

在实际应用中，经常会遇到既有元件串联又有元件并联的电路，这种电路称为混联电路。常见的电阻混联电路如图 1-9 所示。

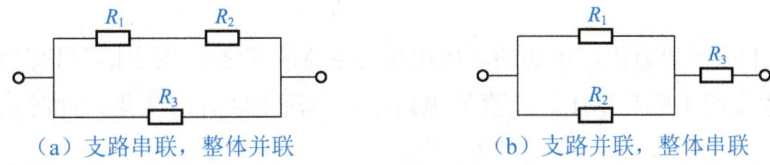

（a）支路串联，整体并联　　　　　（b）支路并联，整体串联

图 1-9　常见的电阻混联电路

电阻混联电路的分析和计算一般可采用等效变换法。对于内部结构不同的两个电路，若它们的外接端子或端口处电压和电流的关系相同（即外特性相同），则称这两个电路是相互等效的。相互等效的两个电路对外电路的作用相同，两者互相代替不影响外电路的工作状态。将复杂电路等效变换为简单电路，可使分析和计算工作变得简单。

2. 电感

电感是一种储能元件，它能够将电能转换成磁场能储存起来。如图 1-10（a）所示，电感实际上是由导线绕制而成的电感线圈。当使电感线圈通过电流 i 时，电感线圈内部将产生磁通，用 Φ 表示。若电感线圈有 N 匝，则磁通与电感线圈匝数的乘积称为磁通链，用 Ψ 表示，即 $\Psi = N\Phi$。电感的图形符号如图 1-10（b）所示。

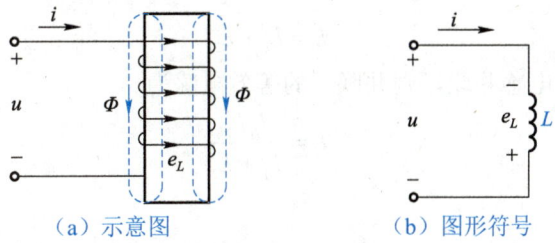

（a）示意图　　　　　（b）图形符号

图 1-10　电感

当磁通链的参考方向与电流 i 的参考方向符合右手螺旋定则时，有

$$\Psi = Li \tag{1-9}$$

式中：

Ψ ——磁通链，单位为韦（Wb）；

L ——电感，单位为亨（H）。

当磁通链发生变化时，电感中产生的感应电压为

$$u_L = -N\frac{d\Phi}{dt} = -\frac{d\Psi}{dt} \qquad (1\text{-}10)$$

式中：

u_L ——感应电压，单位为伏（V）。

将式（1-9）代入式（1-10），可得

$$u_L = -L\frac{di}{dt} \qquad (1\text{-}11)$$

由式（1-11）可以看出，电感的感应电压与电流的变化率成正比，只有当电流发生变化时，电感才会产生感应电压。在直流电路中，电流不随时间变化，此时 $u_L = 0$，电感相当于短路。

电感在 0 到 t 时间内所储存的磁场能为

$$W_L = \int_0^t p\,dt = \int_0^t ui\,dt = \int_0^t Li\frac{di}{dt}dt = L\int_0^i i\,di = \frac{1}{2}Li^2 \qquad (1\text{-}12)$$

由式（1-12）可以看出，当电感 L 一定时，磁场能 W_L 随电流的增大而增大。

 点　拨

> 电感的感应电流只能连续变化，不能跃变，即电感的感应电流具有"记忆"过去电压作用效果的特性。

当电路中各电感的磁场彼此隔离且互不干涉时，若将 L_1、L_2 两个电感串联，则串联后的等效电感为

$$L = L_1 + L_2 \qquad (1\text{-}13)$$

若将 L_1、L_2 两个电感并联，则并联后的等效电感为

$$L = \frac{L_1 L_2}{L_1 + L_2} \qquad (1\text{-}14)$$

3．电容

电容也是一种储能元件，它由两块互相靠近的导体（称为极板），以及这两块导体中间夹隔的绝缘介质构成。电容在电路中的图形符号如图 1-11 所示。

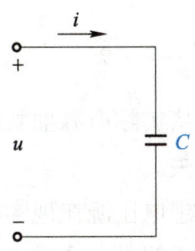

图 1-11 电容在电路中的图形符号

电容储存的电荷 q 与电容两端的电压 u 成正比，即

$$C = \frac{q}{u} \tag{1-15}$$

式中：

C ——电容，单位为法（F）。

在国际单位制中，电容的单位为法（F），常用的单位还有微法（μF）和皮法（pF），它们之间的换算关系为

$$1\ \text{F} = 10^6\ \mu\text{F} = 10^{12}\ \text{pF}$$

当电容两端的电压 u 与流入正极板的电流 i 的参考方向为关联参考方向时，有

$$i = \frac{dq}{dt} = C\frac{du}{dt} \tag{1-16}$$

由式（1-16）可知，电容中电流 i 与电压 u 的变化率成正比，只有当电容两端的电压发生变化时，电容的两极板之间才有电流。在直流电路中，电容两端的电压不发生变化，此时 $i = 0$，电容相当于开路。

电容在 0 到 t 时间内所储存的电能为

$$W_C = \int_0^t p\,dt = \int_0^t ui\,dt = \int_0^t Cu\frac{du}{dt}dt = C\int_0^u u\,du = \frac{1}{2}Cu^2 \tag{1-17}$$

由式（1-17）可以看出，当 C 一定时，电能 W_C 随电压的增大而增大。

> 电容的电压只能连续变化，不能跃变，即电容的电压具有"记忆"过去电流作用效果的特性。

若将若干电容串联，则串联后等效电容的倒数等于各电容的倒数之和，即

$$\frac{1}{C} = \frac{1}{C_1} + \frac{1}{C_2} + \cdots + \frac{1}{C_n}$$

若将若干电容并联，则并联后的等效电容等于各电容之和，即

$$C = C_1 + C_2 + \cdots + C_n$$

4. 电源

1)电压源

电压源是理想电压源的简称,是从实际电源抽象出来的一种模型。电压源两端总能保持一定的电压,且与通过它的电流无关。

由于实际电源存在内阻,因此理想电压源在现实中是不存在的。但是,如果一个电压源在电流变化时,其两端电压的波动不明显,通常可认为它是一个理想电压源。

输出电压较稳定的电源(如发电机、干电池和蓄电池等)通常用电压源来表示。如图 1-12(a)所示为理想电压源,如图 1-12(b)所示为实际电压源。

(a)理想电压源   (b)实际电压源

图 1-12 电压源模型

2)电流源

电流源是理想电流源的简称,它也是从实际电源抽象出来的一种模型。电流源总能向外输出一定的电流,且与其两端的电压无关。理想电流源在现实中也是不存在的,如果一个电流源在电压变化时,输出电流的波动不明显,通常可认为它是一个理想电流源。

输出电流较稳定的电源(如光电池或晶体管的输出端等)通常用电流源来表示。如图 1-13(a)所示为理想电流源;如图 1-13(b)所示为实际电流源。

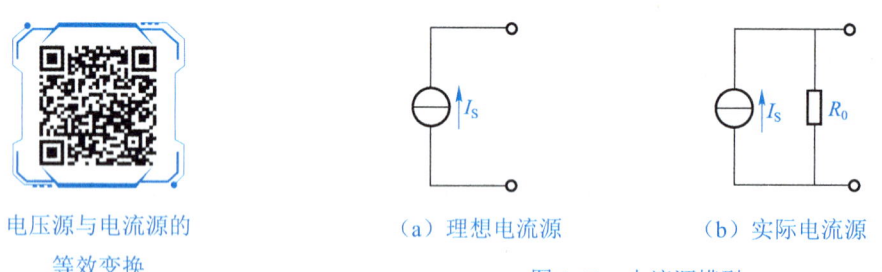

电压源与电流源的等效变换

(a)理想电流源   (b)实际电流源

图 1-13 电流源模型

笔记

任务 1.2　分析与测量直流电路

任务引入

当电路中存在多个电阻串联、并联或混联的情况时，可通过等效变换对电路进行化简，然后利用基尔霍夫定律并进行必要的测量，即可对电路进行分析。一般将不能通过等效变换来化简的电路称为复杂电路。对于复杂电路，尤其是多条支路、多个电源组成的复杂电路，可利用支路电流法、叠加定理、戴维南定理等进行分析。

请选择合适的工具和器材，对基尔霍夫定律和叠加定理进行验证。本任务的知识与技能要求如表1-6所示。

表1-6　知识与技能要求

任务内容	分析与测量直流电路	学习程度		
		识记	理解	应用
学习任务	基尔霍夫定律		●	
	支路电流法		●	
	叠加定理		●	
	戴维南定理		●	
实训任务	验证基尔霍夫定律和叠加定理			●
自我勉励				

项目1 直流电路

任务工单——验证基尔霍夫定律和叠加定理

1. 知识准备

基尔霍夫定律是电路中电压和电流所遵循的基本规律,是分析和计算复杂电路的基础,主要用来描述节点电流和回路电压。基尔霍夫定律既可用于直流电路的分析,又可用于交流电路的分析。基尔霍夫定律与各支路元件的性质无关,无论是线性电路还是非线性电路,是有源电路还是无源电路,它都适用。应用基尔霍夫定律时必须注意电流的方向,此方向可预先任意设定。

叠加定理体现了线性电路的基本特性,是分析和计算线性电路的一个最基本的定理。叠加定理中各个电源单独作用是指当某一个电源作用时,将其余电源都除去(即将理想电压源用短路代替,将理想电流源开路;若是实际电源,则要保留内阻)。对各支路电流进行叠加时,要注意电流的正负号。当各电源单独作用时,若支路电流的参考方向与原参考方向一致,则电流取正号,反之则取负号。

2. 工具和器材准备

准备任务实施所需的工具和器材,补全表1-7。

表1-7 工具和器材清单

名称	规格	型号	数量	名称	规格	型号	数量
直流电源			2路	试验挂箱		DG05	1个
数字万用表			1台	直流电路电位/电压测量试验电路板			1块
直流电压表			1台	叠加定理试验电路板			1块
直流电流表			1台	导线			

3. 任务实施

将试验挂箱的"基尔霍夫定律/叠加定理"电路,按如图1-14所示电路进行接线。

1)验证基尔霍夫定律

(1)实施前,先任意设定3条支路电流的参考方向和3条闭合回路的绕行正方向。本任务中I_1、I_2、I_3的参考方向已设定,如图1-14所示。设3条闭合回路的绕行正方向分别为 *ADEFA*、*BADCB* 和 *FBCEF*。

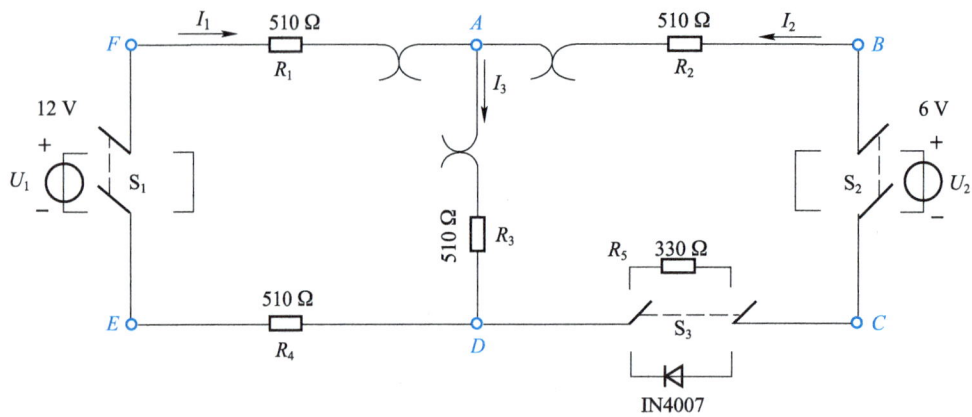

图 1-14 基尔霍夫定律验证电路

（2）分别将 2 路直流电源接入电路，令 $U_1 = 12\,\text{V}$，$U_2 = 6\,\text{V}$。根据基尔霍夫定律，计算 I_1、I_2、I_3、U_1、U_2、U_{FA}、U_{AB}、U_{AD}、U_{CD}、U_{DE} 的值。

（3）将电流插头的两端接至直流电流表的"＋""－"两端。

（4）将电流插头分别插入 3 条支路的 3 个电流插座中，其示意图如图 1-15 所示。读取电流并将其填入表 1-8 中。

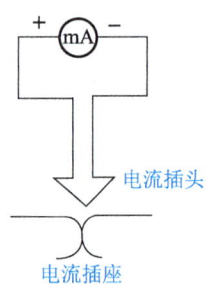

图 1-15 将电流插头插入电流插座中的示意图

（5）用直流电压表分别测量 2 路直流电源及电阻的电压，将测量结果填入表 1-8 中。

表 1-8 基尔霍夫定律的验证测量结果

被测量	I_1（mA）	I_2（mA）	I_3（mA）	U_1（V）	U_2（V）	U_{FA}（V）	U_{AB}（V）	U_{AD}（V）	U_{CD}（V）	U_{DE}（V）
计算值										
测量值										
相对误差										

（6）计算各测量值与计算值之间的相对误差，分析产生误差的原因。

2）验证叠加定理

（1）分别将2路直流电源接入电路，令 $U_1 = 12\text{ V}$，$U_2 = 6\text{ V}$。

（2）令直流电源 U_1 单独作用（将开关 S_1 置于 U_1 侧，开关 S_2 置于短路侧）。

（3）用直流电压表和直流电流表（接电流插头）测量各支路电流及各电阻两端的电压，并将测量结果填入表1-9中。

（4）令直流电源 U_2 单独作用（将开关 S_1 置于短路侧，开关 S_2 置于 U_2 侧），重复步骤（3）的测量，并将测量结果填入表1-9中。

（5）令直流电源 U_1 和 U_2 共同作用（分别将开关 S_1 和 S_2 置于 U_1 和 U_2 侧），重复步骤（3）的测量，并将测量结果填入表1-9中。

（6）令直流电源 U_2 单独作用，将 U_2 的值调至 12 V，重复步骤（3）的测量，并将测量结果填入表1-9中。

表1-9 叠加定理的验证测量结果（一）

测量项目	I_1 (mA)	I_2 (mA)	I_3 (mA)	U_1(V)	U_2(V)	U_{FA}(V)	U_{AB}(V)	U_{AD}(V)	U_{CD}(V)	U_{DE}(V)
U_1 单独作用										
U_2 单独作用										
U_1、U_2 共同作用										
12 V 的 U_2 单独作用										

（7）按下任一故障设置按键，重复步骤（5）的测量，并将测量结果填入表1-10中。

表1-10 叠加定理的验证测量结果（二）

测量项目	I_1(mA)	I_2(mA)	I_3(mA)	U_1(V)	U_2(V)	U_{FA}(V)	U_{AB}(V)	U_{AD}(V)	U_{CD}(V)	U_{DE}(V)
U_1、U_2 共同作用										

（8）根据上述测量结果分析故障的性质。

笔记

创想天地

定律是为实践和事实所证明，反映事物在一定条件下发展变化的客观规律的论断。它是客观规律的统称，是解锁宇宙奥秘的钥匙。请查阅资料，分析基尔霍夫定律从被发现到被证明，再到被广泛应用的全过程，说说你的感想。

4. 任务评价

请指导教师按照学生的实际表现情况进行评分，并将评分结果填入表1-11中。

表1-11 考核评价表

评价项目	评价标准	满分/分	实际得分/分	教师评语
技能操作	正确连接基尔霍夫定律验证电路	25		
	正确测量基尔霍夫定律验证电路并验证基尔霍夫定律	25		
	正确验证叠加定理	30		
参与程度	认真参加活动，积极思考，主动与同学、指导教师进行交流，善于发现和解决问题	10		
合作意识	积极参与探讨，勇于接受任务，敢于承担责任	10		
总分		100		

笔记

相关知识

1.2.1 基尔霍夫定律

基尔霍夫定律包括基尔霍夫电流定律（kirchhoff current law，简称 KCL）和基尔霍夫电压定律（kirchhoff voltage law，简称 KVL），前者应用于电路中的节点，后者应用于电路中的回路。基尔霍夫定律是电路理论中最基本、最重要的定律之一。

1. 基本概念

（1）支路。电路中的每一分支称为支路，支路中通过的电流称为支路电流。如图 1-16 所示，该电路中有三条支路，分别为 acb、adb 和 ab。其中，支路 acb 和 adb 中含有电源，称为有源支路；支路 ab 中不含电源，称为无源支路。

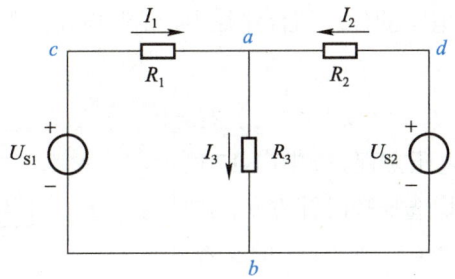

图 1-16　KCL 电路举例

（2）节点。电路中三条及三条以上支路的连接点称为节点。如图 1-16 所示的电路中有两个节点，分别为 a 和 b。

（3）回路。电路中的任一闭合路径称为回路。如图 1-16 所示的电路中有三个回路，分别为 $abca$、$abda$ 和 $adbca$。

（4）网孔。将电路画在平面上，内部不含有任何支路的回路称为网孔。如图 1-16 所示的电路中有两个网孔，分别为 $abca$ 和 $abda$。

2. KCL

KCL 的内容为：指向电路任一节点的各支路电流，它们的代数和为 0，即

$$\sum I = 0 \tag{1-18}$$

KCL 的另一种表述为：在任一时刻，流入某一节点的电流之和恒等于流出该节点的电流之和，即

$$\sum I_\text{入} = \sum I_\text{出} \tag{1-19}$$

式（1-18）、式（1-19）又称节点电流方程。对于如图 1-16 所示的电路，节点 a 处有

$$I_1 + I_2 - I_3 = 0$$

节点 b 处有

$$-I_1 - I_2 + I_3 = 0 \quad（与上式相同）$$

对于节点数为 m 的电路，其节点电流方程的个数为 $(m-1)$。

> **经验传承**
>
> 应用 KCL 时，应注意以下几点。
> （1）在列节点电流方程时，必须先设定电流的参考方向，然后依据电路图中标定的电流参考方向，正确列出相应的方程。
> （2）KCL 不但适用于线性电路，还适用于非线性电路。
> （3）KCL 不但适用于电路中的节点，还适用于电路中任一假设的闭合面，即在任一时刻，通过电路中任一假设闭合面的电流代数和等于 0。

3. KVL

KVL 的内容为：在沿电路的任一闭合路径中，无源电路元件的端电压和电源电压的代数和为 0，即

$$\sum U = 0 \qquad (1\text{-}20)$$

式（1-20）又称回路电压方程。如图 1-17 所示，三条回路的参考绕行方向均选择顺时针方向，并且约定：电路元件两端电压从"+"到"-"的参考方向与参考绕行方向一致时取正，相反时取负。由此可对三条回路分别列出回路电压方程。其中，回路Ⅰ的回路电压方程为

$$I_1 R_1 + I_3 R_3 - U_{S1} = 0$$

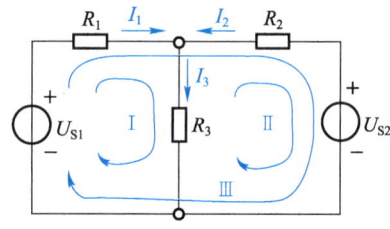

图 1-17　KVL 电路举例

回路Ⅱ的回路电压方程为

$$I_2 R_2 + I_3 R_3 - U_{S2} = 0$$

回路Ⅲ的回路电压方程为

$$I_1 R_1 - I_2 R_2 = -U_{S2} + U_{S1} \quad（此方程不独立，故省略）$$

因此，回路电压方程的个数与独立网孔的个数相同。

> **经验传承**
>
> 应用 KVL 时，应注意以下几点。
> （1）在列回路电压方程前，必须先标出各元件的端电压、各支路电流的参考方向及回路的参考绕行方向，然后依据电路图中标定的参考方向，正确列出相应的回路电压方程。
> （2）与 KCL 相同，KVL 不但适用于线性电路，还适用于非线性电路。

 笔记

 砥节砺行

在欧姆定律提出若干年后，人们已经初步确立了串/并联电路中电流与电压之间的关系理论，但是这些理论只能用于分析较简单的电路，对于复杂的电路网络，人们很难准确分析出其中各部分的工作状态。1845 年，年仅 21 岁的基尔霍夫发表了一篇论文，提出了稳恒电路网络中电流、电压、电阻关系的两条电路定律，即著名的基尔霍夫电流定律（KCL）和基尔霍夫电压定律（KVL），成为分析、计算和设计各种复杂电路不可或缺的基础理论和工具。他后来又研究了电路中电的流动和分布，阐明了电路中两点间的电势和静电学的电势这两个物理量在量纲和单位上是一致的，从而使基本电路定律具有更为普遍的含义和应用。基尔霍夫因此在电子和电气工程领域极负盛名，被称为"电路求解大师"。

基尔霍夫能够取得如此高的成就，是与他严谨的科学态度和缜密的逻辑思维分不开的。若要正确、高效地解决复杂问题，就需要对相关理论和工具有着深刻的理解，并熟练掌握其使用方法。因此，在平时的学习和工作中，我们要善于学习、勇于钻研，只有学好基础理论和方法，才能更好地解决实际问题。

1.2.2 支路电流法

1. 支路电流法的内容

对于复杂电路，可以用 KCL 和 KVL 推导出各种分析方法，支路电流法就是其中之一。支路电流法的内容为：以电路中各支路电流为未知量，应用 KCL 和 KVL 分别对节点和回路列出所需要的方程组，然后解出各支路电流。

对于任何一个复杂电路，如果以各支路电流为未知量，应用 KCL 和 KVL 列方程组，则必须先在电路图上标出未知支路电流和电压的参考方向。

2. 应用支路电流法的步骤

对于含有 n 条支路、m 个节点的电路，应用支路电流法的步骤一般如下。

回路电流法

(1)选定各支路电流为未知量(有 n 个未知量),并标出各支路电流的参考方向。

(2)应用 KCL,列出 $(m-1)$ 个节点电流方程。

(3)指定回路的参考绕行方向,应用 KVL,列出 $[n-(m-1)]$ 个回路电压方程。

(4)代入已知数,解联立方程,求出各未知支路的电流。

(5)确定各支路电流的方向。当支路电流计算结果为正时,说明该支路电流的方向与标出的参考方向一致;当支路电流计算结果为负时,说明支路电流方向与标出的参考方向相反。

1.2.3 叠加定理

1. 叠加定理的内容

叠加定理的内容为:在线性电路中,若含有多个独立电源,则它们共同作用在某一支路中产生的电压或电流,必定等于各独立电源单独作用时所产生的电压或电流的代数和。应用叠加定理时,当电流源不作用时应视其为开路,当电压源不作用时应视其为短路,如图1-18所示。

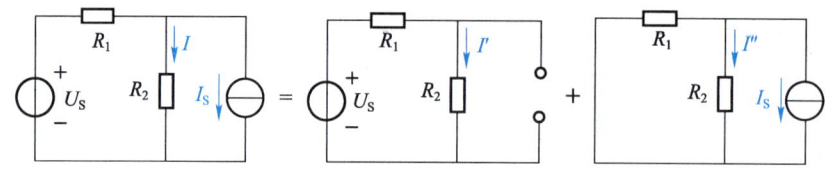

图 1-18 叠加定理

2. 应用叠加定理的步骤

对于复杂电路,应用叠加定理的步骤一般如下。

(1)在原电路中标出所求量(总量)的参考方向。

(2)画出各电源单独作用时的电路图,并标出各分量的参考方向。

叠加定理

(3)分别计算出各分量。

(4)将各分量叠加。若分量与总量的参考方向一致,则该分量取正;若分量与总量的参考方向相反,则该分量取负。

> **经验传承**
>
> 叠加定理是线性电路分析中的一个重要定理。应用叠加定理时,应注意以下几点。
>
> (1)叠加定理只适用于线性电路。
>
> (2)线性电路的电流和电压均可用叠加定理计算,但功率不能用叠加定理计算,这是因为功率 $P = I^2 R = (I' + I'')^2 R \neq I'^2 R + I''^2 R$。

（3）不作用的电源应进行适当处理：当 $U_S=0$ 时，电压源短路；当 $I_S=0$ 时，电流源开路。

（4）计算时，要先标出各支路电流和电压的参考方向。若电流分量和电压分量与原电路中电流、电压的参考方向相反，则叠加时相应项的前面要带负号。

（5）应用叠加定理时，可以把电源分组计算，即单独作用的电源个数可以大于 1。

1.2.4 戴维南定理

1. 戴维南定理的内容

电路中具有两个出线端的部分电路称为二端网络。二端网络可分为有源二端网络和无源二端网络。其中，有源二端网络中含有电源，如图 1-19（a）所示；无源二端网络中不含电源，如图 1-19（b）所示。

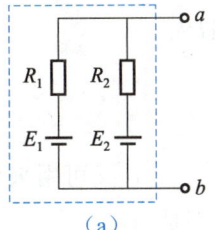
（a）

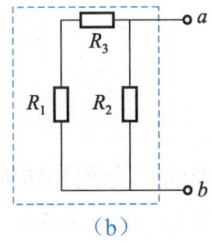
（b）

图 1-19　二端网络

在复杂电路的计算中，若只需计算某一支路电流，可把这个支路画出，而把其余部分看成是一个有源二端网络。无论有源二端网络的繁简程度如何，它对所要计算的这个支路来说都相当于一个电源。因此，任何一个线性有源二端网络对外电路来说，都可用一个电压源和电阻串联的电路模型来等效代替，如图 1-20 所示。该电压源的电压 U_S 等于有源二端网络的开路电压 U_0，其电阻等于有源二端网络内部所有电源都不起作用（电压源短路且电流源开路）时，所得到的无源二端网络的等效电阻 R_0，这就是戴维南定理。

戴维南定理

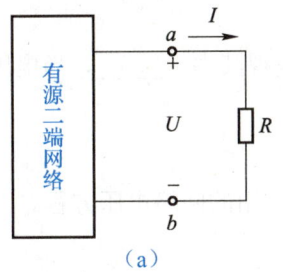
（a）

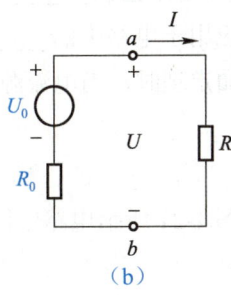
（b）

图 1-20　戴维南定理

2. 应用戴维南定理的步骤

应用戴维南定理的步骤一般如下。

（1）把待求支路从电路中断开，其余部分即形成一个有源二端网络，求其等效电路的 U_0 和 R_0。

（2）用此等效电路代替原电路中的有源二端网络，求出待求支路电流。

📝 笔 记

综合测试

1. 填空题

（1）电路既可用来传输、分配和转换＿＿＿＿＿，又可用来传递和处理＿＿＿＿＿。在实际应用中，无论电路的结构有多么复杂，它都是由＿＿＿＿、＿＿＿＿以及连接电源和负载的＿＿＿＿＿组成的。

（2）在分析电路时，电流的实际方向有时难以判断，此时需要先选定一个方向作为电流的参考方向。若电流的实际方向与参考方向一致，则电流为＿＿＿＿值；若电流的实际方向与参考方向相反，则电流为＿＿＿＿值。

（3）电动势的实际方向为由＿＿＿＿＿指向＿＿＿＿＿，因此，电源的电动势和电源两端电压的方向＿＿＿＿＿。

（4）两个电阻串联，每个电阻都从总电压处分得一部分电压，所分得的电压与自身的电阻成正比，即电阻越大，所分得的电压就越多，这就是串联电路的＿＿＿＿＿。利用这一规律可以通过串联电阻来增大＿＿＿＿＿的量程。

（5）基尔霍夫定律包括＿＿＿＿＿＿和＿＿＿＿＿＿，前者应用于电路中的＿＿＿＿，后者应用于电路中的＿＿＿＿。

（6）应用叠加定理时，当电流源不作用时应视其为＿＿＿＿，当电压源不作用时应视其为＿＿＿＿。

2. 解答题

（1）列出如图 1-21 所示电路中回路Ⅰ、Ⅱ、Ⅲ的回路电压方程。

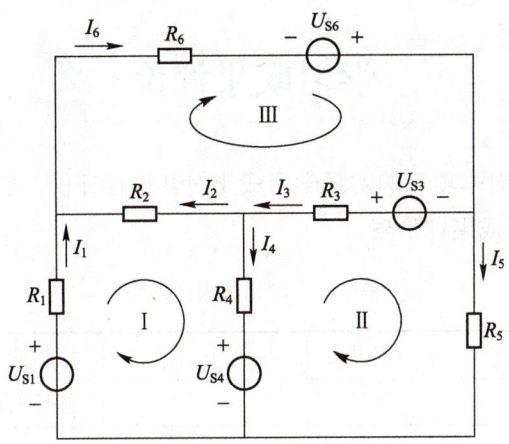

图 1-21　题（1）图

（2）如图 1-22 所示，请说明通过电阻的电流实际方向。

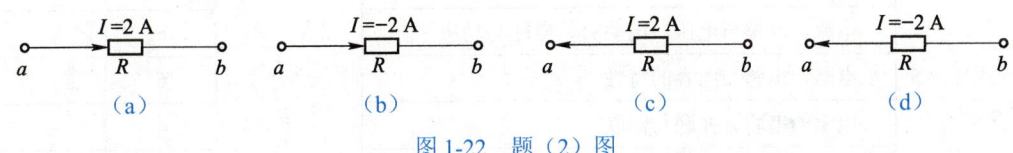

图 1-22　题（2）图

（3）试用电压源和电流源等效变换的方法，计算如图 1-23 所示电路中通过 6 Ω 电阻的电流 I_3。

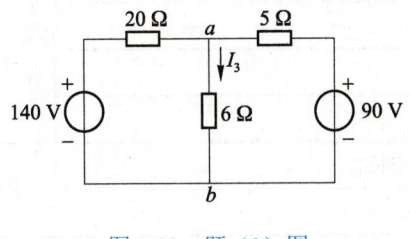

图 1-23　题（3）图

学习成果评价

指导教师根据学生对本项目的实际学习成果对其进行评价,学生配合指导教师共同完成如表 1-12 所示的学习成果评价表。

表 1-12 学习成果评价表

班级		组号		日期	
姓名		学号		指导教师	
学习成果/项目名称		直流电路			
评价项目	评价内容		评价方式	满分/分	评分/分
知识 40%	电路的组成		理论测试	2	
	电流、电位与电压、电动势、电能与功率			6	
	电阻、电感、电容的特性			6	
	电阻的串联、并联与混联			4	
	电感和电容的串联与并联			2	
	电压源、电流源			4	
	基尔霍夫定律			6	
	支路电流法			4	
	叠加定理			4	
	戴维南定理			2	
技能 40%	测试电阻的伏安特性		实践操作	20	
	分析简单直流电路			20	
素养 20%	积极参加教学活动,主动学习、思考、讨论		综合评判	6	
	认真负责,按时完成学习、实践任务			4	
	团结协作,与组员之间密切配合			4	
	服从指挥,遵守课堂和实训室纪律			4	
	守正创新,自信自强			2	
合计				100	
自我评价					
教师评价					

项目 2 正弦交流电路

项目导读

与直流电不同，交流电的大小和方向都是随时间按一定规律变化的，而正弦交流电就是随时间按正弦函数规律变化的电压和电流，它是交流电的一种基本形式。正弦交流电路在电能的生产、输送和转换中的应用非常普遍，如发电机、输电电网、变压器等。此外，许多用电设备也都采用了正弦交流电路，如生活中的照明灯具、洗衣机、电冰箱，以及工业生产中的各种交流电动机等。

本项目主要介绍正弦交流电路的基本知识和分析方法、三相交流电源的基本知识和三相交流电路的联结方法等内容。

知识目标

- 掌握正弦交流电的三要素和相量表示法
- 掌握单一正弦交流电路的表示方法和特性
- 掌握 RLC 串联/并联电路的分析方法和特性
- 掌握正弦交流电路功率的计算方法
- 掌握三相交流电源的工作原理和表示方法
- 掌握三相交流电路的联结方法
- 掌握三相交流电路功率的计算方法

技能目标

- 能够测量 RLC 的阻抗频率特性
- 能够测量三相交流电路的电压和电流

素质目标

- 培养执着专注、科学严谨、精益求精、追求卓越的工匠精神
- 厚植民族自豪感和文化自信心

任务 2.1 认识正弦交流电路

任务引入

相较于直流电,由于正弦交流电的大小和方向都是随时间不断平滑变化的,因此正弦交流电不易产生高次谐波,这有利于保护电器设备的绝缘性能和减少电器设备在运行中的能量损耗。在日常生活中,多数家用电器使用的是单相正弦交流电,而它们的电路中几乎都引入了电阻、电感和电容,这种电路称为 RLC 电路。RLC 电路利用 RLC 的阻抗频率特性,可对单相正弦交流电进行处理和变换。

请选择合适的工具和器材,测量正弦交流电路中 RLC 的阻抗频率特性,并讨论 RLC 的作用。本任务的知识与技能要求如表 2-1 所示。

表 2-1 知识与技能要求

任务内容	认识正弦交流电路	学习程度		
		识记	理解	应用
学习任务	正弦交流电的三要素和相量表示法		●	
	单一参数正弦交流电路		●	
	正弦交流电路的分析		●	
实训任务	测量 RLC 的阻抗频率特性			●
自我勉励				

任务工单——测量 RLC 的阻抗频率特性

1. 知识准备

阻抗频率特性是指在正弦交流信号的作用下，RLC 在电路中的阻抗与频率之间的关系。如图 2-1 所示为 RLC 的阻抗频率特性曲线。对于电阻 R 来说，其阻抗值不随频率的变化而变化；对于电感 L 来说，其阻抗值（感抗 X_L）随频率的增大而增大；对于电容 C 来说，其阻抗值（容抗 X_C）随频率的增大而减小。

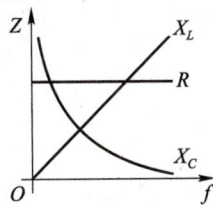

图 2-1　RLC 的阻抗频率特性曲线

2. 工具和器材准备

准备任务实施所需的工具和器材，补全表 2-2。

表 2-2　工具和器材清单

名称	规格	型号	数量	名称	规格	型号	数量
双踪示波器			1 路	电容器	1 μF		1 个
低频信号发生器			1 台	电阻器	30 Ω		1 个
频率计			1 台	电阻器	1 kΩ		1 个
交流毫伏表			1 台	导线			
电感器	1 H		1 个				

3. 任务实施

（1）测量 RLC 的阻抗频率特性。通过电缆线将低频信号发生器的正弦交流信号输出端接至如图 2-2 所示的电路中，作为激励源 u，使用交流毫伏表测量，使激励电压的有效值 $U=3\text{ V}$，并保持不变。

将低频信号发生器的输出频率从 200 Hz 逐渐增至 5 kHz（用频率计测量），并使开关 S 分别接通 RLC 三个元件，用交流毫伏表测量 U_r，并计算各频率下 I_R、I_L、I_C（即 U_r/r），以及 R（$R=U/I_R$）、X_L（$X_L=U/I_L$）、X_C（$X_C=U/I_C$）的值。在接通 C 测量时，应控制低频信号发生器的频率为 200～2 500 Hz。

（2）用双踪示波器观察在不同频率下 RLC 各元件阻抗角 θ 的变化情况，按如图 2-3 所示的方法记录 n 和 m，并计算出 θ。用示波器测量阻抗角时，若从荧光屏上数得一个周

期占 n 格，相位差占 m 格，则实际的阻抗角 θ 为

$$\theta = m \times \frac{360}{n} (度)$$

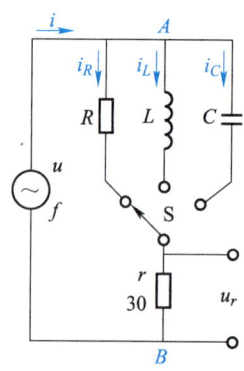

图 2-2 测量电路

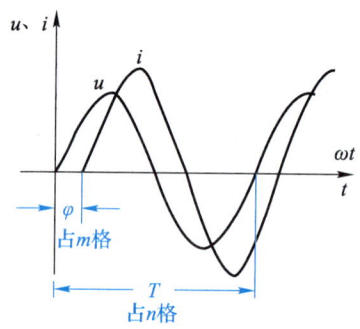

图 2-3 阻抗角关系图

（3）重新连接电路，使 RLC 串联，参照步骤（1）测量 RLC 的阻抗频率特性。

创想天地

请查阅有关资料，分析收音机电路中输入调谐回路的工作原理，讨论该回路中 RLC 的作用。

4. 任务评价

请指导教师按照学生的实际表现情况进行评分，并将评分结果填入表 2-3 中。

表 2-3 考核评价表

评价项目	评价标准	满分/分	实际得分/分	教师评语
技能操作	正确测量 RLC 并联时的阻抗频率特性	30		
	正确测量 RLC 串联时的阻抗频率特性	30		
	正确测量并计算阻抗角	20		
参与程度	认真参加活动，积极思考，主动与同学、指导教师进行交流，善于发现和解决问题	10		
合作意识	积极参与探讨，勇于接受任务，敢于承担责任	10		
总分		100		

相关知识

2.1.1 正弦交流电概述

大小和方向均随时间做周期性变化的电压和电流统称为交流电。若交流电的电压和电流是随时间按正弦函数规律变化的,则称其为正弦交流电。

1. 正弦交流电的三要素

如图 2-4 所示为正弦交流电流的波形,该波形的数学表达式为

$$i = I_m \sin(\omega t + \varphi) \tag{2-1}$$

式中:

i ——正弦交流电流的瞬时值;

I_m ——正弦交流电流的振幅(最大值);

ω ——正弦交流电的角频率,又称角速度,单位为弧度/秒(rad/s);

φ ——正弦交流电的初相位。

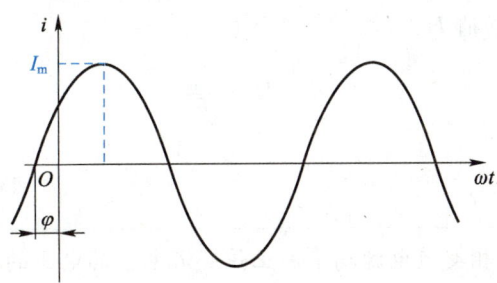

图 2-4 正弦交流电流的波形

正弦交流电压的数学表达式为

$$u = U_m \sin(\omega t + \varphi) \tag{2-2}$$

式中:

u ——正弦交流电压的瞬时值;

U_m ——正弦交流电压的振幅。

由式(2-1)和式(2-2)可知,当角频率、振幅和初相位确定以后,正弦交流电流(或正弦交流电压)就被确定下来了。因此,角频率、振幅和初相位又称为正弦交流电的三要素。

1)周期、频率和角频率

正弦交流电可用周期、频率或角频率来表示其变化的速率。其中,周期是指正弦交流电完成一次循环变化所用的时间,用 T 表示,单位为秒(s);频率是指正弦交流电在单位时间内做周期性循环变化的次数,用 f 表示,单位为赫(Hz)。根据定义,周期与频率互为倒数,即

$$f = \frac{1}{T} \tag{2-3}$$

正弦交流电变化一个周期 T，相当于正弦函数变化 2π 弧度，角频率则是指正弦交流电在单位时间内变化的弧度。角频率用 ω 表示，单位为弧度/秒（rad/s），它与周期和频率之间的关系为

$$\omega = \frac{2\pi}{T} = 2\pi f \tag{2-4}$$

2）振幅和有效值

振幅是指正弦交流电在一个周期内所能达到的最大瞬时值，用大写字母加下标 m 表示，它反映了正弦交流电变化的幅度。

如果正弦交流电流 i 通过电阻 R 在一个周期内产生的热量，与相同时间内直流电流 I 通过电阻 R 产生的热量相等，那么就把这一直流电流 I 的数值称为正弦交流电流 i 的有效值。正弦交流电流的有效值为

$$I = \frac{I_m}{\sqrt{2}} \tag{2-5}$$

正弦交流电压的有效值为

$$U = \frac{U_m}{\sqrt{2}} \tag{2-6}$$

点 拨

我国工业和民用单相交流电源均采用正弦交流电，其电压的有效值为 220 V，频率为 50 Hz，这一交流电压通常简称为工频电压。

3）初相位和相位差

式（2-1）中的 $(\omega t + \varphi)$ 称为正弦交流电的相位角，简称相位，单位为度（°）或弧度（rad），它能反映正弦交流电变化的进程。$t = 0$ 时的相位称为初相位角，简称初相位或初相。通常规定初相位的绝对值不大于 π。

相位差是指两个同频率正弦交流信号（电压或电流）的相位之差。如果两个同频率的正弦交流信号出现正值的时间有先有后，即"步调"不完全一致，那么就可以认为它们之间存在相位差。如图2-5所示，设两个同频率的正弦交流电流为

$$i_1 = I_m \sin(\omega t + \varphi_1), \quad i_2 = I_m \sin(\omega t + \varphi_2)$$

则它们的相位分别为 $(\omega t + \varphi_1)$ 和 $(\omega t + \varphi_2)$，它们的相位差为

$$\varphi_{12} = (\omega t + \varphi_1) - (\omega t + \varphi_2) = \varphi_1 - \varphi_2 \quad (规定 |\varphi_{12}| \leq \pi)$$

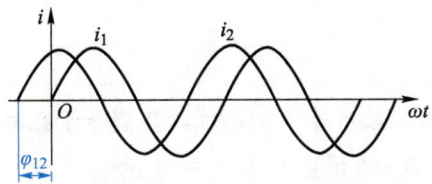

图 2-5　正弦交流电流的相位差

正弦交流信号的发生
与测量仪器仪表

两个同频率正弦交流信号的相位关系有以下几种情况。

（1）若 $\varphi_{12} > 0$，则称第一个正弦交流信号比第二个正弦交流信号超前 φ_{12}。

（2）若 $\varphi_{12} < 0$，则称第一个正弦交流信号比第二个正弦交流信号滞后 $|\varphi_{12}|$。

（3）若 $\varphi_{12} = 0$，则称第一个正弦交流信号与第二个正弦交流信号同相。

（4）若 $\varphi_{12} = \pm\pi$（或 $\pm180°$），则称第一个正弦交流信号与第二个正弦交流信号反相。

（5）若 $\varphi_{12} = \pm\dfrac{\pi}{2}$（或 $\pm90°$），则称第一个正弦交流信号与第二个正弦交流信号正交。

2．正弦量的相量表示法

随时间按正弦函数规律变化的电压和电流等物理量统称为正弦量。将正弦量用相量来表示，然后利用相量法来解决正弦量的计算问题，就可以简化复杂的数学计算。

1）振幅相量表示法

正弦量可以用振幅相量来表示，即用正弦量的振幅作为相量的长度，用初相位作为相量的幅角（相量与实轴正方向的夹角）。例如，有两个正弦量分别为

$$u = 20\sin(\omega t + 30°)\ \text{V}，\quad i = 10\sin(\omega t - 30°)\ \text{A}$$

则它们的振幅相量如图 2-6 所示。

2）有效值相量表示法

当对电路进行分析时，正弦量通常采用有效值相量来表示，即用正弦量的有效值作为相量的长度，用初相位作为相量的幅角。例如，有两个正弦量分别为

$$u = 220\sqrt{2}\sin(\omega t + 53°)\ \text{V}，\quad i = 41\sqrt{2}\sin\omega t\ \text{A}$$

则它们的有效值相量如图 2-7 所示。

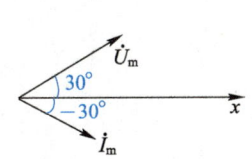
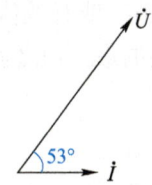

图 2-6　正弦量的振幅相量　　　　图 2-7　正弦量的有效值相量

> **点　拨**
>
> （1）相量是表示正弦量的复数量，其辐角等于初相位，其模等于振幅。例如，正弦量 $a(t) = A\sqrt{2}\cos(\omega t + \theta_0) = A_m\cos(\omega t + \theta_0)$ 的相量为 $Ae^{j\theta_0}$ 或 $A_m e^{j\theta_0}$。
>
> （2）根据振幅相量表示法，式（2-1）的相量表达式为 $\dot{I}_m = I_m \angle \varphi$，其中 $\dot{I}_m$ 表示电流的振幅相量。
>
> （3）根据有效值相量表示法，式（2-1）的相量表达式为 $\dot{I} = I \angle \varphi$，其中 $\dot{I}$ 表示电流的有效值相量。

2.1.2　单一参数正弦交流电路

单一参数正弦交流电路包括纯电阻电路、纯电感电路和纯电容电路三种，下面分别进行介绍。

1. 纯电阻电路

纯电阻电路是最简单的单相正弦交流电路。常见的白炽灯、电炉、电烙铁等都属于电阻性负载，它们与交流电源连接，从而组成了纯电阻电路，如图 2-8 所示。

在纯电阻电路中，电压与电流的关系可以用瞬时值、波形图和相量来表示。

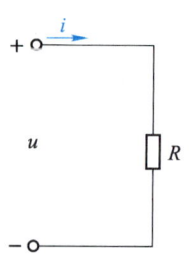

图 2-8　纯电阻电路

1）瞬时值表示

在纯电阻电路中，电阻与电压、电流瞬时值之间的关系符合欧姆定律。设图 2-8 中电阻两端的电压为

$$u = U_m \sin \omega t$$

则

$$i = \frac{u}{R} = \frac{U_m}{R}\sin \omega t = I_m \sin \omega t$$

比较纯电阻电路中电压和电流的表达式可知，电压 u 和电流 i 的频率相同，电阻与电压、电流的最大值（或有效值）之间的关系也符合欧姆定律，而且电压与电流同相（相位差 $\varphi = 0°$），它们的最大值之间满足

$$U_m = RI_m \text{ 或 } I_m = \frac{U_m}{R} \tag{2-7}$$

2）波形图表示

纯电阻电路中电压与电流的波形如图 2-9 所示。

3）相量表示

在纯电阻电路中，电压与电流之间的关系可用相量表示为

$$\dot{U} = R\dot{I} \tag{2-8}$$

纯电阻电路中电压与电流的相量如图 2-10 所示。

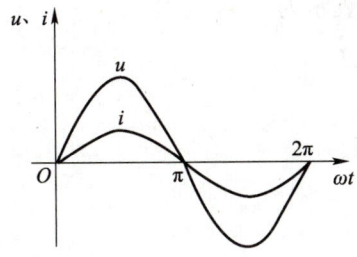

图 2-9 纯电阻电路中电压与电流的波形

图 2-10 纯电阻电路中电压与电流的相量

对于纯电阻电路，若 $u = U_m \sin(\omega t + \varphi)$，则正弦交流电压可表示为

$$\dot{U} = \frac{1}{\sqrt{2}} U_m \angle \varphi$$

2．纯电感电路

变压器、电机的绕组和日光灯的镇流器等都含有电感线圈，当电感线圈的电阻非常小，可以忽略不计时，就可以认为它们是纯电感。纯电感与交流电源连接，即可组成纯电感电路，如图 2-11 所示。

在纯电感电路中，电压与电流的关系也可以用瞬时值、波形图和相量来表示。

1）瞬时值表示

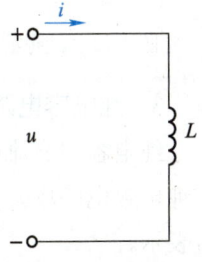

图 2-11 纯电感电路

设图 2-11 中的正弦交流电流为

$$i = I_m \sin \omega t$$

当电压和电流为关联参考方向时，电感两端的电压为

$$u = L\frac{di}{dt} = \omega L I_m \cos \omega t = \omega L I_m \sin(\omega t + 90°) = U_m \sin(\omega t + 90°)$$

比较纯电感电路电压和电流的表达式可知，电压 u 和电流 i 是同频率的正弦量，电压的相位超前电流 90°，电压与电流在数值上满足

$$U_m = \omega L I_m \quad \text{或} \quad \frac{U_m}{I_m} = \omega L \tag{2-9}$$

2）波形图表示

纯电感电路中电压与电流的波形如图 2-12 所示。

电感对交流电流起阻碍作用的能力称为感抗（正值电抗），用 X_L 表示，单位为欧（Ω），其表达式为

$$X_L = \omega L = 2\pi f L \tag{2-10}$$

当 $f = 0$ 时，$X_L = 0$，表明电感对直流电流相当于短路。因此，电感具有"通直流阻

交流、通低频阻高频"的作用。

3）相量表示

在纯电感电路中，电压与电流的关系可用相量表示为

$$\dot{U} = jX_L\dot{I} = j\omega L\dot{I} \quad (2\text{-}11)$$

式（2-11）中，j 为虚数单位，且 $j = \sqrt{-1}$。

纯电感电路中电压与电流的相量如图 2-13 所示。

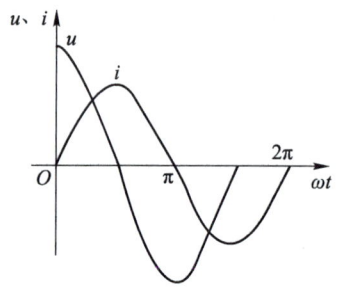

图 2-12　纯电感电路中电压与电流的波形　　图 2-13　纯电感电路中电压与电流的相量

3. 纯电容电路

纯电容与交流电源连接，可组成纯电容电路，如图 2-14 所示。在纯电容电路中，电压与电流的关系也可以用瞬时值、波形图和相量表示。

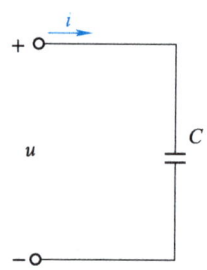

1）瞬时值表示

设图 2-14 中电容两端的电压为 $u = U_m \sin\omega t$，则

$$i = C\frac{du}{dt} = C\frac{d[U_m(\sin\omega t)]}{dt}$$
$$= \omega C U_m \cos\omega t = \omega C U_m \sin(\omega t + 90°)$$
$$= I_m \sin(\omega t + 90°)$$

图 2-14　纯电容电路

比较纯电容电路中电压和电流的表达式可知，电压 u 和电流 i 是同频率的正弦量，电流的相位超前电压 90°，电压与电流在数值上满足

$$I_m = \omega C U_m \text{ 或 } \frac{U_m}{I_m} = \frac{U}{I} = \frac{1}{\omega C} \quad (2\text{-}12)$$

2）波形图表示

纯电容电路中电压与电流的波形如图 2-15 所示。电容对交流电流起阻碍作用的能力称为容抗（负值电抗），用 X_C 表示，单位为欧（Ω），其表达式为

$$X_C = \frac{1}{\omega C} = \frac{1}{2\pi f C} \quad (2\text{-}13)$$

电容对高频电流所呈现的容抗很小，相当于短路；而当频率 f 很小或 $f = 0$（直流）时，电容相当于开路。因此，电容具有"通交流隔直流、通高频阻低频"的作用。

3）相量表示

在纯电容电路中，电压与电流的关系可用相量表示为

$$\dot{U} = -jX_C\dot{I} = j\frac{\dot{I}}{\omega C} = \frac{\dot{I}}{j\omega C} \tag{2-14}$$

纯电容电路中电压与电流的相量如图 2-16 所示。

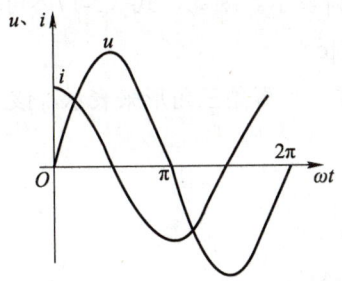

图 2-15　纯电容电路中电压与电流波形　　图 2-16　纯电容电路中电压与电流的相量

2.1.3　正弦交流电路的分析

1. RLC 串联/并联电路

1）RLC 串联电路

RLC 串联电路如图 2-17 所示。由 KVL 可得出电压的相量表达式，即

$$\dot{U} = \dot{U}_R + \dot{U}_L + \dot{U}_C = R\dot{I} + jX_L\dot{I} - jX_C\dot{I} = [R + j(X_L - X_C)]\dot{I} \tag{2-15}$$

由电压相量组成的直角三角形称为电压三角形，如图 2-18 所示。利用电压三角形，可求得电源电压的有效值，即

$$U = \sqrt{U_R^2 + (U_L - U_C)^2} = \sqrt{(RI)^2 + (X_L I - X_C I)^2} = I\sqrt{R^2 + (X_L - X_C)^2}$$

因此，式（2-15）可写为

$$\frac{\dot{U}}{\dot{I}} = R + j(X_L - X_C) \tag{2-16}$$

式（2-16）中，$R + j(X_L - X_C)$ 称为电路的阻抗，用 Z 表示，单位为欧（Ω），它对电流起阻碍作用，有

$$Z = R + j(X_L - X_C) = \sqrt{R^2 + (X_L - X_C)^2}\, e^{j\arctan\frac{X_L - X_C}{R}} \quad (2\text{-}17)$$

阻抗的幅角即电压与电流之间的相位差 φ，它可从电压三角形得出，即

$$\varphi = \arctan\frac{U_L - U_C}{U_R} = \arctan\frac{X_L - X_C}{R} = \arctan\frac{X}{R} \quad (2\text{-}18)$$

式（2-17）中，$\sqrt{R^2 + (X_L - X_C)^2}$ 为阻抗模，用 $|Z|$ 表示。因此，式（2-17）可写为

$$Z = |Z|e^{j\varphi} \quad (2\text{-}19)$$

$|Z|$、R、$(X_L - X_C)$ 三者之间的关系也可以用一个直角三角形来表示，该三角形称为阻抗三角形，如图 2-19 所示。

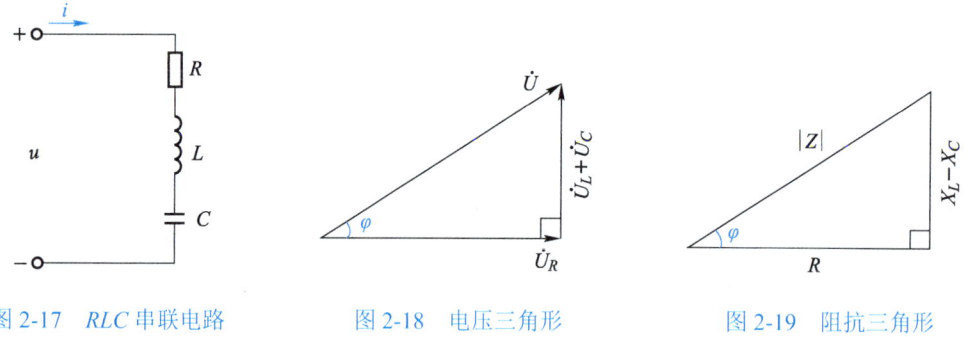

图 2-17　RLC 串联电路　　　图 2-18　电压三角形　　　图 2-19　阻抗三角形

在 RLC 串联电路中，可选电压 $\dot{I}$ 为参考相量，则 $\dot{U}_R$ 与 $\dot{I}$ 同相，$\dot{U}_L$ 比 $\dot{I}$ 超前 90°，$\dot{U}_C$ 比 $\dot{I}$ 滞后 90°，因此该电路的相量如图 2-20 所示。

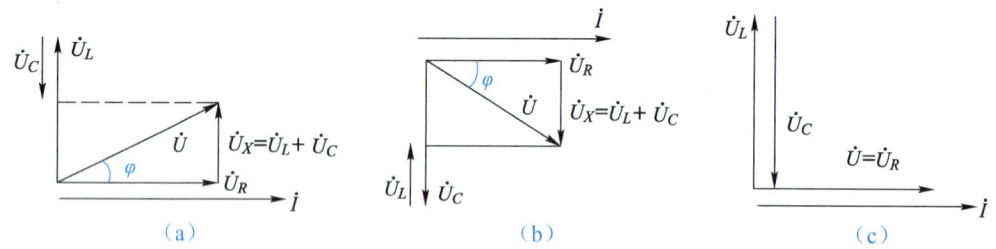

图 2-20　RLC 串联电路的相量

当 $X_L > X_C$ 时，$U_L > U_C$，$\varphi > 0$，$\dot{I}$ 比 $\dot{U}$ 滞后 φ，此时 RLC 串联电路呈感性，其相量如图 2-20（a）所示。

当 $X_L < X_C$ 时，$U_L < U_C$，$\varphi < 0$，$\dot{I}$ 比 $\dot{U}$ 超前 $|\varphi|$，此时 RLC 串联电路呈容性，其相量如图 2-20（b）所示。

当 $X_L = X_C$ 时，$U_L = U_C$，$\varphi = 0$，$\dot{I}$ 与 $\dot{U}$ 同相，此时 RLC 串联电路呈阻性，其相量如图 2-20（c）所示。这是 RLC 串联电路的一种特殊工作状态，称为串联谐振。

2）RLC 并联电路

RLC 并联电路如图 2-21（a）所示，其相量模型如图 2-21（b）所示。在图 2-21（b）

中，各元件两端的电压相等，由 KCL 可得出电流的相量表达式，即

$$\dot{I} = \dot{I}_G + \dot{I}_L + \dot{I}_C = \frac{\dot{U}}{R} + \frac{\dot{U}}{j\omega L} + j\omega C \dot{U} = \left(\frac{1}{R} + \frac{1}{j\omega L} + j\omega C\right)\dot{U}$$

$$= [G + j(B_C - B_L)]\dot{U} = (G + jB)\dot{U}$$

其中，实部 $G = \frac{1}{R}$，称为电导；$B_L = \frac{1}{X_L}$，称为感纳；$B_C = \frac{1}{X_C}$，称为容纳；$B = B_C - B_L$，称为电纳；$Y = G + jB$，称为导纳。它们的单位均为西（S）。

由导纳表示的相量模型如图 2-21（c）所示。

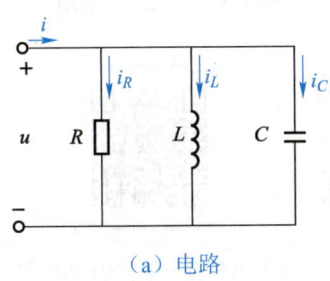
（a）电路

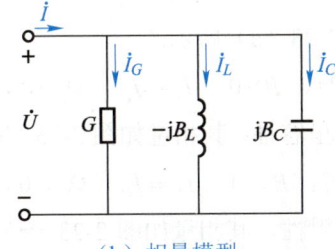
（b）相量模型

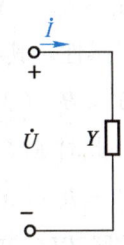
（c）由导纳表示的相量模型

图 2-21　RLC 并联电路

RLC 并联电路的导纳为

$$Y = \frac{\dot{I}}{\dot{U}} = G + jB = |Y| \angle \varphi_Y \tag{2-20}$$

其中，导纳的模为

$$|Y| = \sqrt{G^2 + B^2} = \sqrt{G^2 + (B_C - B_L)^2}$$

导纳的导纳角为

$$\varphi_Y = \arctan\frac{B}{G} = \arctan\frac{B_C - B_L}{G} \tag{2-21}$$

同样，G、B、$|Y|$ 三者也可以用一个直角三角形来表示，该三角形称为导纳三角形，如图 2-22 所示。

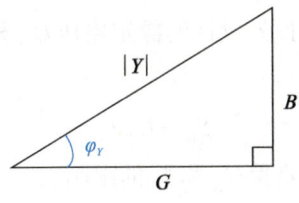

图 2-22　导纳三角形

在 RLC 并联电路中，若选电压 $\dot{U}$ 为参考相量，则 $\dot{I}_G$ 与 $\dot{U}$ 同相，$\dot{I}_L$ 比 $\dot{U}$ 滞后 90°，$\dot{I}_C$

比 $\dot{U}$ 超前 90°，由此可画出该电路的相量，如图 2-23 所示。

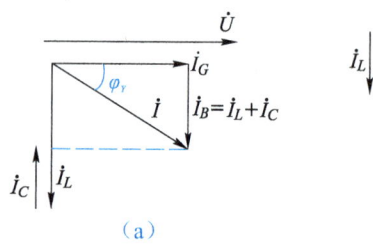 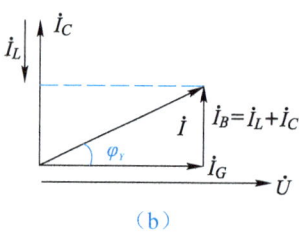 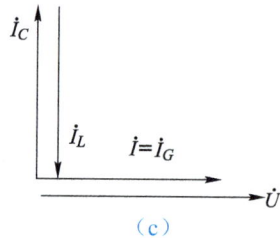

　　(a)　　　　　　　　　　(b)　　　　　　　　　　(c)

图 2-23　RLC 并联电路的相量

当 $B_L > B_C$（$X_L < X_C$）时，$B < 0$，$I_L > I_C$，$\varphi_Y < 0$，$\dot{I}$ 比 $\dot{U}$ 滞后 $|\varphi_Y|$，此时 RLC 并联电路呈感性，其相量如图 2-23（a）所示。

当 $B_L < B_C$（$X_L > X_C$）时，$B > 0$，$I_L < I_C$，$\varphi_Y > 0$，$\dot{I}$ 比 $\dot{U}$ 超前 φ_Y，此时 RLC 并联电路呈容性，其相量如图 2-23（b）所示。

当 $B_L = B_C$（$X_L = X_C$）时，$B = 0$，$I_L = I_C$，$\varphi_Y = 0$，$\dot{I}$ 与 $\dot{U}$ 同相，此时 RLC 并联电路呈阻性，其相量如图 2-23（c）所示。这是 RLC 并联电路的一种特殊工作状态，称为并联谐振。

正弦交流电的应用与意义

2．正弦交流电路的功率

1）瞬时功率

在一般负载的交流电路中，电压 u 和电流 i 之间存在相位差 φ，相位差 φ 的大小和正负均由负载确定，则电压 u 与电流 i 的关系可表示为

$$i = \sqrt{2}I \sin \omega t, \quad u = \sqrt{2}U \sin(\omega t + \varphi)$$

瞬时功率用 p 表示，其单位为瓦（W），其表达式为

$$p = ui = \sqrt{2}U \sin(\omega t + \varphi) \cdot \sqrt{2}I \sin \omega t = UI \cos \varphi - UI \cos(2\omega t + \varphi) \tag{2-22}$$

2）视在功率

二端元件或二端电路端子间电压的有效值 U 与电流的有效值 I 的乘积称为视在功率，又称表观功率，用 S 表示，即

$$S = UI \tag{2-23}$$

在国际单位制中，视在功率的单位为伏安（V·A），常用的单位还有千伏安（kV·A）。

交流电气设备的容量是按照预先设计的额定电压 U_N 和额定电流 I_N 来确定的，用额定视在功率 S_N 来表示，即

$$S_N = U_N I_N$$

可见，交流电气设备的运行要受 U_N 和 I_N 的限制。

3）有功功率和功率因数

在周期状态下，瞬时功率在一个周期 T 内的平均值称为有功功率。有功功率是电路能源消耗的表现，其表达式为

$$P = \frac{1}{T}\int_0^T p\,dt = \frac{1}{T}\int_0^T [UI\cos\varphi - UI\cos(2\omega t + \varphi)]dt = UI\cos\varphi \qquad (2\text{-}24)$$

由式（2-24）可知，正弦交流电路的有功功率不但与电压、电流的有效值有关，还与电压、电流相位差角 φ 的余弦值 $\cos\varphi$ 有关。

周期状态下，有功功率 P 的绝对值与视在功率 S 的比值，称为功率因数，用 λ 表示，则有

$$\lambda = \frac{|P|}{S} = \frac{|UI\cos\varphi|}{UI} = |\cos\varphi| \qquad (2\text{-}25)$$

在式（2-25）中，对于电阻，$\varphi = 0$，$P_R = U_R I_R = I_R^2 R \geqslant 0$；对于电感，$\varphi = 90°$，$P_L = U_L I_L \cos\varphi = I_L^2 R\cos\varphi = 0$；对于电容，$\varphi = -90°$，$P_C = U_C I_C \cos\varphi = I_C^2 R\cos\varphi = 0$。

由此可见，在正弦交流电路中，电感和电容实际上不消耗电能，而电阻总是消耗电能。在国际单位制中，有功功率的单位为瓦（W），常用的单位还有千瓦（kW）。

提高功率因数的意义

由于电源设备输出的有功功率随负载功率因数的变化而变化，不是一个常数，因此电源设备通常用视在功率而非有功功率来表示其容量，以说明电源设备可输出的最大功率。

4）无功功率

由于电路中有储能元件电感和电容，它们虽不消耗功率，但要与电源进行能量交换，因此这种能量交换的规模用无功功率表示。对于正弦交流电路中的线性二端元件或二端电路，无功功率的值等于视在功率 S 和（端子间电压对电流的）相位差角 φ 的正弦值的乘积，用 Q 表示，即

$$Q = S\sin\varphi = UI\sin\varphi \qquad (2\text{-}26)$$

视在功率 S、有功功率 P 和无功功率 Q 可以构成一个直角三角形，该三角形称为功率三角形，如图 2-24 所示。

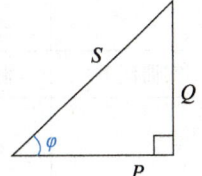

图 2-24 功率三角形

相位差角又称相位移角，是指在正弦状态下施加在线性二端元件或二端电路的电压与该元件或电路中的电流之间的相位差。

任务 2.2　认识三相交流电路

任务引入

我国电力系统在电能的生产、传输和配送中普遍采用的是三相交流电。但是，对于不同的用电场合，负载接入输电线路的方式不同，它们的供电方式也有所不同。一般情况下，对功率要求较小的用电场合（如家庭电路），通常采用电压为 220 V 的单相交流电；而对功率要求较大的用电场合，通常采用电压为 380 V 的三相交流电。

三相交流电路的电压、电流有相电压和线电压、相电流和线电流之分，且它们的值会因联结方式的不同而不同。请选择合适的工具和器材，测量三相交流电路的电压和电流。本任务的知识与技能要求如表 2-4 所示。

表 2-4　知识与技能要求

任务内容	认识三相交流电路	学习程度		
		识记	理解	应用
学习任务	三相交流电源		●	
	三相交流电路的联结方法		●	
	三相交流电路的功率		●	
实训任务	测量三相交流电路的电压和电流			●
自我勉励				

任务工单——测量三相交流电路的电压和电流

1. 知识准备

在三相交流电路中,三相负载的联结方式有 Y 联结和 △ 联结两种。当三相对称负载做 Y 联结时,有 $U_L = \sqrt{3}U_P$,$I_L = I_P$。在这种情况下,通过中性线的电流 $I_0 = 0$,因此可以省去中性线;当三相对称负载做△联结时,有 $I_L = \sqrt{3}I_P$,$U_L = U_P$。

当三相不对称负载做 Y 联结时,必须采用三相四线制接法,即 Y_0 接法。此时,中性线必须连接牢固,以保证三相不对称负载每相的相电压保持对称。若中性线断开,三相负载的相电压将会出现不对称,即出现负载较小的一相的相电压过大、负载较大的一相的相电压过小,从而损坏负载或使负载无法正常工作。

当三相不对称负载做△联结时,$I_L \neq \sqrt{3}I_P$,但只要电源的线电压对称,加在三相负载上的电压就仍是对称的,对各相负载的正常工作没有影响。

2. 工具和器材准备

准备任务实施所需的工具和器材,补全表 2-5。

表 2-5 工具和器材清单

名称	规格	型号	数量	名称	规格	型号	数量
三相交流电源			1 路	三相灯组负载	9 盏 220 V 15 W 的白炽灯		1 组
交流电压表			1 台	三相调压器			1 个
交流电流表			1 台	电门插座			3 个
数字万用表			1 台	导线			
试验挂箱		DG08	1 套				

3. 任务实施

1) 测量三相负载做 Y 联结的三相交流电路

(1) 如图 2-25 所示连接电路,使三相灯组负载经三相调压器接通三相交流电源。将三相调压器的旋柄置于输出为 0 V 的位置(即逆时针旋转到底)。

(2) 经指导教师检查,合格后方可接通电源,然后调节三相调压器,使其输出的相电压为 220 V。

(3) 在如图 2-25 所示的电路中,分别测量三相灯组负载在如表 2-6 所示不同接线方法下的线电流、相电流、线电压、相电压、中性线电流(I_0)、负载中性点与 N 点之间的电压(U_0),将所测数据填入表 2-6 中,并观察三相灯组负载明暗的变化,分析中性线的作用。

测量三相交流电路时为什么会有误差

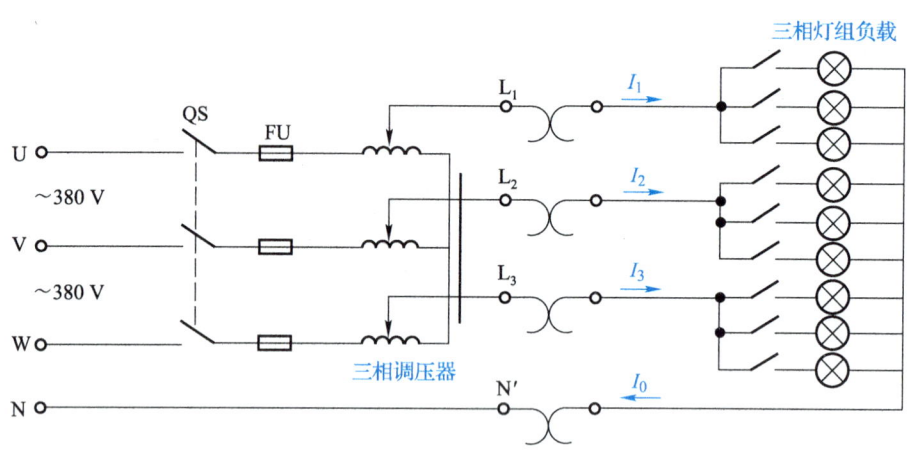

图 2-25 三相负载的 Y 联结电路

表 2-6 三相交流电路电压和电流的测量数据（一）

负载情况	开灯盏数			线电流=相电流（A）			线电压（V）			相电压（V）			I_0 (A)	U_0 (V)
	L_1 相	L_2 相	L_3 相	I_1	I_2	I_3	U_{12}	U_{23}	U_{31}	U_{10}	U_{20}	U_{30}		
Y_0 接平衡负载	3	3	3											
Y 接平衡负载	3	3	3											
Y_0 接不平衡负载	1	2	3											
Y 接不平衡负载	1	2	3											
Y_0 接 L_2 相断开	1		3											
Y 接 L_2 相断开	3		3											
Y 接 L_2 相短路	1		3											

2）测量三相负载做△联结的三相交流电路

如图 2-26 所示连接电路，经指导教师检查，合格后接通三相交流电源。调节三相调压器，使其输出的线电压为 220 V，并按如表 2-7 所示的内容进行测量，将所测数据填入表 2-7 中。

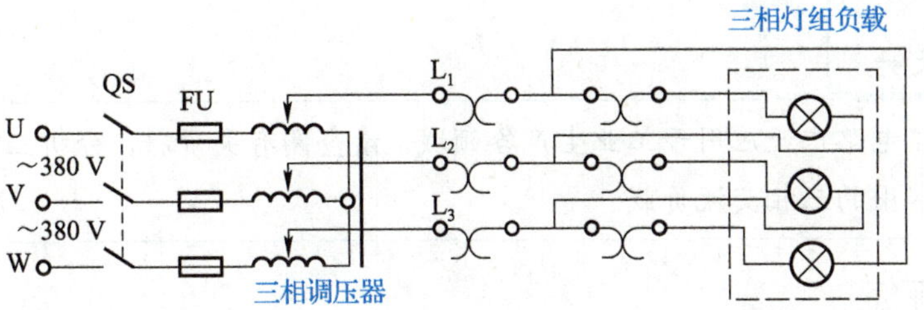

项目 2　正弦交流电路

图 2-26　三相负载的△联结电路

表 2-7　三相交流电路电压和电流的测量数据（二）

负载情况	开灯盏数			线电压=相电压（V）			线电流（A）			相电流（A）		
	L_1-L_2 相	L_2-L_3 相	L_3-L_1 相	U_{12}	U_{23}	U_{31}	I_1	I_2	I_3	I_{12}	I_{23}	I_{31}
三相平衡	3	3	3									
三相不平衡	1	2	3									

经验传承

（1）本任务采用的是线电压为 380 V 的三相交流电，必须穿绝缘鞋进试验室。测量时要注意人身安全，切勿触及导电部件，以防发生意外事故。

（2）每次接线完毕后，同组学生应自查一遍，然后由指导教师检查，合格后方可接通电源；试验过程中必须严格遵守"先断电、再接线、后通电"及"先断电、后拆线"的操作原则。

（3）做 Y 联结的三相负载在进行 L_2 相短路操作时，必须先断开中性线，以免发生触电事故。

（4）为避免烧坏白炽灯，DG08 型试验挂箱内设有过电压自动保护装置，当任意一相的相电压大于 250 V 时，即可开启声光报警并自动跳闸。因此，在三相不平衡负载做 Y 联结或在缺相的情况下进行测量时，所加最高相电压应小于 240 V。

创想天地

三相交流电路广泛应用于工业生产各领域,请查阅有关资料,分析三相交流电路的特点,列举常用的三相交流负载。

4. 任务评价

请指导教师按照学生的实际表现情况进行评分,并将评分结果填入表 2-8 中。

表 2-8 考核评价表

评价项目	评价标准	满分/分	实际得分/分	教师评语
技能操作	正确测量三相负载做 Y 联结的三相交流电路	40		
	正确测量三相负载做△联结的三相交流电路	40		
参与程度	认真参加活动,积极思考,主动与同学、指导教师进行交流,善于发现和解决问题	10		
合作意识	积极参与探讨,勇于接受任务,敢于承担责任	10		
总分		100		

笔 记

相关知识

2.2.1 三相交流电源

1. 三相交流电源的工作原理

三相交流电路是指由三相交流电源和三相负载组成的电路。其中,三相交流电源是指由 3 个频率相同、相位互差 120°的正弦交流电压源,按一定方式连接起来的电源。最常见的三相交流电源是三相交流发电机。

三相交流发电机主要由定子和转子组成,定子铁芯内圆周表面的槽内均匀嵌入了 3 个定子绕组 U_1U_2、V_1V_2 和 W_1W_2,称为三相定子绕组,如图 2-27 所示。其中,U_1、V_1 和 W_1 均为三相定子绕组的始端,U_2、V_2 和 W_2 均为三相定子绕组的末端。这 3 个定子绕组在空间上分别相隔 120°。

转子的铁芯上绕有励磁绕组,当转子以匀角速度转动时,会使三相定子绕组 U_1U_2、V_1V_2 和 W_1W_2 依次切割磁力线,从而得到三相对称电压 u_1、u_2 和 u_3,形成三相交流电源。

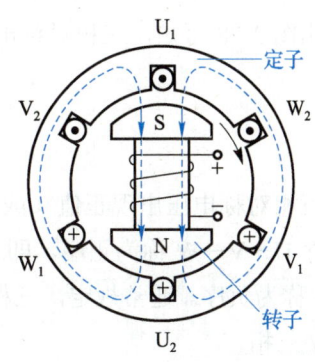

图 2-27 三相交流发电机的三相定子绕组

若三相交流电源中 3 个正弦交流电压源的振幅相等,则称该三相交流电源为三相对称电源。下文所指的三相交流电源均是指三相对称电源。

2. 三相交流电源的表示方法

在三相交流电源中,设三相对称电压的参考方向为由始端指向末端,并以 u_1 为参考正弦量,则有

$$\begin{cases} u_1 = U_m \sin \omega t \\ u_2 = U_m \sin(\omega t - 120°) \\ u_3 = U_m \sin(\omega t - 240°) = U_m \sin(\omega t + 120°) \end{cases} \quad (2\text{-}27)$$

其相量表达式为

$$\begin{cases} \dot{U}_1 = U \angle 0° \\ \dot{U}_2 = U \angle (-120°) \\ \dot{U}_3 = U \angle 120° \end{cases} \quad (2\text{-}28)$$

三相对称电压的波形和相量如图 2-28 所示。

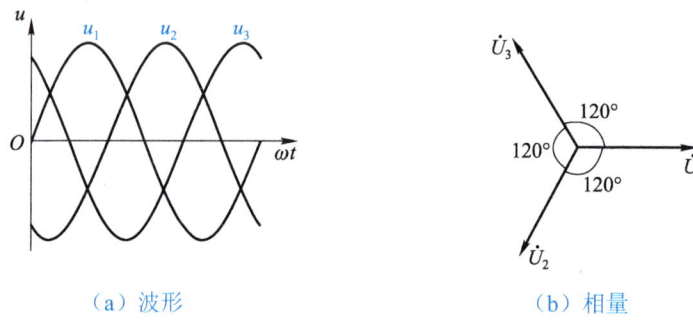

（a）波形　　　　　　　　（b）相量

图 2-28　三相对称电压的波形和相量

由图 2-28 可知，三相对称电压的瞬时值及相量之和均为 0，即

$$\begin{cases} u_1 + u_2 + u_3 = 0 \\ \dot{U}_1 + \dot{U}_2 + \dot{U}_3 = 0 \end{cases} \quad (2\text{-}29)$$

三相对称电压出现正值（或相应零值）的顺序称为相序。式（2-27）中三相对称电压的相序 U→V→W 称为正序，即 V 相滞后于 U 相，W 相又滞后于 V 相。反之，相序 W→V→U 称为负序。通常规定，三相交流电源的三根相线分别涂以黄、绿、红三色来区分 U、V、W 三相。

2.2.2　三相交流电路的联结方法

1. 三相交流电源的联结方法

三相交流电源的联结方法主要有 Y 联结和 △ 联结两种，下面分别进行介绍。

1）Y 联结

将三相交流发电机三相定子绕组的 3 个末端 U_2、V_2 和 W_2 连接于 N 点，将 3 个始端 U_1、V_1 和 W_1 作为输出端，这种连接方式称为三相交流电源的 Y 联结，如图 2-29 所示。在 Y 联结中，N 点称为中性点或零点，从 N 点引出的导线称为中性线，俗称零线。从 U_1、V_1 和 W_1 引出的 3 根导线 L_1、L_2 和 L_3 称为相线，俗称火线。

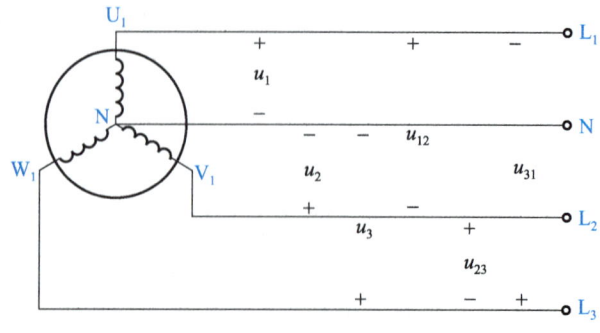

图 2-29　三相交流电源的 Y 联结

在三相交流电源中，每相绕组始端与末端之间的电压，即相线与中性线之间的电压，称为相电压，其有效值用 U_1、U_2 和 U_3 表示，或者用 U_P 表示。任意两始端之间的电压，即两相线之间的电压，称为线电压，其有效值用 U_{12}、U_{23} 和 U_{31} 表示，或者用 U_L 表示。相电压和线电压的参考方向如图 2-29 所示。

三相交流电源做 Y 联结时，其相电压和线电压有所不同，它们之间的相量关系如图 2-30 所示。

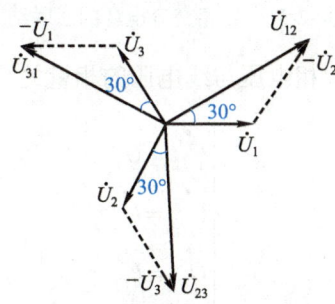

图 2-30　三相交流电源做 Y 联结时相电压和线电压之间的相量关系

由图 2-30 可知，线电压也是频率相同、振幅相等、相位互差 120° 的三相对称电压。同时，从图中还可以看出每个线电压在相位上比相应的相电压超前 30°，因此相电压与线电压的相量关系表达式为

$$\begin{cases} \dot{U}_{12} = \sqrt{3}\,\dot{U}_1 \angle 30° \\ \dot{U}_{23} = \sqrt{3}\,\dot{U}_2 \angle 30° \\ \dot{U}_{31} = \sqrt{3}\,\dot{U}_3 \angle 30° \end{cases} \tag{2-30}$$

由式（2-30）可得，线电压的有效值 U_L 是相电压有效值 U_P 的 $\sqrt{3}$ 倍，其大小关系为

$$U_L = \sqrt{3}\,U_P \tag{2-31}$$

就供电方式而言，从三相交流电源引出三根相线和一根中性线的供电方式称为三相四线制，用 Y_0 表示；仅引出三根相线的供电方式称为三相三线制，用 Y 表示。其中，三相四线制供电方式可向用户提供相电压和线电压两种电压，主要用于低压供电系统。我国低压供电系统的相电压为 220 V，线电压为 380 V。三相三线制供电方式由于没有中性线，只能向用户提供线电压，因此主要用于高压输电系统。

2）△联结

依次将一相绕组的始端与另一相绕组的末端连接，再将三个连接点作为输出端，这种连接方式称为三相交流电源的△联结，如图 2-31 所示。

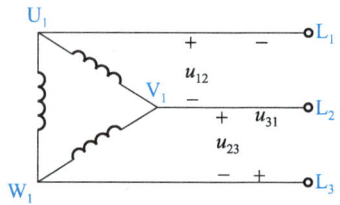

图 2-31　三相交流电源的△联结

三相交流电源做△联结时，相电压与线电压的相量关系表达式为

$$\begin{cases} \dot{U}_{12} = \dot{U}_1 \\ \dot{U}_{23} = \dot{U}_2 \\ \dot{U}_{31} = \dot{U}_3 \end{cases} \tag{2-32}$$

由式（2-32）可知，线电压的有效值等于相应的相电压的有效值，即 $U_L = U_P$。

做△联结的三相交流电源，相当于三个单相交流电压源同时作用在三相绕组的闭合回路中。由于 $\dot{U}_1 + \dot{U}_2 + \dot{U}_3 = 0$，因此闭合回路中的总电压为 0 V，不会产生环流。但若有一相绕组接反，则 $\dot{U}_1 + \dot{U}_2 + \dot{U}_3 \neq 0$，闭合回路中将会产生很大的环流，从而导致三相交流电源被烧毁。因此，在使用时应加以注意。

2. 三相负载的联结方法

根据所需供电电源类型的不同，负载可分为单相负载和三相负载两类。其中，三相负载又可分为两类：若各相负载的阻抗相等，即 $Z_1 = Z_2 = Z_3 = Z$，则该负载称为三相对称负载，如三相交流电动机等；否则，称为三相不对称负载。

三相负载的联结方法也主要有 Y 联结和△联结两种。无论做 Y 联结还是做△联结，三相负载中每相负载始、末两端之间的电压都称为负载的相电压，任意两相负载始端之间的电压称为负载的线电压。在三相交流电路中,通过每相负载的电流称为相电流,其有效值用 I_P 表示;通过相线的电流称为线电流,其有效值用 I_L 表示。

当三相负载接入三相交流电路时,应当使加在三相负载上的电压等于其额定电压,并尽可能使各相负载均匀对称,从而使三相交流电源趋于平衡。

1) Y 联结

如图 2-32 所示,将三相负载的末端连接于 N′ 点,并与三相交流电源的中性线相连,三相负载的始端分别接到三根相线上,这种连接方法称为三相负载的 Y 联结,这种连接方法组成的电路称为三相负载做 Y 联结的三相四线制电路。其中,$|Z_1|$、$|Z_2|$ 和 $|Z_3|$ 分别为每相负载的阻抗模。

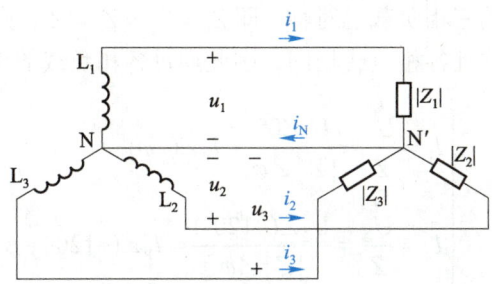

图 2-32 三相负载做 Y 联结的三相四线制电路

在图 2-32 中,无论三相负载是否对称,其相电压和线电压都分别等于三相交流电源的相电压和线电压,而且其相电流的有效值等于相应线电流的有效值,即

$$I_P = I_L \tag{2-33}$$

三相负载做 Y 联结时电压和电流的相量如图 2-33 所示。

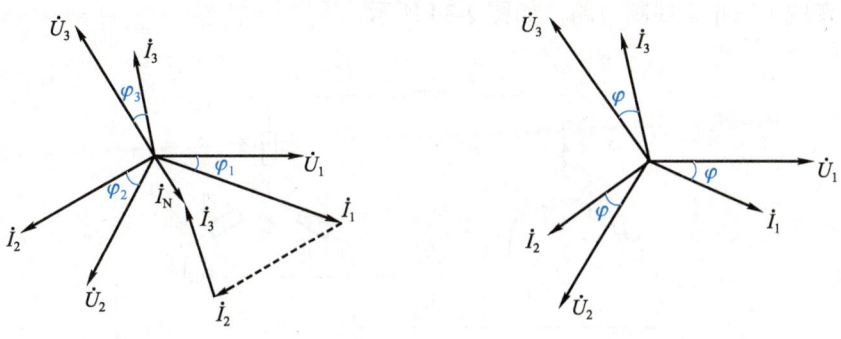

(a) 三相不对称负载做 Y 联结   (b) 三相对称负载做 Y 联结

图 2-33 三相负载做 Y 联结时电压和电流的相量

当三相负载做 Y 联结时,由于各相电源与各相负载经中性线组成了各自独立的回路,因此可以利用单相交流电路的分析方法来对每相负载进行独立分析。此时,相电流为

$$\begin{cases} \dot{I}_1 = \dfrac{\dot{U}_1}{Z_1} = \dfrac{U_1\angle 0°}{|Z_1|\angle\varphi_1} = I_1\angle(-\varphi_1) \\ \dot{I}_2 = \dfrac{\dot{U}_2}{Z_2} = \dfrac{U_2\angle -120°}{|Z_2|\angle\varphi_2} = I_2\angle(-120°-\varphi_2) \\ \dot{I}_3 = \dfrac{\dot{U}_3}{Z_3} = \dfrac{U_3\angle 120°}{|Z_3|\angle\varphi_3} = I_3\angle(120°-\varphi_3) \end{cases} \quad (2\text{-}34)$$

中性线上的电流可根据 KCL 得出，即

$$\dot{I}_N = \dot{I}_1 + \dot{I}_2 + \dot{I}_3 \quad (2\text{-}35)$$

若三相交流电路中的三相负载也对称，即 $Z_1 = Z_2 = Z_3 = Z$，则此时的电路被称为三相对称电路。由于电压对称且各相负载相同，因此通过各相负载的电流也是对称的，即

$$\begin{cases} \dot{I}_1 = \dfrac{\dot{U}_1}{Z} = \dfrac{U_1\angle 0°}{|Z|\angle\varphi} = I_P\angle(-\varphi) \\ \dot{I}_2 = \dfrac{\dot{U}_2}{Z} = \dfrac{U_2\angle(-120°)}{|Z|\angle\varphi} = I_P\angle(-120°-\varphi) \\ \dot{I}_3 = \dfrac{\dot{U}_3}{Z} = \dfrac{U_3\angle 120°}{|Z|\angle\varphi} = I_P\angle(120°-\varphi) \end{cases} \quad (2\text{-}36)$$

此时，中性线上的电流等于 0，即

$$\dot{I}_N = \dot{I}_1 + \dot{I}_2 + \dot{I}_3 = 0 \quad (2\text{-}37)$$

在三相对称电路中，取消中性线后不会影响该电路的正常工作，此时三相四线制电路实际上就变成了三相三线制电路，如图 2-34 所示。

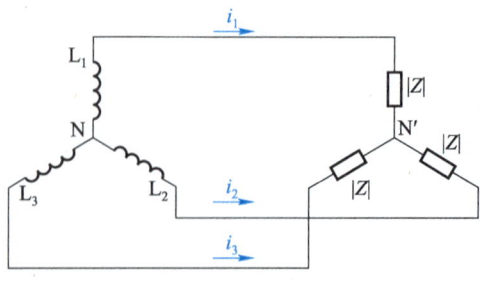

图 2-34　三相三线制电路

在三相四线制电路中，中性线的作用非常大。当负载不对称时，中性线的电流不等于 0。此时，中性线绝对不能去掉，否则负载上的相电压将会不对称，从而导致有的负载上的相电压大于额定电压，有的负载上的相电压小于额定电压，使负载损坏或不能正常工作。因此，规定不准在三相四线制电路的中性线上安装开关和熔断器，而且为了使中性线本身

具有足够的机械强度,可在中性线中加装钢芯。

当三相负载对称时,三相三线制电路与三相四线制电路完全相同,两者关于相电流的计算方法也相同,且只需要计算其中任意一相的电流,便可推算出另外两相的电流。

2) △联结

将三相负载分别连接到三相交流电源的两根相线之间,这种连接方式称为三相负载的△联结,如图2-35所示。其中,$|Z_{12}|$、$|Z_{23}|$和$|Z_{31}|$分别为每相负载的阻抗模。

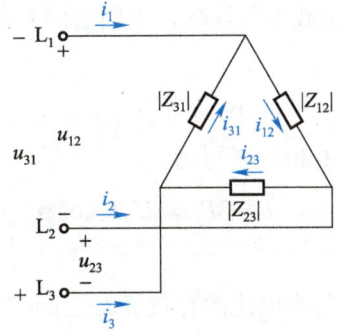

图2-35 三相负载做△联结的三相交流电路

在图2-35中,由于每相负载都直接连接在电源的两根相线之间,因此各相负载的相电压与三相交流电源的线电压相等,且无论三相负载是否对称,其相电压总是对称的,即

$$U_{12} = U_{23} = U_{31} = U_P = U_L \quad (2-38)$$

当三相负载做△联结时,若三相负载对称,即$Z_{12} = Z_{23} = Z_{31} = Z$,则各相负载的相电流也是对称的。此时,线电流与相电流的相量如图2-36所示。

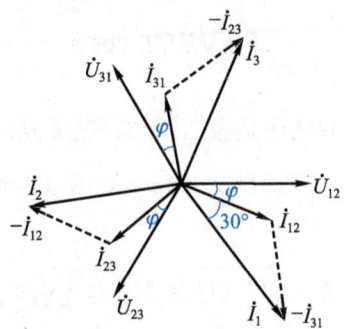

图2-36 三相对称负载做△联结时线电流与相电流的相量

由图2-36可知,当三相对称负载做△联结时,线电流也是对称的,其有效值为相电流有效值的$\sqrt{3}$倍,其相位比相应的相电流滞后30°,即

$$\begin{cases} \dot{I}_1 = \sqrt{3}\,\dot{I}_{12}\angle(-30°) \\ \dot{I}_2 = \sqrt{3}\,\dot{I}_{23}\angle(-30°) \\ \dot{I}_3 = \sqrt{3}\,\dot{I}_{31}\angle(-30°) \end{cases} \qquad (2\text{-}39)$$

2.2.3 三相交流电路的功率

三相交流电路可看作三个单相交流电路的组合，因此单相交流电路功率的计算方法可直接应用于三相交流电路。

交流电路的功率

1. 有功功率

在三相交流电路中，无论负载如何连接，电路总的有功功率都等于各相有功功率之和，即

$$P = P_1 + P_2 + P_3 \qquad (2\text{-}40)$$

在三相对称电路中，式（2-40）可写为

$$P = 3P_\mathrm{P} = 3U_\mathrm{P} I_\mathrm{P} \cos\varphi \qquad (2\text{-}41)$$

式中：

φ——相电压的有效值 U_P 与相电流的有效值 I_P 之间的相位差。

在实际应用中，由于线电压和线电流的测量较为容易，因此三相交流电路的有功功率通常用线电压和线电流来计算。当三相对称负载做 Y 联结时，有

$$U_\mathrm{P} = \frac{U_\mathrm{L}}{\sqrt{3}}, \quad I_\mathrm{P} = I_\mathrm{L}$$

当三相对称负载做△联结时，有

$$U_\mathrm{P} = U_\mathrm{L}, \quad I_\mathrm{P} = \frac{I_\mathrm{L}}{\sqrt{3}}$$

因此，无论三相对称负载是做 Y 联结还是做△联结，其有功功率均为

$$P = \sqrt{3}\,U_\mathrm{L} I_\mathrm{L} \cos\varphi \qquad (2\text{-}42)$$

2. 无功功率与视在功率

无论三相对称负载是做 Y 联结还是做△联结，其无功功率均为

$$Q = 3U_\mathrm{P} I_\mathrm{P} \sin\varphi = \sqrt{3}\,U_\mathrm{L} I_\mathrm{L} \sin\varphi \qquad (2\text{-}43)$$

其视在功率为

$$S = \sqrt{P^2 + Q^2} = 3U_\mathrm{P} I_\mathrm{P} = \sqrt{3}\,U_\mathrm{L} I_\mathrm{L} \qquad (2\text{-}44)$$

 笔 记

 砥节砺行

我国特高压输电领跑世界

我国80%以上的能源分布于西部和北部地区，70%以上的能源消耗集中在东部和中部地区，大规模、长距离的能源运输绝非易事，而依靠传统方式输送电力则电能损耗过大。

为了解决这些难题，我国决定建设"电力高速公路"——发展特高压输电技术，搭建特高压电网。与普通输电线路相比，特高压输电线路不仅输送容量更大，电能损耗更小，而且输送距离也更远，可达2 000 km甚至3 000 km以上，能覆盖我国所有的大型能源基地和用电负荷中心。

经过几十年的研究和发展，2009年，我国第一个也是世界首个特高压工程投入商业运行，成功将煤电从山西送到千里之外的湖北，让"电从远方来"成为现实。2022年7月1日，我国"西电东送"重点工程——白鹤滩—江苏±800 kV特高压直流工程竣工投产。令人惊讶的是，这条跨越五个省市、全长达2 080 km的输电线路，把水电从四川送至江苏只需要7 ms。在这背后，正是我国领跑世界的特高压输电技术。

如今，在不知不觉之中，每年有数万亿千瓦时的电能跨越湖海、翻越千山，通过长度超过48 000 km的特高压输电线路，被送往经济发展的第一线。我国已建成全球输电距离最远、能源配置能力最强的特高压输电网络。

（资料来源：https://www.ccdi.gov.cn/toutiaon/202209/t20220926_220246.html，有改动）

综合测试

1. 填空题

（1）_____、_____ 和 _____ 又称为正弦交流电的三要素。

（2）对于纯电阻电路，电压 u 和电流 i 的 _____ 相同，电阻与电压、电流的最大值（或有效值）之间的关系符合 _____，而且电压与电流 _____（同相或反相）。

（3）纯电感电路中电压的相位 _____（超前或滞后）电流 90°，纯电容电路中电流的相位 _____（超前或滞后）电压 90°。

（4）在 RLC 串联电路中，若选电压 $\dot{I}$ 为参考相量，则 $\dot{U}_R$ 与 $\dot{I}$ _____（同相或反相），$\dot{U}_L$ 比 $\dot{I}$ _____（超前或滞后）90°，$\dot{U}_C$ 比 $\dot{I}$ _____（超前或滞后）90°。

（5）在 RLC 并联电路中，若选电压 $\dot{U}$ 为参考相量，则 $\dot{I}_G$ 与 $\dot{U}$ _____（同相或反相），$\dot{I}_L$ 比 $\dot{U}$ _____（超前或滞后）90°，$\dot{I}_C$ 比 $\dot{U}$ _____（超前或滞后）90°。

（6）若三相交流电源中 3 个正弦交流电压源的振幅相等，则称该三相交流电源为 _____。

（7）三相交流电源做 Y 联结时，线电压的有效值是相电压有效值的 _____ 倍。

（8）三相对称负载做 △ 联结时，线电流的有效值为相电流有效值的 _____ 倍，其相位比相应的相电流 _____（超前或滞后）30°。

2. 解答题

（1）在如图 2-37 所示的电路中，当外接 220 V 的交流电源时，灯泡 A、B、C 的亮度相同。若外接 220 V 的直流电源，3 个灯泡的亮度将会发生怎样的变化？

（2）已知两个同频率的正弦交流电流分别为

$$i_1 = 10\sqrt{2}\sin\left(314t + \frac{\pi}{3}\right), \quad i_2 = 22\sqrt{2}\sin\left(314t - \frac{5\pi}{6}\right)$$

求 $i = i_1 + i_2$，并画出相量图。

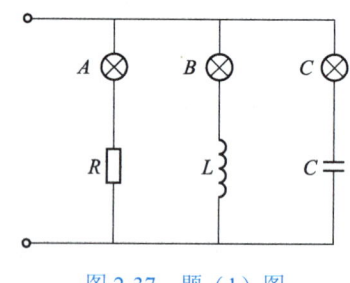

图 2-37　题（1）图

（3）在 RLC 串联电路中，已知 $R = 30\ \Omega$，$L = 127\ \text{mH}$，$C = 40\ \mu\text{F}$，电源电压 $u = 220\sqrt{2}\sin(314t + 20°)$。求：① 电流 i 及各部分电压 u_R、u_L、u_C；② 画出电流和电压的相量图；③ 功率 P 和 Q。

（4）有一个三相对称负载，其各相电阻均为 $10\ \Omega$，功率因数 $\cos\varphi = 0.75$，现分别将它以 Y 联结和 △ 联结接在 380 V 的三相电源上，求该负载在两种不同接法下的相电压、相电流、线电流和总有功功率。

学习成果评价

指导教师根据学生对本项目的实际学习成果对其进行评价,学生配合指导教师共同完成如表 2-9 所示的学习成果评价表。

表 2-9　学习成果评价表

班级		组号		日期	
姓名		学号		指导教师	
学习成果/项目名称		正弦交流电路			
评价项目	评价内容		评价方式	满分/分	评分/分
知识 40%	正弦交流电的三要素及其相量表示法		理论测试	4	
	纯电阻、纯电感和纯电容电路的表示方法和特性			6	
	RLC 串联/并联电路的特性			6	
	正弦交流电路的功率			6	
	三相交流电源的工作原理和表示方法			6	
	三相交流电路的联结方法			8	
	三相交流电路的功率			4	
技能 40%	使用信号发生器、示波器和交流电表		实践操作	10	
	测量 RLC 的阻抗频率特性			10	
	测量三相交流电路的电压和电流			10	
	分析三相交流电路在不同负载联结方式下的特点			10	
素养 20%	积极参加教学活动,主动学习、思考、讨论		综合评判	6	
	认真负责,按时完成学习、实践任务			4	
	团结协作,与组员之间密切配合			4	
	服从指挥,遵守课堂和实训室纪律			4	
	守正创新,自信自强			2	
	合计			100	
自我评价					
教师评价					

项目 3　变压器与三相异步电动机

项目导读

在自然界，磁与电的关系密不可分：电流可以在其周围产生磁场，并且变化的电流会使磁场的磁通发生变化，这就是电流的磁效应；磁通的变化会使磁场内的导线产生感应电压，从而在闭合电路中形成感应电流，这就是电磁感应原理。在电磁转化的实际应用中，通常在线圈中加入铁芯，组成铁芯线圈电路，它可以将通电线圈周围的磁力线都集中到铁芯中，从而显著增加磁场强度。利用铁芯线圈电路可制成多种电气设备，如发电机、变压器和电动机等。

本项目主要介绍变压器和三相异步电动机的基本知识，并对三相异步电动机控制电路进行分析和测试。

知识目标

- 掌握磁路的基本物理量和基本定律
- 掌握变压器的工作原理和外特性
- 掌握三相异步电动机的基本结构、工作原理和启动方法
- 掌握常用低压电器的作用和三相异步电动机控制电路的工作原理

技能目标

- 能够对单相变压器的变比及外特性进行测试
- 能够拆装三相异步电动机
- 能够调试三相异步电动机的控制电路

素质目标

- 树立科技成才、技能报国的人生理想
- 树立勇于探索、追求真理的职业精神

任务 3.1 认识变压器

 任务引入

变压器是一种常见的输配电设备,它广泛应用于工业、农业、交通、民生服务等领域。变压器利用电磁感应原理来实现电能的传递、分配和控制,具有变换电压、变换电流和变换阻抗的功能。

变压器有单相变压器、三相变压器、自耦变压器、仪用互感器等类型。其中,单相变压器是指一次绕组和二次绕组均为单相绕组的变压器,它是变压器的基础类型,具有结构简单、体积小、损耗低等特点。

请选择合适的工具和器材,对单相变压器的变比及外特性进行测试,并绘制单相变压器的外特性曲线。本任务的知识与技能要求如表3-1所示。

表3-1 知识与技能要求

任务内容	认识变压器	学习程度		
		识记	理解	应用
学习任务	磁路的基本物理量		●	
	磁路的基本定律		●	
	变压器的分类和基本结构	●		
	变压器的铭牌数据和工作原理		●	
	变压器的外特性		●	
实训任务	测试单相变压器的变比和外特性			●
自我勉励				

任务工单——测试单相变压器的变比和外特性

1. 知识准备

变压器的变比 K 是指变压器一次绕组与二次绕组上的电压之比,其值等于一、二次绕组的匝数之比。对于单相变压器,可以直接测量其一、二次绕组上的电压,以此计算变压器的变比。

变压器的外特性是指二次电压随二次电流变化的特性曲线。在电源电压不变的情况下,变压器二次侧接入负载后,一、二次绕组上都有电流通过,这必然会使一、二次侧产生内阻抗电压降,从而使二次电压随负载的变化而变化。

变压器二次侧输出电压随负载的变化而变化的程度可用电压变化率 ΔU 来表示。电压变化率 ΔU 是变压器的主要性能指标之一。

2. 工具和器材准备

准备任务实施所需的工具和器材,补全表 3-2。

表 3-2　工具和器材清单

名称	规格	型号	数量	名称	规格	型号	数量
单相变压器			1 台	白炽灯			3 组
交流电流表			1 台	开关			5 个
交流电压表			1 台	导线			

3. 任务实施

如图 3-1 所示连接电路。

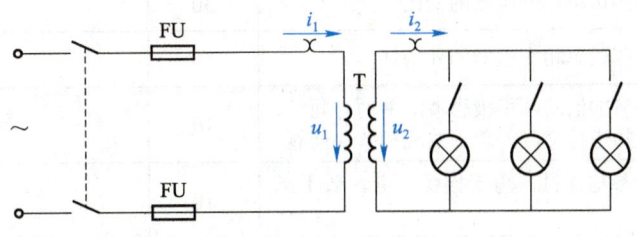

图 3-1　单相变压器的外特性测试电路

1)测试单相变压器的变比

单相变压器的一次绕组接入额定电压,二次绕组不接负载,测量一次绕组电压 U_1 和二次绕组空载电压 U_{20},计算变比 $K = U_1/U_{20}$。计算结果为 $K = $ ＿＿＿＿＿＿。

2)测试单相变压器的外特性

保持额定电压 U_1 不变,然后在二次绕组中逐个接通白炽灯,每次分别测量 I_1、I_2、

U_2，并将测量结果填入表 3-3 中。根据测量结果绘制 $U_2 = f(I_2)$ 曲线，并计算单相变压器的电压变化率 ΔU。计算结果为 $\Delta U = $ ＿＿＿＿＿＿＿。

表 3-3　单相变压器外特性测量结果

项目	I_1	I_2	U_2
1 盏白炽灯			
2 盏白炽灯			
3 盏白炽灯			

经验传承

上述实施过程中，应将交流电流表串联在一次绕组中，注意通过一次绕组的电流不能超过其额定电流。

创想天地

变压器广泛应用于各行各业。请查找身边的变压器应用实例，查阅有关资料，分析其工作原理和技术数据。

4. 任务评价

请指导教师按照学生的实际表现情况进行评分，并将评分结果填入表 3-4 中。

表 3-4　考核评价表

评价项目	评价标准	满分/分	实际得分/分	教师评语
技能操作	正确测试单相变压器的变比	30		
	正确测试单相变压器的外特性	50		
参与程度	认真参加活动，积极思考，主动与同学、指导教师进行交流，善于发现和解决问题	10		
合作意识	积极参与探讨，勇于接受任务，敢于承担责任	10		
	总分	100		

笔记

相关知识

3.1.1 磁路

线圈通电后，其周围和内部会产生磁场。空心载流线圈产生的磁场较弱，为了得到较强的磁场并加以有效利用，工程上常用铁磁性材料做成一定形状的铁芯，然后将线圈绕在铁芯上组成铁芯线圈电路。当线圈中通过电流时，铁芯即被磁化，从而使电流产生的磁场大大增强。对于铁芯线圈电路，通电线圈的磁通将集中通过铁芯，这种磁通集中通过的路径便称为磁路。

1. 磁路的基本物理量

1）磁感应强度

磁感应强度 B 是表示磁场中某点磁场的强弱和方向的物理量，它是一个矢量。若磁场中各点的磁感应强度大小相等、方向相同，则这样的磁场称为均匀磁场。在均匀磁场中，磁感应强度在数值上可看作是与磁场方向相垂直的单位面积内所通过的磁通，因此磁感应强度又称磁通密度，即

磁通与磁路的分类

$$B = \frac{\varPhi}{S} \tag{3-1}$$

在国际单位制中，磁感应强度的单位为特（T）。磁感应强度的方向与电流方向之间的关系可用右手螺旋定则来确定。

2）磁导率

磁导率 μ 是用于衡量物质导磁能力大小的物理量，其单位为亨每米（H/m）。真空中的磁导率为一个常数，用 μ_0 表示，即 $\mu_0 = 4\pi \times 10^{-7}$ H/m。为了便于比较，通常用相对磁导率 μ_r 来表示不同物质的导磁能力，即

$$\mu_r = \frac{\mu}{\mu_0} \tag{3-2}$$

3）磁场强度

磁场强度 H 是分析磁场时所引入的一个辅助物理量，空间中某点的磁场强度与该点磁感应强度的关系为

$$H = \frac{B}{\mu} \tag{3-3}$$

磁场强度也是矢量，在均匀磁介质中，磁场强度的方向与磁感应强度的方向一致。在国际单位制中，磁场强度的单位为安每米（A/m）。

2. 磁路的欧姆定律

实验表明，在铁芯线圈电路中，线圈的电流越大，线圈的匝数越多，产生的磁通就越

多。通常把线圈匝数与线圈电流的乘积 NI 称为磁通势，用 F 表示，即

$$F = NI \tag{3-4}$$

磁通势相当于电路中的电动势，它是一个标量，其单位为安（A）。

磁路中的磁通 Φ 等于作用在该磁路上的磁通势 F 除以磁路的磁阻 R_m，这就是磁路的欧姆定律，即

$$\Phi = \frac{NI}{l(\mu S)^{-1}} = \frac{F}{R_m} \tag{3-5}$$

式中：

l ——磁路的平均长度，单位为米（m）；

S ——磁路的横截面积，单位为平方米（m²）；

R_m ——磁路的磁阻，$R_m = l(\mu S)^{-1}$，单位为每亨（1/H）。

由于铁磁性材料的磁导率 μ 不是常数，因此磁路的欧姆定律通常不能用于定量计算，只能用于定性分析。磁路与电路有着许多相似之处，两者的比较如表 3-5 所示。

表 3-5 磁路和电路的比较

磁路	电路
（图：线圈，I，N，Φ）	（图：电源 E，电阻 R，I）
磁通势 F	电压 U
磁通 Φ	电流 I
磁感应强度 B	电流密度 J
磁阻 $R_m = l(\mu S)^{-1}$	电阻 $R = l(\gamma S)^{-1}$
磁路欧姆定律 $\Phi = F/R_m$	电路欧姆定律 $I = U/R$

点 拨

在表 3-5 中，γ 为电导率，$\gamma = 1/\rho$，单位为西每米（S/m）。其中，ρ 为电阻率，它是用于表示各种物质电阻特性的物理量。某种材料的导线，长度为 1m、横截面积为 1 mm² 时，在常温下（20℃）的电阻值称为这种材料的电阻率。

3．电磁感应定律

感应电压的大小与磁通变化的快慢（磁通变化率）有关，即

$$u = \frac{\Delta \Phi}{\Delta t} \tag{3-6}$$

若线圈的匝数为 N，则整个线圈的感应电压为

$$u = N\frac{\Delta \Phi}{\Delta t} \quad (3-7)$$

式中：

u ——线圈在 Δt 时间内产生的感应电压，单位为伏（V）；
N ——线圈的匝数；
ΔΦ ——在 Δt 时间内磁通的变化量，单位为韦伯（Wb）；
Δt ——磁通的变化时间，单位为秒（s）。

上述感应电压与磁通变化率之间的关系称为电磁感应定律。

对于闭合导体在磁场中做切割磁感线运动时所产生的感应电流，其方向可用右手定则判断。如图 3-2 所示，伸出右手，让大拇指与其余四指垂直，并在同一平面内，让磁感线垂直穿过手心，大拇指指向导体运动方向，那么其余四指所指的方向就是感应电流的方向。

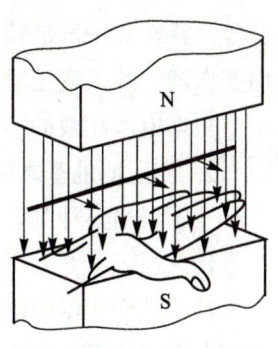

图 3-2　右手定则

1820 年之前，人们并不知道电与磁是对"孪生兄弟"，就连电磁学鼻祖吉尔伯特也认为两者是"截然不同的现象"，直到奥斯特发现了电流的磁效应并将之公之于众。

1821 年，作为实验助手的法拉第在为戴维搜集有关电磁学的资料期间，对电磁学产生了浓厚的兴趣。于是，他展开逆向思维，头脑中冒出了"磁生电"的"火花"。为了验证"磁生电"的可行性，法拉第经历了无数次失败。虽然法拉第只读过几年小学，全靠自学成才，但他从不服输，一次比一次用心，一次比一次勤奋。1831 年，法拉第通过一连串实验，发现了电磁感应现象，并且发明了现代旋转电机的雏形——电磁旋转机器。这一成果预示着发电机的诞生，开创了电气化的新时代。

得益于在电磁学方面做出的巨大贡献，法拉第被誉为"电学之父"和"交流电之父"。人们为了纪念他，将他的名字作为电容的单位并沿用至今。

3.1.2 变压器

1. 变压器的分类

根据用途的不同,变压器可分为电力变压器和特殊变压器两大类。其中,电力变压器是一种在电力系统中进行输配电的变压器,常用的有升压变压器、降压变压器、配电变压器等;特殊变压器是针对特殊需要而制造的变压器,如整流变压器、工频试验变压器、矿用变压器、冲击变压器、电焊变压器和电压互感器等。

根据电源相数的不同,变压器可分为单相变压器、三相变压器和多相变压器三种。

2. 变压器的基本结构

变压器虽然种类繁多且用途各异,但都主要由铁芯和绕组两部分组成。

1) 铁芯

铁芯是变压器的磁路部分,它由铁芯柱和铁轭两部分组成。其中,铁芯柱上套有绕组;铁轭上不套绕组,用于连接铁芯柱以使磁路闭合。为了减小磁滞损耗及涡流损耗,铁芯通常由表面涂有绝缘漆、厚度为 0.35 mm 或 0.5 mm 的硅钢片叠装而成。

2) 绕组

绕组是指用于共同工作的互联的线匝和(或)线圈的组合,它是变压器的电路部分,可由一个或多个线圈串联组成。其中,线圈通常由具有良好绝缘的漆包线、纱包线等绕制而成;线圈的层与层之间和匝与匝之间、线圈与铁芯之间及不同线圈之间都要进行绝缘处理。

常用的变压器

变压器工作时,与电源连接的绕组称为一次绕组(或初级绕组、原边绕组),与负载连接的绕组称为二次绕组(或次级绕组、副边绕组)。通常,一、二次绕组的匝数不相等,匝数较多的绕组,其工作电压较大,称为高压绕组;匝数较少的绕组,其工作电压较小,称为低压绕组。为了便于在线圈和铁芯之间进行绝缘处理,通常将低压绕组安装在靠近铁芯的内层,将高压绕组套在低压绕组的外面。

根据铁芯和绕组组合方式的不同,变压器可分为芯式变压器和壳式变压器两种。其中,芯式变压器将绕组套在铁芯柱上,结构较为简单,其多用于容量较大的变压器,如图 3-3 所示;壳式变压器的制造工艺复杂,其绕组被铁芯包围,通常用于容量较小的变压器,如图 3-4 所示。

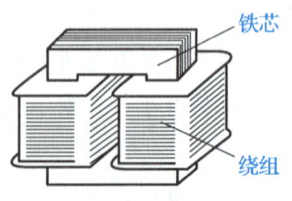

图 3-3 芯式变压器

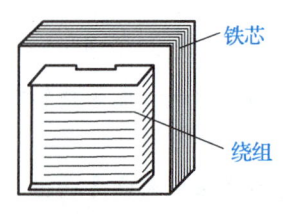

图 3-4 壳式变压器

3. 变压器的铭牌数据

变压器的额定值是指变压器在规定使用环境和运行条件下的主要技术参数限定值。它通常标在铭牌上，故又称为铭牌数据。变压器的铭牌数据主要有额定电压、额定电流、额定容量和额定频率等，它们是选择和使用变压器的主要依据。

1）额定电压

变压器的额定电压包括额定一次电压和额定二次电压。其中，额定一次电压是指变压器正常工作时一次绕组上指定施加的电压，用 U_{1N} 表示；额定二次电压是指当给一次绕组加上额定一次电压时二次绕组空载所感应出的指定电压，用 U_{2N} 表示。例如，6 000 V/400 V 表示额定一次电压 U_{1N} 为 6 000 V，额定二次电压 U_{2N} 为 400 V。

由于变压器有内阻抗电压降，因此二次绕组的额定电压一般比满载（负载电压为额定运行条件所规定的最高值）时的电压大 5%～10%。

2）额定电流

变压器的额定电流是指当给变压器施加额定一次电压时，通过绕组两端子之间的电流，其值等于绕组额定容量除以绕组额定电压和相应的相系数（单相变压器的相系数为 1；三相变压器的相系数为 $\sqrt{3}$）的乘积，它是根据绝缘材料允许的温度来确定的。额定电流包括额定一次电流和额定二次电流。其中，额定一次电流是指当给变压器施加额定一次电压时，通过一次绕组端子的电流，用 I_{1N} 表示；额定二次电流是指当给变压器施加额定一次电压时，通过二次绕组端子的电流，用 I_{2N} 表示。

3）额定容量

额定容量是指二次绕组的额定电压与额定电流的乘积，用 S_N 表示。它是绕组的视在功率，单位为伏安（V·A）。

单相变压器的额定容量为

$$S_N = U_{2N} I_{2N} \approx U_{1N} I_{1N} \tag{3-8}$$

4）额定频率

额定频率是指变压器在额定状态下运行时一次绕组外加交流电压的频率。我国规定变压器的额定频率为 50 Hz。

笔记

4. 变压器的工作原理

变压器的工作原理即电磁感应原理。若在变压器的一次绕组中接入交流电，一次绕组的磁通势产生的交变磁通将同时穿过一次绕组和二次绕组，并分别产生感应电压。下面以双绕组的单相变压器为例进行介绍。

变压器的结构和图形符号如图 3-5 所示。其中，一次绕组的匝数为 N_1，输入电压为 u_1，输入电流为 i_1，主磁通感应电压为 u_{n1}，漏磁通感应电压为 $u_{\sigma 1}$；二次绕组的匝数为 N_2，输出电压为 u_2，输出电流为 i_2，主磁通感应电压为 u_{n2}，漏磁通感应电压为 $u_{\sigma 2}$。

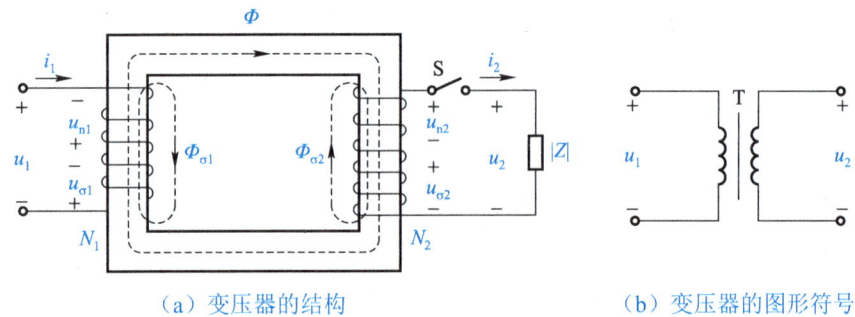

（a）变压器的结构　　　　　　（b）变压器的图形符号

图 3-5　变压器的结构和图形符号

1）电压变换

在图 3-5 中，对于一次绕组，由 KVL 可知

$$\dot{U}_1 = R_1 \dot{I}_1 + jX_{\sigma 1} \dot{I}_1 - \dot{U}_{n1}$$

忽略绕组电压降和漏磁通感应电压，则

$$\dot{U}_1 \approx \dot{U}_{n1}$$

因此

$$U_1 \approx U_{n1} = 4.44 f N_1 \Phi_m \tag{3-9}$$

对于二次绕组，由 KVL 可知

$$\dot{U}_2 = \dot{U}_{n2} - R_2 \dot{I}_2 - jX_{\sigma 2} \dot{I}_2$$

若将图 3-5（a）中的开关 S 断开，变压器空载，$I_2 = 0$，则二次绕组的电压 U_2 为

$$U_2 = U_{n2} = 4.44 f N_2 \Phi_m \tag{3-10}$$

于是，一、二次绕组的电压变换关系为

$$\frac{U_1}{U_2} \approx \frac{U_{n1}}{U_{n2}} = \frac{N_1}{N_2} = K \tag{3-11}$$

其中，K 为变压器的变比，即一、二次绕组的匝数之比。

由式（3-11）可以看出，当变压器的输入电压一定时，只要改变一、二次绕组的匝数之比，就可得到不同的输出电压。当 $K>1$ 时，$N_1 > N_2$，$U_1 > U_2$，对应的变压器称为降压变压器；反之，当 $K<1$ 时，$N_1 < N_2$，$U_1 < U_2$，对应的变压器称为升压变压器。

2）电流变换

若将图 3-5（a）中的开关 S 闭合，即变压器连接负载，则在感应电压的作用下，二次

绕组中将有电流 i_2 通过。二次绕组的磁通势 $N_2 i_2$ 也会产生磁通,一次绕组中将产生感应电流,这会使得一次绕组中的电流发生变化。将变压器空载时一次绕组的电流记作 i_0,将接入负载后一次绕组的电流记作 i_1。于是,在变压器空载时,主磁通由一次绕组的磁通势 $N_1 i_0$ 决定;变压器接入负载后,主磁通由一、二次绕组的合成磁通势 $(N_1 i_1 + N_2 i_2)$ 决定。

从式(3-9)可以看出,当 U_1 和 f 不变时,U_{n1} 和 $\varPhi_m$ 也基本不变。也就是说,无论空载还是负载,铁芯中主磁通的最大值都基本不变,因此

$$N_1 i_1 + N_2 i_2 \approx N_1 i_0$$

由于空载电流 i_0 很小,其有效值为一次绕组额定电流的 2%~10%,可忽略不计,因此

$$N_1 i_1 \approx -N_2 i_2 \tag{3-12}$$

于是,一、二次绕组的电流变换关系为

$$\frac{I_1}{I_2} \approx \frac{N_2}{N_1} = \frac{1}{K} \tag{3-13}$$

式(3-13)表明变压器一、二次绕组的电流之比与它们的匝数成反比。其中,一次绕组的电流由变压器所接负载的电流决定。

3)阻抗变换

变压器不但能变换电压和电流,还能变换阻抗。在如图 3-6(a)所示的变压器中,设一、二次绕组的内阻、漏磁通及空载电流均忽略不计,则负载的阻抗模为

$$|Z| = \frac{U_2}{I_2}$$

如图 3-6(a)所示的方框部分可以用一个阻抗模 $|Z'|$ 来等效代替,如图 3-6(b)所示。则有

$$|Z'| = \frac{U_1}{I_1}$$

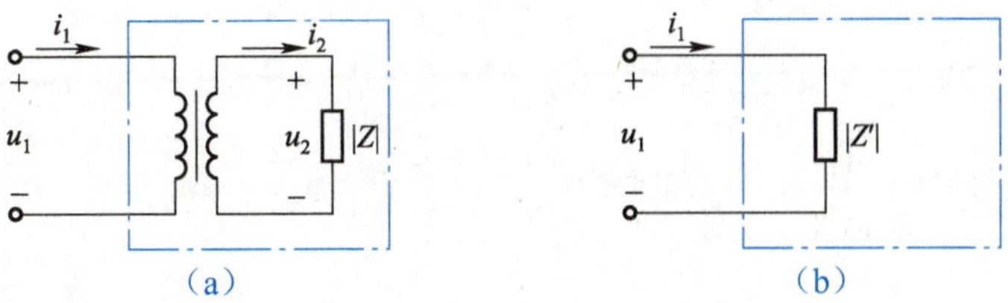

图 3-6 负载阻抗的等效变换

由式(3-11)和式(3-13)可得

$$\frac{U_1}{I_1} = K^2 \frac{U_2}{I_2}$$

因此

$$|Z'| = K^2 |Z| \tag{3-14}$$

式（3-14）表明，负载阻抗模$|Z|$经过变压器的阻抗变换后，扩大了K^2倍。为了达到电路的匹配状态，使负载获得最大输出功率，可采用具有合适变比的变压器，把负载阻抗模变换为所需要的数值，这种方法称为阻抗匹配。

5. 变压器的外特性

变压器带负载运行时，二次绕组上存在阻抗，可产生电压降，这就使得二次绕组的电压随负载电流的变化而变化。变压器的外特性是指在电源电压U_1和负载功率因数$|\cos\varphi_2|$不变的条件下，二次绕组的电压U_2随电流I_2变化的规律，即$U_2 = f(I_2)$，如图3-7所示。对电阻性和电感性负载而言，电压U_2随电流I_2的增大而减小，而电容性负载则相反。

变压器的应用

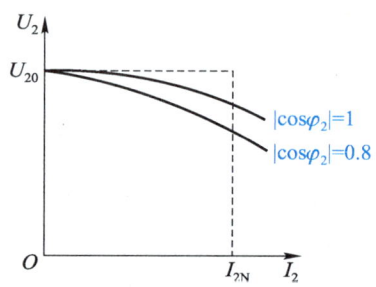

图3-7 变压器的外特性曲线

通常情况下，电压U_2的变化越小越好。从空载到额定负载，二次绕组电压的变化程度用电压变化率ΔU表示，即

$$\Delta U = \frac{U_{20} - U_2}{U_{20}} \times 100\% \tag{3-15}$$

电压变化率是变压器的主要性能指标之一，它反映了变压器输出电压的稳定性。在一般的变压器中，由于其电阻和漏磁通均很小，因此电压变化率也较小，约为5%。

笔 记

任务 3.2　认识三相异步电动机

任务引入

在过去，家用电器一般都使用单相交流电源（一些小型的家用电器也使用直流电源），但近年来随着变频技术的快速发展和普及，电源可在变频过程中将单相交流电转换成频率可调的三相交流电，从而使运行性能更好的三相异步电动机逐渐应用于家用电器。

请选择合适的工具和器材，对三相异步电动机进行拆装，并判断三相异步电动机的类型。本任务的知识与技能要求如表 3-6 所示。

表 3-6　知识与技能要求

任务内容	认识三相异步电动机	学习程度		
		识记	理解	应用
学习任务	三相异步电动机的基本结构	●		
	三相异步电动机的工作原理		●	
	三相异步电动机的启动方法		●	
实训任务	拆装三相异步电动机			●
自我勉励				

任务工单——拆装三相异步电动机

1. 知识准备

三相异步电动机是一种感应电动机,是在运行时存在转差率的一种三相电动机。根据转子结构的不同,三相异步电动机可分为笼型三相异步电动机和绕线型三相异步电动机两种。其中,笼型三相异步电动机因结构简单、运行可靠、质量小、价格便宜而得到了广泛应用。笼型三相异步电动机主要由定子(包括定子铁芯、定子绕组等)、转子、轴承盖、端盖、转轴及轴承、罩壳、风扇等组成。

2. 工具和器材准备

准备任务实施所需的工具和器材,补全表3-7。

表3-7 工具和器材清单

名称	规格	型号	数量	名称	规格	型号	数量
笼型三相异步电动机			1台	螺丝刀			1个
拉马			1个	毛刷			1个
活动扳手			1个	常用电工工具			1套
木锤			1个	油盘			1个
钢套筒			1个	轴承润滑脂			

3. 任务实施

1)拆卸笼型三相异步电动机

(1)切断电源,拆下笼型三相异步电动机与电源的连接线,并将电源连接线的线头做好绝缘处理。

(2)脱开皮带轮或联轴器与负载的连接,松开地脚螺栓和接地螺栓。

(3)依次拆卸皮带轮或联轴器、罩壳和风扇、轴承盖和端盖。

(4)从定子中抽出转子。

 经验传承

在拆卸前,应在笼型三相异步电动机接线头、端盖等处做好标记,以便按标记装配,从而将笼型三相异步电动机恢复到原状态。不正确的拆卸,很可能损坏零件或绕组,增加装配难度,造成不必要的损失。

2）装配笼型三相异步电动机

（1）对笼型三相异步电动机转子的轴承洗油，并在轴承上涂抹轴承润滑脂。

（2）依次安装轴承、后端盖、转子、前端盖和轴承盖、风扇和罩壳。

（3）安装皮带轮或联轴器。

笔记

创想天地

三相异步电动机在工业生产中的应用非常广泛。请查阅有关资料，分析我国三相异步电动机的发展现状。

4. 任务评价

请指导教师按照学生的实际表现情况进行评分，并将评分结果填入表 3-8 中。

表 3-8 考核评价表

评价项目	评价标准	满分/分	实际得分/分	教师评语
技能操作	正确拆卸笼型三相异步电动机	40		
	正确装配笼型三相异步电动机	40		
参与程度	认真参加活动，积极思考，主动与同学、指导教师进行交流，善于发现和解决问题	10		
合作意识	积极参与探讨，勇于接受任务，敢于承担责任	10		
	总分	100		

笔记

相关知识

电机是变压器、发电机和电动机的总称,是根据电磁感应原理制成的、可实现电能传递与转换的一种电磁装置。其中,把机械能转换成电能的电机称为发电机,而把电能转换成机械能的电机称为电动机。电机的种类较多,具体分类如图3-8所示。

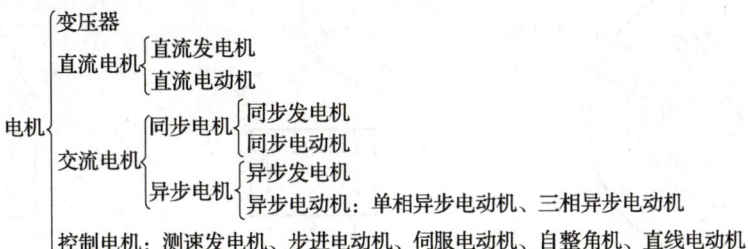

图3-8 电机的分类

在工业生产中,交流电动机的应用非常广泛,特别是三相异步电动机,它因具有结构简单、坚固耐用、运行可靠、价格低廉、维护方便等优点,而被广泛地用于驱动各种金属切削机床、起重机、锻压机、铸造机械、通风机和水泵等。

3.2.1 三相异步电动机的基本结构

如图3-9所示为三相异步电动机的基本结构,它主要由定子和转子两大部分组成。

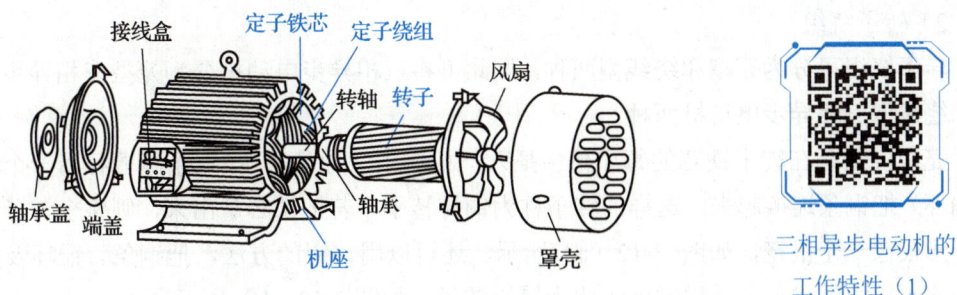

图3-9 三相异步电动机的基本结构

三相异步电动机的工作特性(1)

1. 定子

定子主要由机座、定子铁芯和定子绕组等组成。

1) 机座

机座是由铸铁或铸钢制成的,它是三相异步电动机的外壳,起着支撑三相异步电动机的作用。通常要求机座具有良好的散热性能,因此机座的外表面一般铸有散热片。

2) 定子铁芯

定子铁芯是三相异步电动机磁路的一部分。为了减少铁损,定子铁芯一般由互相绝缘的硅钢片叠成,其内表面有均匀分布的槽,用以嵌放定子绕组,如图3-10所示。

3）定子绕组

定子绕组是三相异步电动机电路的一部分，它由三个完全相同的绕组组成，每个绕组为一相，三个绕组在空间上分别相差120°。三个绕组的始端和末端都被引至接线盒内，可根据需要做Y联结或△联结，如图3-11所示。

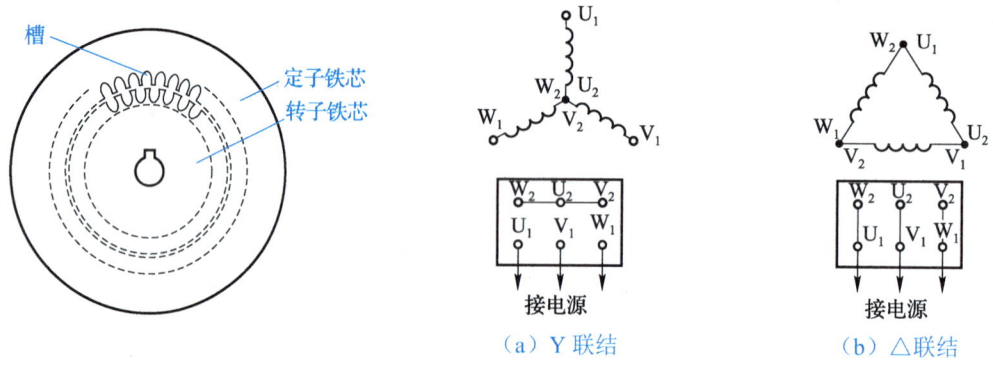

图3-10　定子铁芯与转子铁芯　　　　图3-11　定子绕组的Y联结或△联结

2. 转子

转子主要由转子铁芯和转子绕组两部分组成。

1）转子铁芯

转子铁芯是三相异步电动机磁路的一部分。它也是由硅钢片叠成的，硅钢片外围有均匀分布的槽，用以嵌放转子绕组，如图3-10所示。转子铁芯固定在转轴支架上。

2）转子绕组

转子绕组可分为笼型和绕线型两种，据此可将三相异步电动机分为笼型三相异步电动机和绕线型三相异步电动机两种。

笼型绕组是在转子铁芯的每个槽中插入一根铜条（导条），在铜条两端各用一个铜环（端环）把铜条连接起来，这样的转子称为铜排转子，若把铁芯拿出来，则整个转子绕组的外形很像一个鼠笼，如图3-12（a）所示。还可以用铸铝的方法，把铜条、铜环及风叶用铝液一次浇铸成形，这样的转子称为铸铝转子，如图3-12（b）所示。

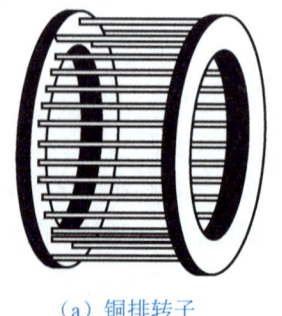

（a）铜排转子　　　　（b）铸铝转子

图3-12　笼型绕组

绕线型绕组与定子绕组相同，也为三相绕组，它一般连接成 Y 形，3 根引出线分别接到转轴的 3 个相互绝缘的集电环上，通过 3 个电刷与外电路相连。

> **经验传承**
>
> 为了保证转子能够自由旋转，定子与转子之间必须留有一定的气隙。一般情况下，中小型三相异步电动机的气隙为 0.2～1.0 mm。

3.2.2 三相异步电动机的工作原理

三相异步电动机的工作原理可通过下面的小试验进行简单模拟。如图 3-13 所示，磁极与转子之间没有机械联系。当转动外面的磁极时，转子随着磁极沿同一方向一起转动。磁极转得越快，转子转得也越快。磁极反转，转子也反转。该试验说明，使三相异步电动机工作的关键是有旋转磁场。

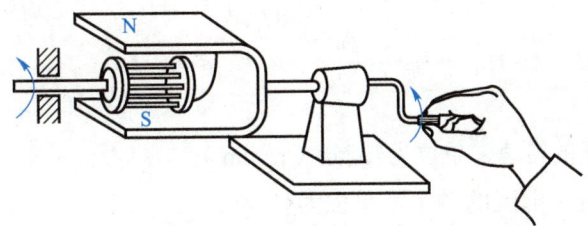

图 3-13 三相异步电动机工作原理的模拟试验

1. 旋转磁场

1) 旋转磁场的产生

三相异步电动机的定子铁芯中嵌放有三相对称绕组 U_1U_2、V_1V_2 和 W_1W_2。设三相对称绕组做 Y 联结，当其接入三相电源后，三相对称绕组中将有三相对称电流通过，如图 3-14 所示。取三相对称电流的参考方向为从绕组始端指向末端。电流在正半周时，其实际方向与参考方向一致；在负半周时，其实际方向与参考方向相反。因此，三相对称电流分别为

$$i_1 = I_m \sin\omega t，\quad i_2 = I_m \sin(\omega t - 120°)，\quad i_3 = I_m \sin(\omega t + 120°)$$

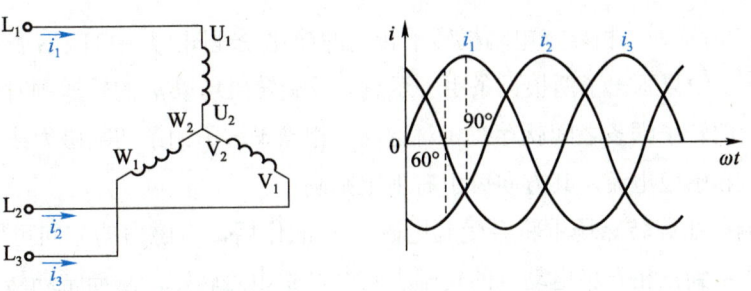

(a) 定子绕组的接法 　　　　　　(b) 三相对称电流的波形

图 3-14 三相异步电动机定子绕组的接法和三相对称电流的波形

由于各相绕组中的电流是交变的，这些电流所产生的磁场也是交变的，因此三相对称电流所产生的合磁场是一个旋转磁场。

2）旋转磁场的转向

旋转磁场的转向与三相对称电流的相序一致。当三相对称电流的相序为 U→V→W 时，旋转磁场按 $U_1 → V_1 → W_1$ 方向进行顺时针旋转。若任意调换三相对称电流相序中的两相，如将其变为 U→W→V，则旋转磁场将按 $U_1 → W_1 → V_1$ 方向进行逆时针旋转。

3）旋转磁场的转速

三相异步电动机的转速与旋转磁场的转速有关，而旋转磁场的转速则取决于磁场的磁极对数。由上述分析可知，当有一对磁极（$p=1$）时，电流变化一周，旋转磁场在空间旋转一周；当有两对磁极（$p=2$）时，电流变化一周，旋转磁场在空间旋转 1/2 周。依此类推，当有 p 对磁极时，电流变化一周，旋转磁场就在空间旋转 1/p 周，即有 p 对磁极的旋转磁场的转速 n_0 应为

$$n_0 = \frac{60 f_1}{p} \tag{3-16}$$

式中：

n_0——旋转磁场的转速，单位为转/分（r/min）；

f_1——定子绕组中电流的频率，单位为赫（Hz）；

p——磁极对数。

旋转磁场的转速又称同步转速。国产三相异步电动机定子绕组额定电流的频率 f_1 为 50 Hz。于是，根据式（3-16）可知，对应于不同的磁极对数 p，旋转磁场的转速 n_0 是不同的常数，如表 3-9 所示。

表 3-9 对应于不同磁极对数时旋转磁场的转速

p	1	2	3	4	5	6
n_0(r/min)	3 000	1 500	1 000	750	600	500

2. 三相异步电动机的转动原理

如图 3-15 所示为三相异步电动机转子转动的简化原理图，其中 N、S 表示两极旋转磁场的磁极，转子中只画出了两根铜条用于示意。设旋转磁场以 n_0 的转速顺时针旋转，则旋转磁场与静止的转子铜条之间就存在相对运动，相当于转子铜条切割磁力线，铜条中就会产生感应电压和感应电流，其方向可由右手定则确定。

通电的铜条在旋转磁场中将会受到电磁力 F 的作用，电磁力的方向可用左手定则判断。电磁力作用到三相异步电动机的转轴上将会产生电磁转矩，从而带动转子以转速 n 转动，其转动方向与旋转磁场的转向相同。

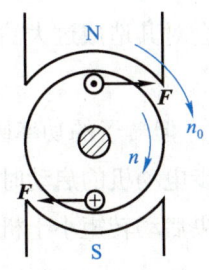

三相异步电动机的
工作特性（2）

图 3-15　三相异步电动机转子转动的简化原理图

3. 转差率

尽管三相异步电动机转子的转动方向与旋转磁场的转向相同，但转子的转速 n 不能与旋转磁场的转速 n_0 相等，且必须使 $n<n_0$。这是因为若两者相等，则转子与旋转磁场之间将没有相对运动，转子中就不会产生感应电压和感应电流，也不会有电磁转矩，转子就不可能继续以转速 n 转动了。因此，转子的转速与旋转磁场的转速之间必须有一定差值，即它们不同步，三相异步电动机就是因此得名的。

为了便于分析计算，人们引入了转差率 s 这个参数。转差率是旋转磁场的转速 n_0 和转子的转速 n 的差值与旋转磁场的转速 n_0 之比，即

$$s=\frac{n_0-n}{n_0} \tag{3-17}$$

转差率是分析三相异步电动机的一个重要参数。在三相异步电动机的启动瞬间，$n=0$，$s=1$，此时转差率最大；若转子的转速 n 达到旋转磁场的转速 n_0，则 $s=0$。因此，转差率 s 的变化范围为 $0\sim1$，一般用百分数表示。通常，三相异步电动机在额定负载时的转差率为 1%～9%。

式（3-17）也可写为

$$n=(1-s)n_0 \tag{3-18}$$

3.2.3　三相异步电动机的启动方法

三相异步电动机的启动是指其从静止状态过渡到稳定运行状态的过程。在启动瞬间，由于转子的转速为零，因此定子和转子的绕组中都有很大的启动电流，其大小一般为额定电流的 4～7 倍。过大的启动电流会使电网电压明显减小，同时还会影响接在同一电网上的其他负载的正常运行，严重时会使三相异步电动机本身也无法正常工作。如果是频繁启

动，则不但会使三相异步电动机的温度大幅上升，还会对其造成过大的电磁冲击，从而影响三相异步电动机的使用寿命。

在三相异步电动机启动瞬间，尽管启动电流很大，但转子的功率因数$|\cos\varphi_2|$很低，因此此时的启动转矩较小。启动转矩过小会使三相异步电动机的启动时间延长，这样既影响生产效率，又会使三相异步电动机的温升过快。如果启动转矩小于机械负载转矩，则三相异步电动机将不能启动。

综上所述，三相异步电动机在启动时既要把启动电流限制在一定数值之内，又要保证具有足够大的启动转矩，以便缩短启动时间，提高生产效率。

下面以笼型三相异步电动机为例，介绍三相异步电动机的启动方法。笼型三相异步电动机常用的启动方法有直接启动和降压启动两种。

1. 直接启动

直接启动又称全压启动，是指利用刀开关（又称闸刀开关）或接触器将笼型三相异步电动机直接接到具有额定电压的电源上。这种启动方法操作简单，设备少，成本低，但启动电流大，启动转矩小，因此只适用于小容量（7.5 kV·A 以下）笼型三相异步电动机的启动。对较大容量的笼型三相异步电动机，可参考以下经验公式进行核定，即

$$\frac{I_{st}}{I_N} \leqslant \frac{3}{4} + \frac{S_N}{4P_N} \tag{3-19}$$

式中：

S_N——电源的总容量，单位为千伏安（kV·A）；

P_N——笼型三相异步电动机的额定功率，单位为千瓦（kW）。

只有满足式（3-19），笼型三相异步电动机才能直接启动。

2. 降压启动

降压启动是指启动时减小加在笼型三相异步电动机定子绕组上的电压，启动过程结束后再将其增大至额定电压的启动方法。降压启动的主要目的是减小启动电流，但同时也限制了启动转矩，因此这种情况只适用于空载或轻载情况下的启动。常用的降压启动有 Y-△降压启动和自耦变压器降压启动两种。

1）Y-△降压启动

Y-△降压启动适用于正常运行时定子绕组做△联结的笼型三相异步电动机。在启动时，可先将定子绕组做 Y 联结，启动结束时再做△联结。这样，启动时定子绕组上的电压就可以减小为额定电压的$1/\sqrt{3}$。

如图 3-16 所示为 Y-△降压启动电路。设定子每相绕组的阻抗模为$|Z|$，电源额定电压为U_{1N}，当采用△联结直接启动时，其线电流为

$$I_{st\triangle} = I_{L\triangle} = \sqrt{3}I_{P\triangle} = \sqrt{3}\frac{U_{1N}}{|Z|}$$

当采用 Y 联结降压启动时,每相绕组的相电压为 $U_{PY}=U_{1N}/\sqrt{3}$,其线电流为

$$I_{stY}=I_{LY}=I_{PY}=\frac{U_{1N}}{\sqrt{3}|Z|}$$

由以上两式可知

$$\frac{I_{stY}}{I_{st\triangle}}=\frac{1}{3}$$ （3-20）

即 Y-△ 降压启动时的启动电流为直接启动时的 1/3。

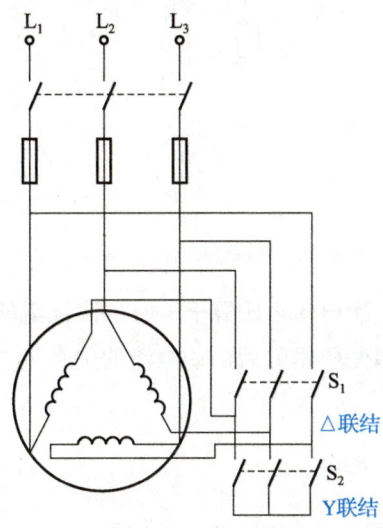

图 3-16 Y-△ 降压启动电路

由于启动转矩与电压的平方成正比,因此 Y-△ 降压启动时的启动转矩也减小到直接启动时的 1/3。

Y-△ 降压启动具有操作方便、启动设备简单、运行可靠等特点。

2）自耦变压器降压启动

自耦变压器降压启动适用于容量较大或正常运行时定子绕组做 Y 联结的笼型三相异步电动机,它利用自耦变压器将电源电压减小后再加到笼型三相异步电动机的定子绕组上,以减小启动电流。

如图 3-17 所示为自耦变压器降压启动电路。启动时,将开关扳到"启动"位置,自耦变压器一次侧接电源,二次侧接笼型三相异步电动机定子绕组,以实现降压启动。当转速接近额定转速时,再将开关扳向"运行"位置,从而断开自耦变压器,使笼型三相异步电动机直接接电源运行。

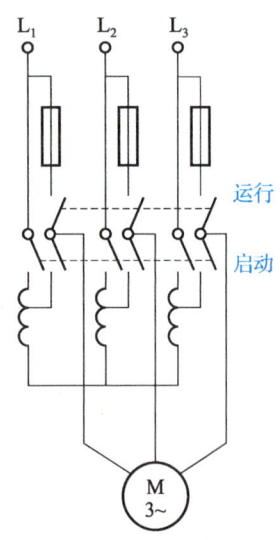

图 3-17 自耦变压器降压启动电路

因为自耦变压器的一、二次电压之比等于一、二次绕组的匝数之比，且启动电流与启动电压成正比，所以引入自耦变压器前后启动电流的关系为

$$\frac{I_{st1}}{I_{st}}=\frac{1}{K^2} \tag{3-21}$$

式中：

I_{st1}——电源向自耦变压器一次侧提供的降压启动电流，单位为安（A）；

I_{st}——电源向笼型三相异步电动机提供的直接启动电流，单位为安（A）；

K——自耦变压器的变比。

由式（3-21）可知，引入自耦变压器后的降压启动电流为直接启动电流的 $1/K^2$。由于启动转矩与电源电压的平方成正比，因此引入自耦变压器后的降压启动转矩也为直接启动转矩的 $1/K^2$。

自耦变压器通常备有多组抽头，具有多种变比，可根据所要求的启动转矩来选择（如电源电压的 73%、64%、55%）。这种启动方法的设备成本较高，且不宜频繁启动。

笔 记

任务 3.3 认识三相异步电动机的控制电路

任务引入

三相异步电动机的控制电路有很多种,如单向控制电路、点动控制电路和正反转控制电路等。其中,三相异步电动机的正反转控制电路主要有按钮互锁正反转控制电路、交流接触器互锁正反转控制电路和按钮与交流接触器双重互锁正反转控制电路等形式。

请选择合适的工具和器材,对三相异步电动机的正反转控制电路进行调试。本任务的知识与技能要求如表 3-10 所示。

表 3-10 知识与技能要求

任务内容	认识三相异步电动机的控制电路	学习程度		
		识记	理解	应用
学习任务	常用低压电器	●		
	单向控制电路		●	
	点动控制电路		●	
	正反转控制电路		●	
实训任务	调试三相异步电动机的正反转控制电路			●
自我勉励				

任务工单——调试三相异步电动机的正反转控制电路

1. 知识准备

本任务实施采用的三相异步电动机为笼型三相异步电动机。对于三相异步电动机，只要将三相交流电源进线中的任意两相对调，即可达到反向转动的目的。这种控制方式具有控制速度快、可靠性高、灵活性强等特点。

在三相异步电动机的正反转控制电路中，交流接触器互锁正反转控制电路工作安全可靠，但操作不方便，原因是在使电动机从正向转动变为反向转动时，必须在按下停止按钮后，才能按下反转启动按钮。在按钮互锁的基础上增加交流接触器互锁，可组成按钮与交流接触器双重互锁正反转控制电路，如图3-18所示。该电路不但可以使操作更方便，还能使三相异步电动机的运行更加安全可靠。

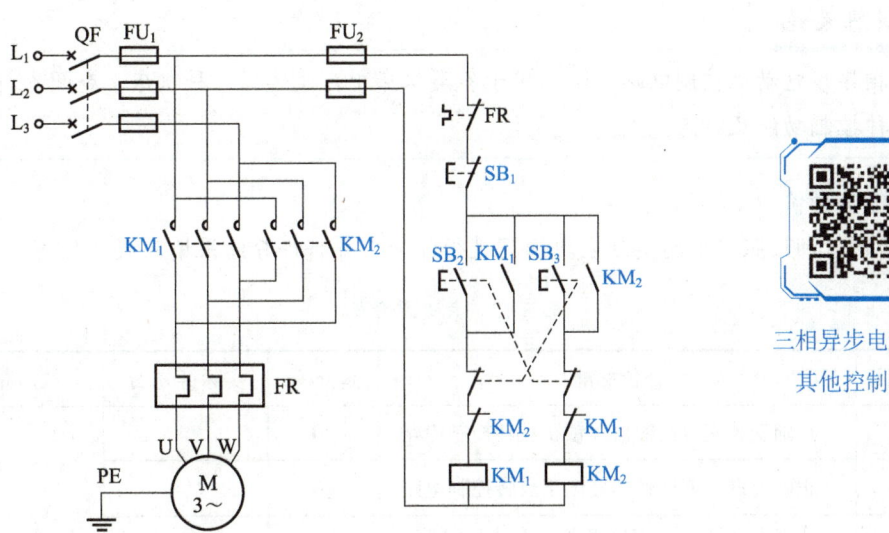

图 3-18 按钮与交流接触器双重互锁正反转控制电路

三相异步电动机的其他控制电路

2. 工具和器材准备

准备任务实施所需的工具和器材，补全表3-11。

表 3-11 工具和器材清单

名称	规格	型号	数量	名称	规格	型号	数量
三相交流电源	380 V		1 路	按钮			3 个
笼型三相异步电动机			1 台	熔断器	15 A		3 个
交流接触器			2 个	熔断器	2 A		2 个
交流电压表			1 台	热继电器			1 个
数字万用表			1 台	导线			

3. 任务实施

（1）如图 3-18 所示连接电路，经指导教师检查后，方可进行通电操作。

（2）按下控制屏启动按钮，接通 380 V 三相交流电源。

（3）按下正向启动按钮 SB_2，观察电动机的转向及各交流接触器的运行情况；然后按下停止按钮 SB_1，使电动机停转。

（4）按下反向启动按钮 SB_3，观察电动机的转向及各交流接触器的运行情况；然后按下停止按钮 SB_1，使电动机停转。

（5）按下正向（或反向）启动按钮，在电动机启动后再次按下反向（或正向）启动按钮，观察有何情况发生；然后按下停止按钮 SB_1，使电动机停转。

（6）同时按下正、反向启动按钮，观察有何情况发生。

（7）任务完毕，将调压器调回零位，按下控制屏停止按钮，切断控制线路电源。

创想天地

三相异步电动机控制电路广泛应用于各类机床中，请选择一种机床，查阅资料，分析其各种控制功能及特点。

4. 任务评价

请指导教师按照学生的实际表现情况进行评分，并将评分结果填入表 3-12 中。

表 3-12　考核评价表

评价项目	评价标准	满分/分	实际得分/分	教师评语
技能操作	正确安装交流接触器互锁正反转控制电路	40		
	正确调试交流接触器互锁正反转控制电路	40		
参与程度	认真参加活动，积极思考，主动与同学、指导教师进行交流，善于发现和解决问题	10		
合作意识	积极参与探讨，勇于接受任务，敢于承担责任	10		
总分		100		

笔记

3.3.1 常用低压电器

低压电器是指用于额定交流电压 1 000 V 及以下或额定直流电压 1 500 V 及以下的电路，在电能的生产、输送、分配和使用中，起着开关、控制、调节和保护作用的电气设备。

低压电器的品种繁多，结构各异。根据用途的不同，低压电器可分为控制电器、主令电器、保护电器、配电电器和执行电器等；根据动作方式的不同，低压电器可分为自动电器和手动电器两种；根据有无触点，低压电器可分为有触点电器和无触点电器两种。常用的低压电器有熔断器、刀开关、组合开关、低压断路器、按钮、行程开关、交流接触器和继电器等，下面分别进行介绍。

1. 熔断器

熔断器是指当电流超过规定值时，以本身产生的热量使熔体熔断，以此来分断电路的一种电器，其图形符号如图 3-19 所示。熔断器作为短路保护器和过电流保护器，广泛应用于低压配电系统、低压控制系统和各种成套电气设备中。

常用的熔断器有插入式熔断器（RC）、螺旋式熔断器（RL）、无填料封闭管式熔断器（RM）、有填料封闭管式熔断器（RT）和快速熔断器（RS）等。

2. 刀开关

刀开关是指带有刀形动触点且刀形动触点在闭合位置与底座上的静触点相契合的开关。刀开关是一种结构简单、应用广泛的手动电器，主要用于控制不频繁接通和分断的空载电路及小电流电路，也用于隔离电路的电源。

刀开关可分为普通刀开关和熔断器式刀开关两种，根据极数的不同，它们均可分为单极、双极和三极等类型。普通刀开关的图形符号如图 3-20 所示。

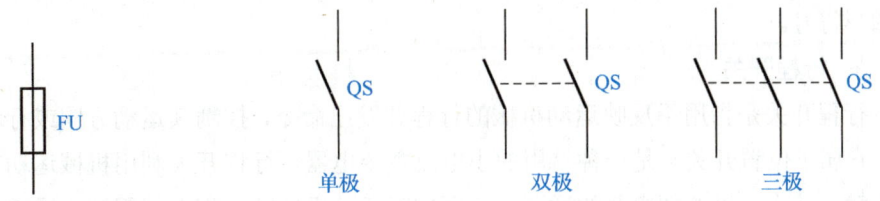

图 3-19　熔断器的图形符号　　　　图 3-20　普通刀开关的图形符号

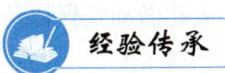

安装刀开关时，应将其竖直安装在开关板上，使手柄向上动作为合闸、向下动作为分闸，从而避免动触点等运动部件因铰链支座等固定部件松动而掉落，发生误合闸。

3. 组合开关

组合开关属于转换开关，它一般由一组或三组触点组合而成，其图形符号如图 3-21 所示。在控制电路中，组合开关常作为电源的引入开关，用于控制小容量三相异步电动机的直接启动或停止运行，也可用于控制小容量三相异步电动机的转向及转速。常用的组合开关有 HZ5 系列、HZ10 系列和 HZ15 系列等。

4. 低压断路器

低压断路器又称自动空气开关，它除了具有手动开关的功能，可用于接通和分断正常负荷电路和过载电路之外，还装有多种脱扣器，可自动进行失压保护、欠电压保护、过载保护和短路保护等。低压断路器适合电能分配、三相异步电动机的不频繁启动控制等场合，用来保护电源电路及三相异步电动机。低压断路器的图形符号如图 3-22 所示。常用的低压断路器有 DZ 系列和 DW 系列等。

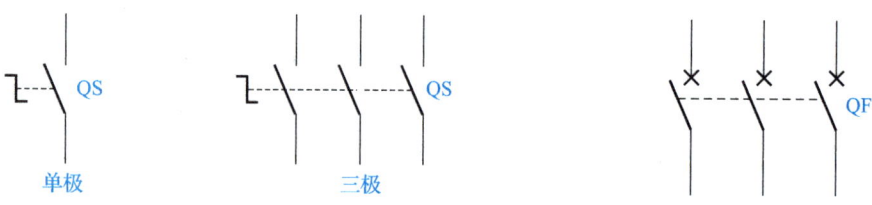

图 3-21　组合开关的图形符号　　　　图 3-22　低压断路器的图形符号

低压断路器在功能上相当于熔断器式开关与过电流继电器、欠电压继电器、热继电器等的组合，它在分断故障电路后，一般不需要更换零部件即可继续使用，因此得到了广泛应用。

5. 按钮

按钮属于典型的主令电器，是一种由人力操作并具有储能复位功能的控制开关。按钮通常用于短时间接通或断开小电流控制电路。按钮的种类很多，如图 3-23 所示为典型按钮的图形符号。

6. 行程开关

行程开关是指用于反映运动机械的行程并发出命令，控制其运动方向或行程大小的开关，它属于位置开关，是一种常用的小电流主令电器。行程开关利用机械运动部件的碰撞使其触点动作，以控制电路的通断，从而控制运动机械的行程。行程开关通常用于运动机械自动停止、反向运动、变速运动和自动往返运动等的控制。

根据结构的不同，行程开关可分为直动式行程开关、滚轮式行程开关和微动式行程开关三种。行程开关的图形符号如图 3-24 所示。

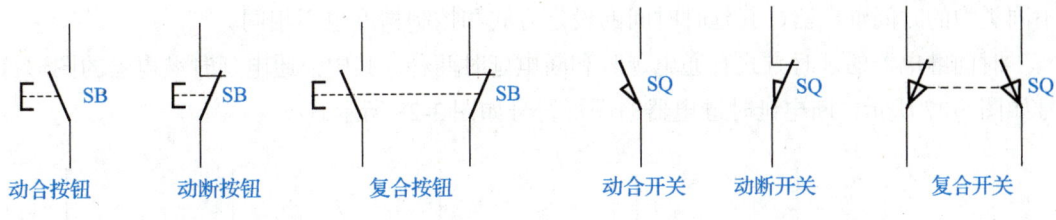

图 3-23 典型按钮的图形符号　　　　图 3-24 行程开关的图形符号

7．交流接触器

交流接触器是一种用于交流电路的接触器，它能够快速切断电路，可频繁地接通和分断大电流控制电路，而且还具有低电压保护功能。交流接触器的图形符号如图 3-25 所示。

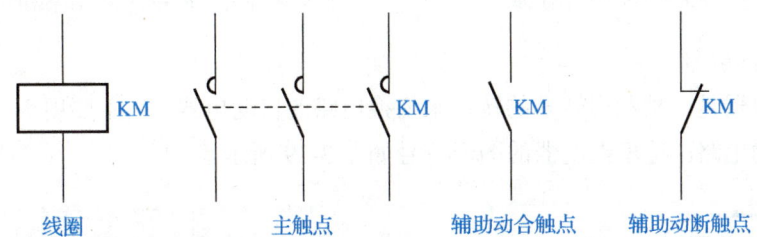

图 3-25 交流接触器的图形符号

8．继电器

继电器是一种根据某种物理量的变化，使其自身执行机构动作的电器。常用的继电器有热继电器、时间继电器、速度继电器等，下面分别进行介绍。

1）热继电器

热继电器是一种利用通过继电器的电流所产生的热效应进行反时限动作（包括延时）的继电器。它利用电流的热效应来通断电路，以保护设备，使之免受长期过载的危害。热继电器主要用于三相异步电动机的过载保护、缺相保护、三相电流不平衡运行的保护，以及其他电气设备发热状态的控制。热继电器的图形符号如图 3-26 所示。

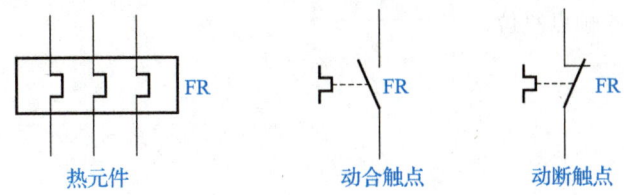

图 3-26 热继电器的图形符号

2）时间继电器

时间继电器又称延时继电器，是一种当加入（或去掉）输入的动作信号后，其输出电路需要经过规定的准确时间才产生跳跃式变化的一种继电器，它主要用于实现触点电路的延时接通或断开。时间继电器的类型很多，常用的有电磁式、空气式、电动式、电子式等。

不同类型的时间继电器，其延时时间的设定方式和控制精度也不相同。

时间继电器的延时方式有通电延时和断电延时两种。其中，通电延时继电器的图形符号如图 3-27 所示；断电延时继电器的图形符号如图 3-28 所示。

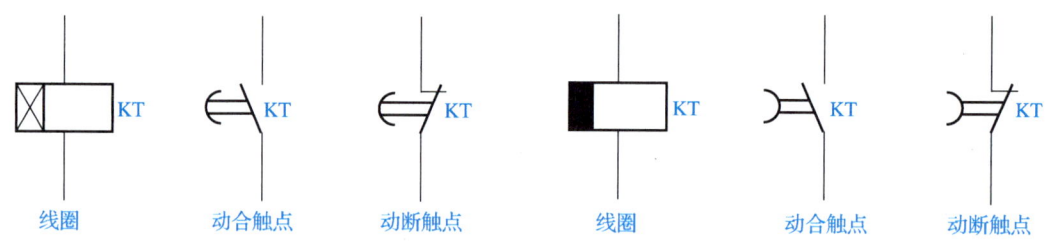

图 3-27　通电延时继电器的图形符号　　　　图 3-28　断电延时继电器的图形符号

3）速度继电器

速度继电器是一种利用转轴的转速来切换电路的自动电器，它主要用于三相异步电动机的反接制动电路。速度继电器的图形符号如图 3-29 所示。

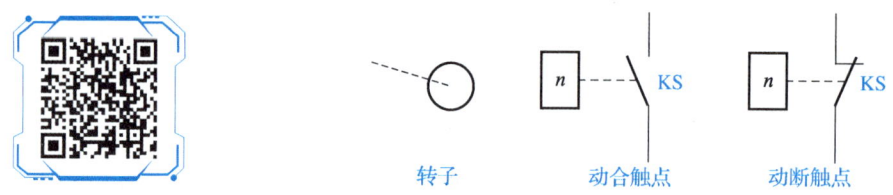

时间继电器和速度继电器

图 3-29　速度继电器的图形符号

速度继电器与三相异步电动机同轴相连，当三相异步电动机旋转时，速度继电器的转子随之转动，在空间产生切割速度继电器定子绕组的旋转磁场，从而使速度继电器的定子绕组产生感应电流。该感应电流又在旋转磁场的作用下产生电磁转矩，使速度继电器的定子沿转子的转动方向偏转，与定子装在一起的摆杆也随之摆动，从而推动触点动作，使动合触点闭合、动断触点断开。当三相异步电动机的转速降低到一定数值时，该电磁转矩减小，速度继电器的各触点复位。

笔　记

砥节砺行

智能时代，未来已来

低压电器属于国民经济发展的基础产品，通过不断的技术引进和技术研发，我国低压电器产业正向着智能化、网络化的方向发展，这为智能电网等行业的发展奠定了坚实基础。

作为工业领域的通用基础产品，市场对低压电器产品的需求相对稳定。从国家政策的要求来看，未来低压电器产品的结构将不断调整优化，智能化、机电一体化低压电器产品的市场会不断扩大。近年来随着开放式现场总线技术的进步及广泛应用，低压配电与控制系统、终端用电系统也正在向智能化、网络化的方向发展。

未来随着智能电网技术、5G 技术、新能源技术等新技术的持续推进和广泛应用，低压电器市场的整体规模将保持平稳增长，国内优秀企业将不断缩小与国际巨头的差距，低压电器领域国产品牌将有更大的话语权。

（资料来源：https://www.sohu.com/a/260167936_99896959，有改动）

3.3.2 单向控制电路

下面以笼型三相异步电动机为例，介绍三相异步电动机的几种基本控制电路。下述三相异步电动机均指笼型三相异步电动机。

如图 3-30 所示为采用交流接触器控制的单向控制电路，它是一种在三相异步电动机中被广泛采用的连续运行控制电路。该电路可分为左、右两部分，分别为主电路和控制电路。其中，QF 为低压断路器，KM 为交流接触器，SB_1 为停止按钮，SB_2 为启动按钮，FR 为热继电器，FU_1 和 FU_2 分别为主电路熔断器和控制电路熔断器。

采用交流接触器控制的单向控制电路的工作原理如下。

（1）闭合 QF，接通三相交流电源。

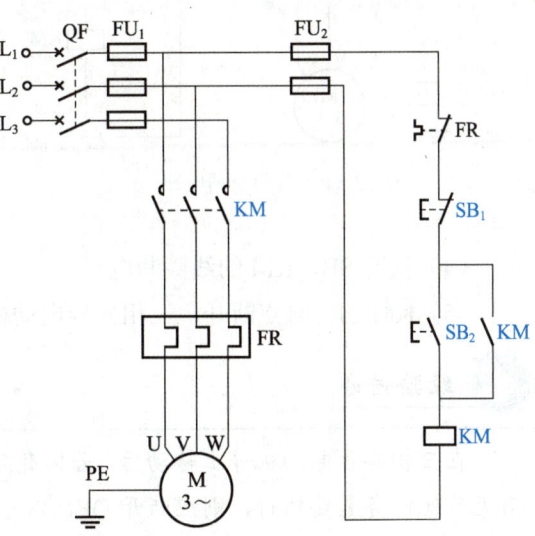

图 3-30 采用交流接触器控制的单向控制电路

（2）按下启动按钮 SB_2，KM 的线圈通电，KM 的主触点闭合，三相异步电动机开始转动；同时 KM 的辅助动合触点闭合，此时 SB_2 被短路，无论 SB_2 接通还是断开，KM 的线圈电路都将保持通电，三相异步电动机连续转动。

（3）按下停止按钮 SB_1，KM 的线圈断电，KM 的主触点和辅助动合触点均断开，三相异步电动机停止转动。此时无论 SB_2 接通还是断开，三相异步电动机都不工作，直至松开 SB_1，SB_2 才恢复启动按钮功能。

此外，采用交流接触器控制的单向控制电路还具有短路保护、过载保护和失压保护等功能。

3.3.3 点动控制电路

为了满足实际需要，有时还需要对三相异步电动机进行点动控制。三相异步电动机的点动控制电路是指三相异步电动机由按钮控制，按下按钮三相异步电动机开始转动、松开按钮三相异步电动机停止转动的控制电路。

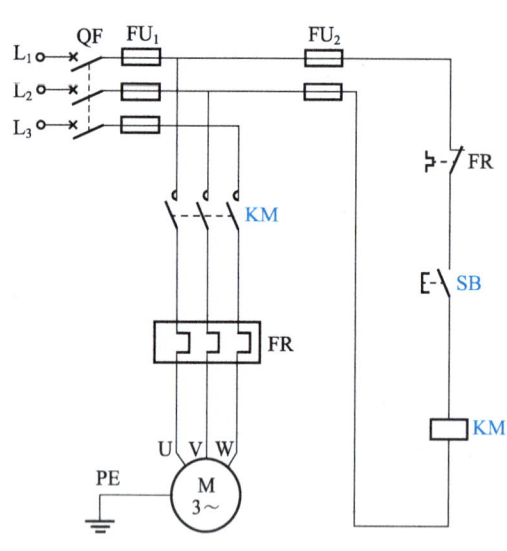

图 3-31 点动控制电路

如图 3-31 所示为点动控制电路，它采用的是一种短时间、断续的控制方式，主要用于设备或部件的快速移动和校正，如机床刀架、横梁和立柱的快速移动等。

在三相异步电动机的点动控制电路中，可通过按钮控制交流接触器线圈回路的通断，通过交流接触器主触点接通或断开三相异步电动机电源电路，从而实现三相异步电动机的点动控制。该电路的工作原理如下。

（1）闭合 QF，接通三相交流电源。

（2）按下 SB 并保持，KM 的线圈将通电。

（3）KM 的主触点闭合，主电路通电，三相异步电动机开始转动。

（4）松开 SB，KM 的线圈断电。

（5）KM 的主触点断开，三相异步电动机停止转动。

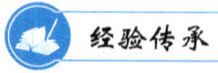

在三相异步电动机停止转动后，若仍有后续任务需要执行，可暂时使 QF 保持闭合；若无其他任务需要执行，则应断开 QF，以免发生误操作。

3.3.4 正反转控制电路

生产机械的运动部件往往需要实现正反两个方向的运动,如机床工作台的前进与后退、主轴的正转与反转、起重机的上升与下降等,这就要求三相异步电动机能做正反转运动。由三相异步电动机的工作原理可知,改变三相异步电动机三相交流电源中任意两相的相序,即可改变三相异步电动机的转动方向。

1. 按钮互锁正反转控制电路

按钮互锁正反转控制电路如图 3-32 所示。该电路要求交流接触器 KM_1 和 KM_2 不能同时通电,否则它们的主触点就会同时闭合,从而造成 L_1 和 L_3 两相电源短路。因此,该电路采用了复合按钮 SB_2 和 SB_3。

在图 3-32 中,SB_1 为停止按钮,SB_2 为正向启动按钮,SB_3 为反向启动按钮,SB_2 和 SB_3 的动断触点在电路中起互锁作用,两者为互锁触点;KM_1 所在电路为正向运行控制电路,KM_2 所在电路为反向运行控制电路,KM_1 和 KM_2 的辅助动合触点为自锁触点。

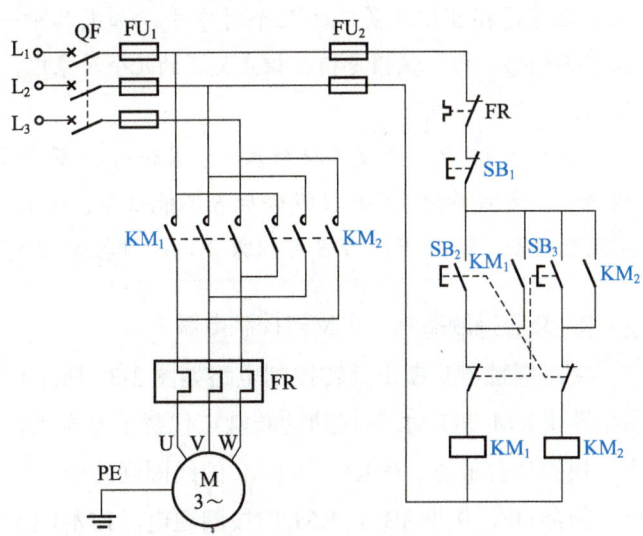

图 3-32 按钮互锁正反转控制电路

当 KM_1 的主触点接通时,三相交流电源按 L_1—U、L_2—V、L_3—W 的相序接入三相异步电动机,三相异步电动机正向转动;当 KM_2 的主触点接通时,三相交流电源按 L_1—W、L_2—V、L_3—U 的相序接入三相异步电动机,三相异步电动机反向转动。该电路的工作原理如下。

(1)三相异步电动机正向转动的控制。闭合 QF,按下 SB_2,SB_2 接在反向转动控制电路中的互锁触点断开,切断三相异步电动机反向转动控制电路;同时,SB_2 动合触点闭合,KM_1 的线圈通电,KM_1 的主触点和自锁触点均闭合,三相异步电动机正向转动。

(2)三相异步电动机反向转动的控制。闭合 QF,按下 SB_3,SB_3 接在正向转动控制电路中的互锁触点断开,切断三相异步电动机正向转动控制电路;同时,SB_3 动合触点闭合,KM_2 的线圈通电,KM_2 的主触点和自锁触点均闭合,三相异步电动机反向转动。

(3)三相异步电动机停止转动的控制。在三相异步电动机正向或反向转动时,按下 SB_1,SB_1 动断触点断开,KM_1 和 KM_2 的线圈均断电,KM_1 和 KM_2 的主触点均断开,三相异步电动机停止转动。

按钮互锁正反转控制电路操作简单，但容易发生电源相间短路故障。例如，当 KM_1 发生主触点熔焊或被杂物卡住等故障时，即使 KM_1 的线圈断电，主触点也无法分断，这时若直接按下反向启动按钮 SB_3，使 KM_2 的线圈通电，KM_2 的主触点闭合，则必然会造成电源相间短路故障。

> 互锁是指在相互关联的几个对象中，如果其中一个对象动作了，那么另外几个对象就不能够动作。联锁是指在相互关联的几个对象中，一个对象的动作受到前一个对象的制约。
>
> 例如，A、B 两个交流接触器，A 吸合后 B 不能吸合，且 B 吸合后 A 也不能吸合，这种控制方式称为互锁；A 吸合后 B 不能吸合，而 B 吸合后 A 可以吸合，或者 B 吸合后 A 不能吸合，而 A 吸合后 B 可以吸合，这种控制方式称为联锁。

2. 交流接触器互锁正反转控制电路

交流接触器互锁正反转控制电路如图 3-33 所示。与按钮互锁正反转控制电路相比，该电路用 KM_1 和 KM_2 的辅助动断触点代替了复合按钮的动断触点，用动合按钮代替了复合按钮的动合触点。在 KM_1 和 KM_2 的线圈回路中，与线圈串联的辅助动断触点为互锁触点。闭合 QF，按下 SB_2，KM_1 的线圈通电，KM_1 的主触点和自锁触点闭合，KM_1 的互锁触点断开，三相异步电动机将连续正向转动。此时，若要使三相异步电动机反向转动，则必须先按 SB_1，使 KM_1 的线圈断电、KM_1 的各触点复位；待三相异步电动机停转后按下 SB_3，使 KM_2 的线圈通电、KM_2 的主触点和自锁触点闭合、KM_2 的互锁触点断开。

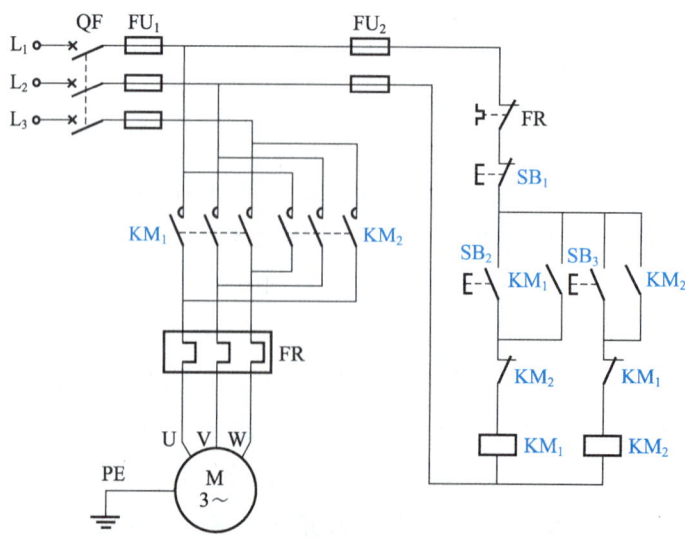

图 3-33　交流接触器互锁正反转控制电路

交流接触器互锁正反转控制电路中，若要改变三相异步电动机的转动方向，则必须先按停止按钮，待三相异步电动机停转后再按反向或正向启动按钮，因此这种正反转控制电路不便于操作。

  头脑风暴

　　交流接触器互锁正反转控制电路是否与按钮互锁正反转控制电路一样，会发生电源相间短路故障呢？

3．按钮与交流接触器双重互锁正反转控制电路

按钮与交流接触器双重互锁正反转控制电路如图 3-18 所示。该电路可不按停止按钮而直接按反向或正向启动按钮即可改变三相异步电动机的转动方向，且当交流接触器的主触点发生熔焊故障时，该电路不会发生电源相间短路故障。

按钮与交流接触器双重互锁正反转控制电路的工作原理如下。

（1）三相异步电动机正向转动的控制。闭合 QF，按下 SB_2，SB_2 接在反向转动控制电路中的互锁触点断开，此时三相异步电动机反向转动控制电路被切断，KM_2 的线圈断电，KM_2 的主触点和自锁触点均断开，KM_2 的互锁触点闭合；同时 SB_2 动合触点闭合，KM_1 的线圈通电，KM_1 的互锁触点断开，KM_1 的主触点和自锁触点均闭合，三相异步电动机正向转动。

（2）三相异步电动机反向转动的控制。闭合 QF，按下 SB_3，SB_3 接在正向转动控制电路中的互锁触点断开，此时三相异步电动机正向转动控制电路被切断，KM_1 的线圈断电，KM_1 的主触点和自锁触点均断开，KM_1 的互锁触点闭合；同时 SB_3 动合触点闭合，KM_2 的线圈通电，KM_2 的互锁触点断开，KM_2 的主触点和自锁触点均闭合，三相异步电动机反向转动。

（3）三相异步电动机停止转动的控制。在三相异步电动机正向或反向转动时，按下 SB_1，SB_1 动断触点断开，此时 KM_1 和 KM_2 的线圈均断电，KM_1 和 KM_2 的主触点均断开，三相异步电动机停止转动。

笔　记

综合测试

1. 填空题

（1）在均匀磁场中，磁感应强度在数值上可看作是与磁场方向相垂直的单位面积内所通过的_____。

（2）磁路中的磁通等于作用在该磁路上的_____除以磁路的_____，这就是磁路的欧姆定律。

（3）_____的大小与磁通变化的快慢（磁通变化率）有关。

（4）变压器工作时，与电源连接的绕组称为_____，与负载连接的绕组称为_____。

（5）对于变压器，额定一次电流是指当给变压器施加额定一次电压时，通过_____端子的电流，额定二次电流是指当给变压器施加额定一次电压时，通过_____端子的电流。

（6）当变压器的输入电压一定时，只要改变一、二次绕组的_____，就可得到不同的输出电压。$K>1$ 的变压器称为_____；反之，$K<1$ 的变压器称为_____。

（7）笼型三相异步电动机常用的启动方法有_____和_____两种。

（8）对于三相异步电动机，转差率是_____和_____的差值与旋转磁场转速之比。

（9）在控制电路中，组合开关常作为_____的引入开关，用于控制小容量三相异步电动机的直接启动或停止运行，也可用于控制小容量三相异步电动机的_____及转速。

（10）由三相异步电动机的工作原理可知，改变三相异步电动机三相交流电源中任意两相的_____，即可改变三相异步电动机的转动方向。

（11）在三相异步电动机点动控制电路中，可通过_____控制交流接触器线圈回路的通断，通过交流接触器主触点接通或断开三相异步电动机_____，从而实现三相异步电动机的点动控制。

（12）在_____正反转控制电路中，若要改变三相异步电动机的转动方向，则必须先按停止按钮，待三相异步电动机停转后再按反向或正向启动按钮。

2. 解答题

（1）某收音机末极的输出电阻为 800 Ω，现通过一个输出变压器接上一个电阻为 8 Ω 的喇叭做其负载。求：① 负载获得最大功率时，变压器的匝数比；② 若变压器的一次绕组为 300 匝，则二次绕组的匝数应为多少？

（2）有一变压器，其一次绕组的电压为 2 200 V，二次绕组的电压为 220 V，接上一个纯电阻负载后，测得二次绕组的电流为 15 A，变压器的效率为 90%。求：① 一次绕组的电流；② 变压器从电源吸收的功率；③ 变压器的损耗功率。

（3）有一台三相异步电动机，其额定数据如下：$P_N = 40$ kW，$n_N = 1470$ r/min，$U_N = 380$ V，$\eta = 0.9$，$\lambda_m = 2$，$\lambda_s = 1.2$，$\cos\varphi = 0.9$。求：① 额定电流；② 额定转差率；③ 额定转矩、最大转矩和启动转矩。

（4）有一台笼型三相异步电动机，$P_N = 36$ kW，定子绕组为△联结，$U_N = 380$ V，$I_N = 70$ A，$n_N = 1460$ r/min，$I_{st}/I_N = 5$，$\lambda_s = 1.2$，启动时负载转矩为 60 N·m，$I_{st} < 160$ A。求：① 该电动机能否直接启动？② 该电动机能否采用 Y-△降压启动？

（5）按钮互锁正反转控制电路的优缺点各是什么？试举例说明。

学习成果评价

指导教师根据学生对本项目的实际学习成果对其进行评价,学生配合指导教师共同完成如表 3-13 所示的学习成果评价表。

表3-13 学习成果评价表

班级		组号		日期	
姓名		学号		指导教师	
学习成果/项目名称	变压器与三相异步电动机				
评价项目	评价内容		评价方式	满分/分	评分/分
知识 40%	磁路的基本物理量和基本定律		理论测试	4	
	变压器的工作原理和外特性			6	
	三相异步电动机的基本结构和工作原理			6	
	三相异步电动机的启动方法			6	
	常用低压电器			6	
	单向控制电路和点动控制电路			6	
	正反转控制电路			6	
技能 40%	测试单相变压器的变比和外特性		实践操作	12	
	拆装三相异步电动机			12	
	调试三相异步电动机的正反转控制电路			16	
素养 20%	积极参加教学活动,主动学习、思考、讨论		综合评判	6	
	认真负责,按时完成学习、实践任务			4	
	团结协作,与组员之间密切配合			4	
	服从指挥,遵守课堂和实训室纪律			4	
	守正创新,自信自强			2	
合计				100	
自我评价					
教师评价					

项目 4

二极管及其应用

项目导读

自二十世纪初真空二极管、真空三极管问世以来，电子学作为一门新兴学科得到了迅速发展。1950 年，第一支"PN 结型晶体管"问世，开辟了电子元器件的新纪元，引起了一场电子技术革命。

二极管具有体积小、质量小、使用寿命长、耗电量小、可靠性强等优点，应用非常广泛。利用二极管的伏安特性，将二极管和电阻、电容、电感等元件进行合理的连接，可以组成不同功能的电路。

本项目主要介绍二极管的基本知识，以及整流电路、滤波电路和稳压电路等二极管的应用电路。

知识目标

- 掌握本征半导体、杂质半导体和 PN 结的知识
- 掌握二极管的结构、伏安特性和主要参数
- 掌握整流电路、滤波电路、稳压管稳压电路的结构和工作原理
- 熟悉三端集成稳压器的基本知识

技能目标

- 能够正确测试二极管的伏安特性
- 能够正确调试整流滤波电路
- 能够正确测试集成直流稳压电源

素质目标

- 树立新时代社会主义青年的历史使命感和社会责任感
- 坚定实现中华民族伟大复兴的中国梦的理想信念

任务 4.1　认识二极管

任务引入

如图 4-1 所示，二极管通常由管体和两个引脚构成，其中两个引脚分别为二极管的阳极和阴极。二极管具有单向导电性，二极管的导通和截止相当于开关的接通和断开，它同三极管、电阻、电容和电感等一起，组成了形形色色的电子电路。

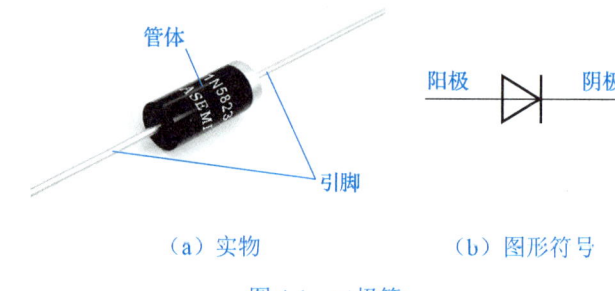

（a）实物　　　　　　　　（b）图形符号

图 4-1　二极管

请选择合适的工具和器材，判断二极管引脚的极性，测试二极管的伏安特性，并通过逐点法绘制二极管的伏安特性曲线。本任务的知识与技能要求如表 4-1 所示。

表 4-1　知识与技能要求

任务内容	认识二极管	学习程度		
		识记	理解	应用
学习任务	本征半导体和杂质半导体	●		
	PN 结的形成和单向导电性		●	
	二极管的结构		●	
	二极管的伏安特性和主要参数		●	
实训任务	测试二极管的伏安特性			●
自我勉励				

任务工单——测试二极管的伏安特性

1. 知识准备

二极管具有单向导电性,用数字万用表红、黑表笔分别测量二极管的正、反向电阻,根据所测电阻的大小即可判断出二极管引脚的极性。

二极管的伏安特性是指在对二极管两电极间施加不同电压时,通过二极管的电流与二极管两电极间电压的关系。二极管的伏安特性包括正向特性和反向特性,这两种特性分别通过对二极管施加正向电压和反向电压进行测试。

当给二极管施加正向电压(电源正、负极分别接二极管的阳极和阴极)时,二极管导通,电流从二极管的阳极流向阴极,并会在 PN 结处产生电压降。其中,硅二极管的电压降约为 0.7 V,锗二极管的电压降约为 0.2 V。此时,由于二极管两电极间的电压与通过的电流不是线性关系,因此二极管是非线性半导体元件。

当给二极管施加反向电压(电源正、负极分别接二极管的阴极和阳极)时,通过二极管的电流很小,此时二极管截止。当反向电压超过某一限值时,通过二极管的电流开始急剧增大,称之为反向击穿。

请查阅资料,掌握二极管引脚极性的判断方法和二极管伏安特性的测试方法。

笔记

2. 工具和器材准备

准备任务实施所需的工具和器材,补全表 4-2。

表 4-2 工具和器材清单

名称	规格	型号	数量	名称	规格	型号	数量
直流稳压电源			1 台	电阻	1 kΩ		1 个
数字万用表			1 台	电位器	1 kΩ		1 个
毫安表			1 台	二极管		4007	1 支
微安表			1 台	导线			

3．任务实施

1）判断二极管引脚的极性

（1）将数字万用表置于欧姆挡 $R×2\text{k}$ 位置并校准。

（2）用数字万用表测量二极管两个引脚之间的电阻，其值为_____Ω。

（3）保持二极管不动，调换数字万用表红、黑表笔的测量位置，再次测量二极管两个引脚之间的电阻，其值为_____Ω。

（4）根据所测电阻，确定并标记二极管引脚的极性。

点　拨

二极管的正、反向电阻相差越大越好。测试中若发现二极管的正、反向电阻均为无穷大，则说明二极管内部开路；若正、反向电阻均接近 0，则说明二极管内部短路（PN 结被击穿）；若正、反向电阻差别很小，则说明二极管已经失去单向导电性，不能使用。

2）用逐点法测试二极管的正向特性

（1）如图 4-2 所示连接电路。

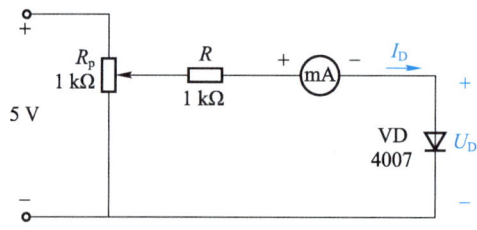

图 4-2　二极管正向特性测试电路

（2）调节直流稳压电源，使其输出电压为 5 V。

（3）调节电位器 R_p，用数字万用表监测二极管两引脚之间的电压 U_D，使其按照表 4-3 所示的数值变化。每调整到一个电压后，读取电路中毫安表的示数 I_D，并将其填入表 4-3 中。

表 4-3　二极管正向特性测试数据

U_D/V	0	0.1	0.2	0.3	0.4	0.5	0.6	0.65	0.7
I_D/mA									

3）用逐点法测试二极管的反向特性

（1）将二极管反接，如图 4-3 所示。

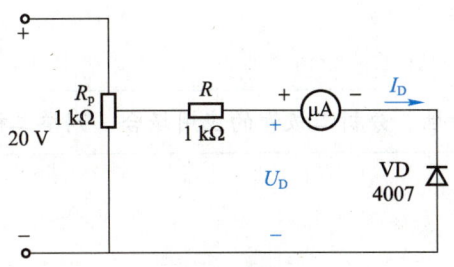

图 4-3 二极管反向特性测试电路

（2）调节直流稳压电源，使其输出电压为 20 V。

（3）调节电位器 R_p，用数字万用表监测二极管两引脚之间的电压 U_D，使其按照表 4-4 所示的数值变化。每调整到一个电压后，读取电路中毫安表的示数 I_D，并将其填入表 4-4 中。

表 4-4 二极管反向特性测试数据

U_D /V	0	1	2	4	6	8	15
I_D /mA							

4）绘制二极管的伏安特性曲线

根据表 4-3 和表 4-4 的测试数据，在图 4-4 中绘制二极管的伏安特性曲线。

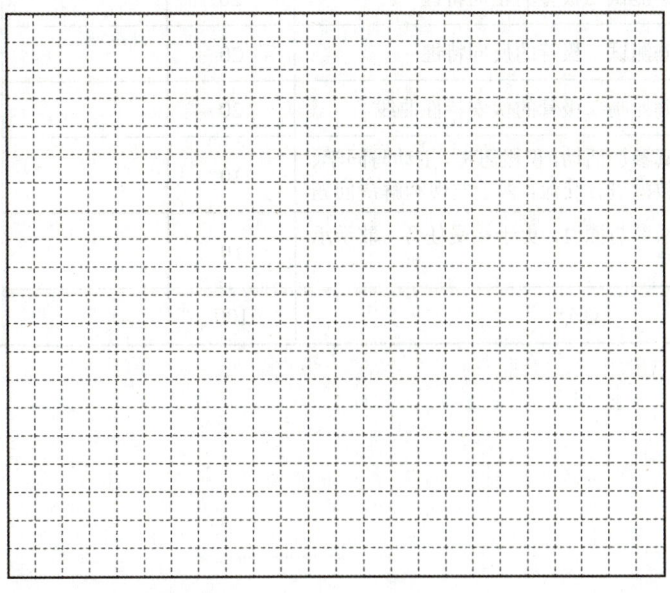

图 4-4 二极管的伏安特性曲线

创想天地

根据二极管的伏安特性，分析二极管的应用场合，列举二极管的实际应用案例。

笔记

4. 任务评价

请指导教师按照学生的实际表现情况进行评分，并将评分结果填入表 4-5 中。

表 4-5 考核评价表

评价项目	评价标准	满分/分	实际得分/分	教师评语
技能操作	正确判断二极管引脚的极性	20		
	正确测试二极管的正向特性	20		
	正确测试二极管的反向特性	20		
	正确绘制二极管的伏安特性曲线	20		
参与程度	认真参加活动，积极思考，主动与同学、指导教师进行交流，善于发现和解决问题	10		
合作意识	积极参与探讨，勇于接受任务，敢于承担责任	10		
总分		100		

笔记

相关知识

4.1.1 半导体概述

半导体是导电性介于导体和绝缘体之间的物质。它是制造半导体元器件的主要材料，当其受到外界的光和热，或者在其内部掺入其他微量元素后，其导电性会发生显著的变化。

1. 本征半导体

本征半导体是指完全纯净的、具有晶体结构的半导体。在半导体元器件中，用得最多的本征半导体是硅和锗。硅和锗都是四价元素，每一个硅（锗）原子与相邻的四个原子之间通过成对的价电子形成了共价键，如图 4-5（a）所示。当本征半导体在温度升高或受到光照时，这些价电子中的一部分会从外界获得一定能量，从而挣脱共价键的束缚而成为自由电子，同时共价键中将会留下一个空位，这个空位称为空穴，如图 4-5（b）所示。

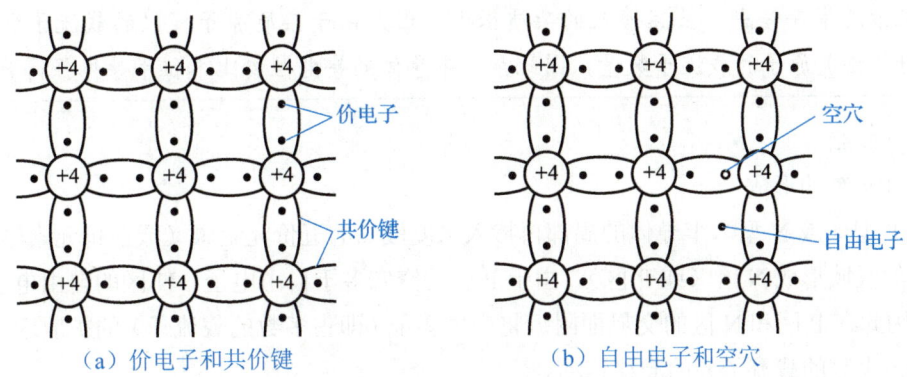

（a）价电子和共价键　　　　　　　（b）自由电子和空穴

图 4-5　本征半导体

由于空穴的出现，附近共价键中的价电子很容易在获取能量后去填补空穴，而在原共价键中产生新的空穴，其他的价电子又可能来填补新的空穴，因此共价键中就产生了电荷的移动。受共价键束缚的价电子参与导电的机理与自由电子有所不同，为了区分这两种电子的运动，通常用空穴的运动来代替共价键中价电子的运动，将空穴看成是带正电荷的粒子，它所带的电荷与电子所带的电荷大小相等、极性相反。

在外加电场的作用下，自由电子和空穴都是能够承载定向电流的带电粒子，它们统称为载流子。

> **点拨**
>
> 在本征半导体中，自由电子和空穴这两种载流子的数量相等。由于载流子的总数量很少，因此本征半导体的导电性不强。

2. 杂质半导体

在本征半导体中人为地掺入其他微量元素（称为杂质），可以使其导电性能发生显著的变化，而掺入杂质的本征半导体称为杂质半导体。根据掺入杂质的元素不同，杂质半导体可分为 P 型半导体和 N 型半导体两种。

1）P 型半导体

P 型半导体是在本征半导体（硅或锗）中掺入微量三价元素硼制成的。在 P 型半导体中，空穴的数量较多，自由电子的数量较少，主要由带正电荷的空穴参与导电。

2）N 型半导体

N 型半导体是在本征半导体（硅或锗）中掺入微量五价元素磷制成的。在 N 型半导体中，自由电子的数量较多，空穴的数量较少，主要由带负电荷的自由电子参与导电。

点　拨

在杂质半导体中，虽然掺入的杂质很少，但是由于杂质原子提供的载流子数量远大于硅（锗）原子的载流子数量，因此杂质半导体的导电性要比本征半导体强得多。

3. PN 结

1）PN 结的形成

在 P 型（或 N 型）半导体的局部再掺入浓度较高的五价元素磷（或三价元素硼），可在相应的区域形成 N 区（或 P 区）。由于 P 区的空穴多于自由电子，N 区的自由电子多于空穴，因此在 P 区和 N 区的交界面附近将产生多子（即占多数的载流子）的扩散运动和少子（即占少数的载流子）的漂移运动。

点　拨

扩散是指载流子由浓度高的一侧向浓度低的一侧运动；漂移是指载流子在电场的作用下做定向移动，空穴的漂移方向与内电场的方向相同，自由电子的漂移方向与内电场的方向相反。

如图 4-6（a）所示，P 区的空穴向 N 区扩散，与 N 区的自由电子复合；N 区的自由电子向 P 区扩散，与 P 区的空穴复合。这种扩散运动使 N 区失掉自由电子产生正离子，P 区得到自由电子产生负离子，结果在 P 区和 N 区交界面的两侧，形成了由等量正、负离子相互作用的空间电荷区，如图 4-6（b）所示。空间电荷区的内电场由 N 区指向 P 区，它对多子的扩散运动起阻碍作用。

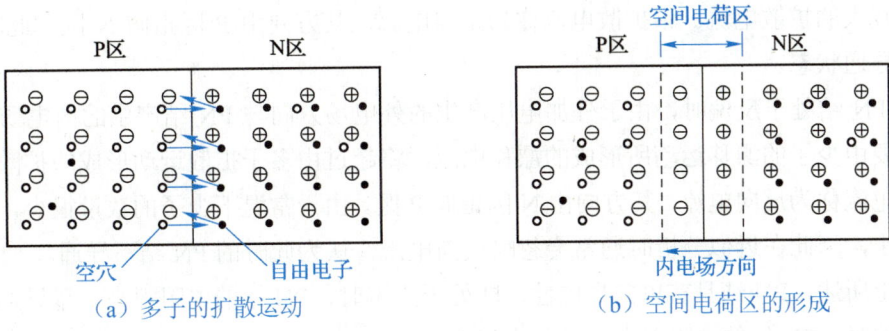

(a)多子的扩散运动　　　　　　　(b)空间电荷区的形成

图 4-6　PN 结的形成

空间电荷区的出现有助于内电场中少子的漂移运动。因此，在内电场作用下，N 区的空穴向 P 区漂移，P 区的自由电子向 N 区漂移，最终使空间电荷区变窄，内电场被削弱。

扩散运动与漂移运动是相互联系又相互对立的，当两者的运动达到动态平衡时，空间电荷区的宽度便基本稳定下来了，这种具有稳定宽度的空间电荷区称为 PN 结。

2）PN 结的单向导电性

当 PN 结无外加电压时，扩散运动和漂移运动处于动态平衡，通过 PN 结的电流为零。当 PN 结有外加电压时，PN 结会因外加电压极性的不同而处于两种状态，从而表现出两种截然不同的导电性，即呈现出单向导电性。如图 4-7（a）所示，当外加电压的正极接 PN 结的 P 区、负极接 PN 结的 N 区时，该外加电压称为正向偏置电压，此时的 PN 结处于正向偏置状态，简称正偏；如图 4-7（b）所示，当外加电压的正极接 PN 结的 N 区、负极接 PN 结的 P 区时，该外加电压称为反向偏置电压，此时的 PN 结处于反向偏置状态，简称反偏。

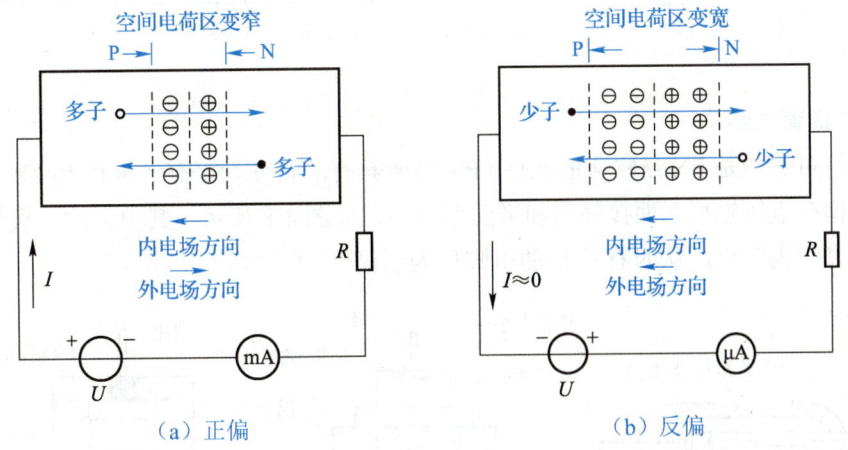

(a)正偏　　　　　　　　　　　(b)反偏

图 4-7　PN 结的单向导电性

当 PN 结处于正偏时，由于外加电压产生的外电场方向与 PN 结的内电场方向相反，因此多子的扩散运动会得到加强，少子的漂移运动会被削弱，扩散运动与漂移运动的平衡将被打破。在外电场的作用下，多子会中和一部分空间电荷，从而使整个空间电荷区变窄，并形成较大的扩散电流。该扩散电流称为正向电流，其方向由 P 区指向 N 区。此时，PN 结处于导通状态。

当 PN 结处于反偏时，由于外加电压产生的外电场方向与 PN 结产生的内电场方向相同，主要由少子的漂移运动所形成的漂移电流，将超过由多子扩散运动形成的扩散电流。该漂移电流称为反向电流，其方向由 N 区指向 P 区。由于常温下少子的数量很少，反向电流非常小，因此在近似分析时通常会忽略反向电流，认为此时的 PN 结不导通。

综上所述，PN 结具有单向导电性，即处于正偏时，PN 结的电阻很小，呈导通状态；处于反偏时，PN 结的电阻很大，呈截止状态。

砥节砺行

中国第一支晶体管

1956 年 11 月，在北京中国科学院应用物理研究所的半导体器件实验室里，中国第一支锗合金结型晶体管诞生了。中国第一支晶体管研制成功，开创了我国在多领域以半导体器件代替电子管，以及以半导体器件开创新的科学领域的事业，吹响了"向科学进军"的号角。

近年来，中国半导体事业飞速发展，这与当年那批献身中国半导体事业的前辈们的努力是分不开的。可以说，正是他们的拼搏奉献，才为中国现代半导体技术的迅猛发展打下了坚实的基础。

（资料来源：https://scei.org.cn/images/zhuanti/dqxdfh/gs07.html，有改动）

4.1.2 二极管

1. 二极管的结构

二极管可看作是 PN 结物化的元件，PN 结所具有的特性均可在二极管上反映出来。二极管的结构有点接触型、面接触型和平面型三种，如图 4-8 所示。其中，从二极管的 P 区引出的引脚称为阳极，从 N 区引出的引脚称为阴极。

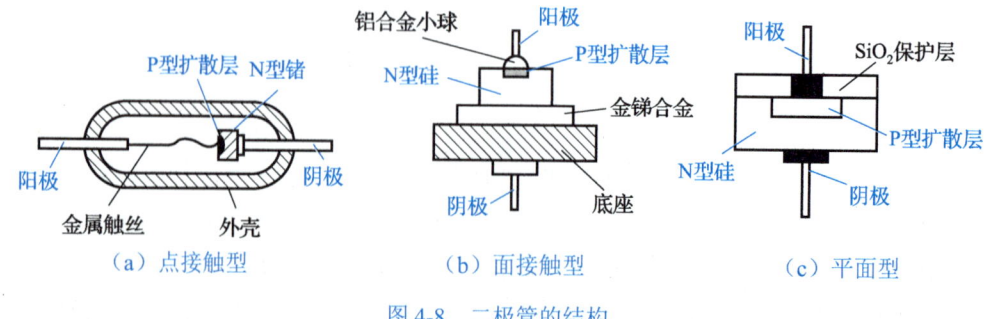

图 4-8 二极管的结构

点接触型二极管的特点是 PN 结面积小、结电容小、工作电流小，但其高频性能好，一般用于高频和小功率电路，也可作为数字电路中的开关元件；面接触型二极管的特点是 PN 结面积大、结电容大、工作电流大，但其工作频率较低，一般用于整流电路；平面型二极管的特点是 PN 结面积可大可小，PN 结面积大的主要用于大功率整流电路，PN 结面积小的可作为脉冲电路中的开关元件。

 点　拨

> 根据材料的不同，二极管可分为硅二极管和锗二极管等；根据用途的不同，二极管可分为普通二极管、整流二极管、稳压二极管、光电二极管和变容二极管等。

2. 二极管的伏安特性

二极管的伏安特性曲线如图 4-9 所示。根据外加电压极性的不同，其伏安特性曲线可分为正向特性和反向特性两部分。

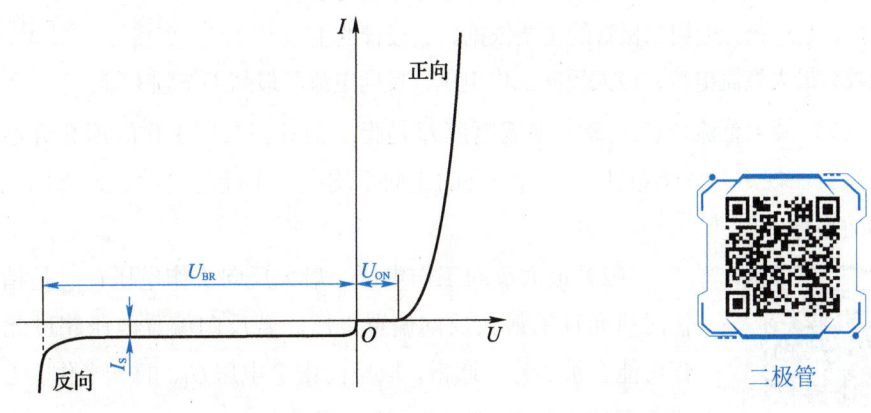

图 4-9　二极管的伏安特性曲线

1）正向特性

当二极管的正向偏置电压较小时，二极管呈现较大的电阻，正向电流很小，几乎为零。当正向偏置电压达到某一临界值时，二极管呈现很小的电阻，二极管正向导通，此时的正向偏置电压称为阈值电压，用 U_{ON} 表示。二极管正向导通后，随着正向偏置电压的增大，通过二极管内部的正向电流急剧增大，它与正向偏置电压之间的关系近似为一条呈指数函数变化的曲线。

 经验传承

> 二极管阈值电压的大小与其材料和温度等有关。在常温下，硅二极管的阈值电压约为 0.5 V，锗二极管的阈值电压约为 0.1 V。

2）反向特性

当二极管的反向偏置电压在一定临界值内时,反向电流很小且基本不随反向偏置电压的变化而变化,这个电流称为反向饱和电流,用 I_S 表示。当反向偏置电压超出这一临界值后,反向电流急剧增大,这种现象称为反向击穿,此时的反向偏置电压称为反向击穿电压,用 U_{BR} 表示。

3）温度对二极管伏安特性的影响

二极管的伏安特性对温度非常敏感。如图 4-10 所示,随着温度的升高,二极管正向特性曲线向左移动,反向特性曲线向下移动。在常温附近,温度每升高 1 ℃,二极管的正向电压降会减小 2～2.5 mV;温度每升高 10 ℃,二极管的反向电流会增大约 1 倍。

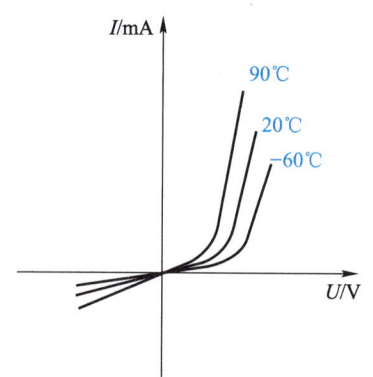

图 4-10 温度对二极管伏安特性的影响

3. 二极管的主要参数

二极管的参数是表征二极管性能及适用范围的重要指标,是选择、使用二极管的主要依据。二极管的主要参数有最大整流电流、最大反向工作电压、反向电流和最高工作频率等。

（1）最大整流电流。最大整流电流 I_F 是指二极管在长期工作时所允许通过的最大正向电流。在规定的散热条件下,二极管的正向平均电流不能超过此值,否则二极管容易因过热而损坏。

二极管的应用

（2）最大反向工作电压。最大反向工作电压 U_{RM} 是指二极管在工作时所允许的最大反向偏置电压。若反向偏置电压超过此值,则二极管可能会被击穿。通常,取反向击穿电压 U_{BR} 的一半作为 U_{RM}。U_{RM} 数值较大的二极管称为高反压二极管。

（3）反向电流。反向电流 I_{RM} 是指二极管未击穿时的反向电流。I_{RM} 越小,二极管的单向导电性越好。I_{RM} 受温度的影响很大,它会随着温度的升高而逐渐增大。

（4）最高工作频率。最高工作频率 f_M 是指加在二极管两端的交流电压所允许的最高频率。在使用二极管时,若加在其两端的交流电压的频率超过此值,则二极管的单向导电性将会降低甚至丧失。f_M 主要取决于 PN 结结电容的大小,结电容越大,f_M 越低。

任务 4.2　认识整流滤波电路

任务引入

整流滤波电路是直流稳压电源的重要组成部分，它利用二极管的单向导电性，将经电源变压器降压后的低压交流电转换为单方向脉动的直流电，并通过电感、电容、电阻等元件来减小其中的交流成分，使直流电平稳输出，以作为电子电路的工作电源。

如图 4-11 所示为单相整流电容滤波电路，它主要有单相半波整流电容滤波电路和单相桥式整流电容滤波电路两种形式。请选择合适的工具和器材，对这两种单相整流电容滤波电路进行调试。

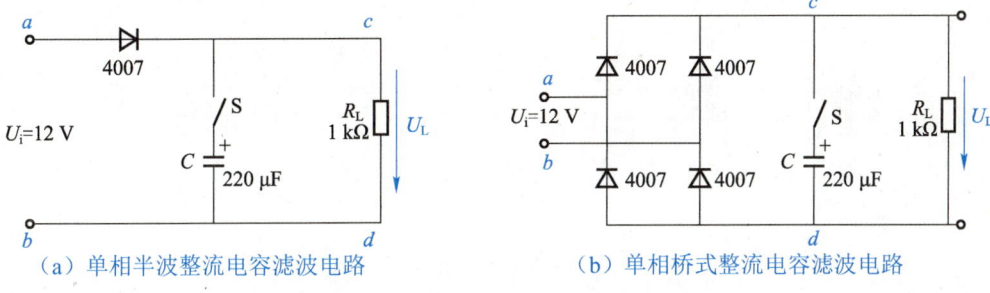

（a）单相半波整流电容滤波电路　　　　（b）单相桥式整流电容滤波电路

图 4-11　单相整流电容滤波电路

本任务的知识与技能要求如表 4-6 所示。

表 4-6　知识与技能要求

任务内容	认识整流滤波电路	学习程度		
		识记	理解	应用
学习任务	单相半波整流电路		●	
	单相桥式整流电路		●	
	电容滤波电路		●	
	电感滤波电路		●	
实训任务	调试整流滤波电路			●
自我勉励				

任务工单——调试整流滤波电路

1. 知识准备

某直流稳压电源可将交流电转换为直流电,它的输入端是由电网提供的 50 Hz、220 V 的正弦交流电压,输出端是稳定的直流电压。该直流稳压电源主要由电源变压器、整流电路、滤波电路和稳压电路四部分组成,如图 4-12 所示。

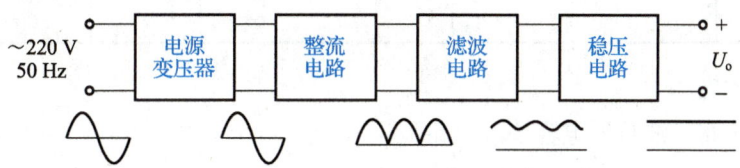

图 4-12 某直流稳压电源的电路结构

在该直流稳压电源中,电源变压器用于将 220 V 交流电压变换成整流电路所需要的交流电压,通常情况下其二次电压小于一次电压;整流电路用于将变换后的交流电压变换成单方向脉动的直流电压;滤波电路用于将单方向脉动的直流电压中所含的大部分脉动成分过滤掉,得到一个较平稳的直流电压;稳压电路利用自动调整的原理,可消除电网电压波动、负载改变等对直流电压产生的影响,从而使直流稳压电源的输出电压变得稳定。

在如图 4-11(a)所示的电路中,整流二极管仅允许交流电压的正半周通过,并阻止交流电压的负半周通过;滤波电容 C 与负载 R_L 并联,利用滤波电容的充放电来过滤输出电压中的脉动成分。

在如图 4-11(b)所示的电路中,四个整流二极管为桥式连接,交流电压的正半周和负半周可分别从不同的整流二极管通过,且电流流经负载 R_L 的方向是相同的;滤波电容 C 与负载 R_L 并联,利用滤波电容的充放电来过滤输出电压中的脉动成分。

📋 笔记

_____

_____

_____

_____

2. 工具和器材准备

准备任务实施所需的工具和器材,补全表 4-7。

表 4-7 工具和器材清单

名称	规格	型号	数量	名称	规格	型号	数量
低压交流电源	3~24 V		1 台	电阻	1 kΩ		1 个
数字万用表			1 台	电容	220 μF		1 个
双踪示波器			1 台	开关			1 个
整流二极管		4007	4 支	导线			
面包板			1 个				

3．任务实施

1）调试单相半波整流电容滤波电路

（1）如图 4-11（a）所示连接电路。

（2）调节低压交流电源，使其输出电压为 12 V。

（3）首先，断开开关 S，用示波器分别测量 u_{ab} 和 u_{cd} 的波形，根据测量结果，在图 4-13 中绘制输入、输出电压的波形；然后，将数字万用表调至电压检测挡，测量输入电压 U_{ab}，测量值为_____；最后，将数字万用表调至直流电压检测挡，测量输出电压 U_{cd}，测量值为_____。

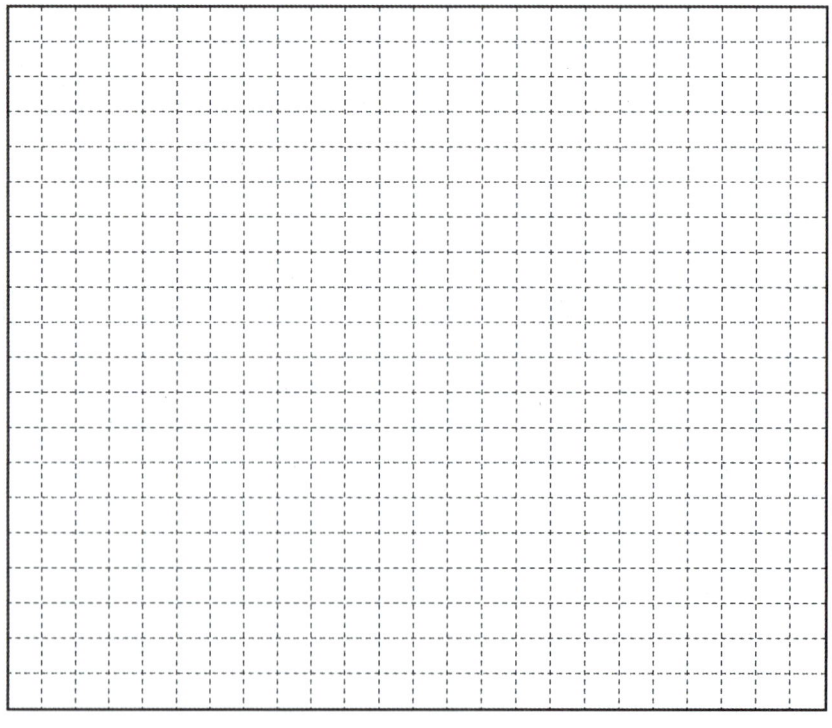

图 4-13 单相半波整流电容滤波电路输入、输出电压的波形

（4）闭合开关 S，观察示波器上输出电压的波形，将数字万用表调至直流电压检测挡，测量此时的输出电压 U_{cd}，测量值为_____。

（5）改变负载电阻 R_L，观察输出电压波形的变化情况。

2）调试单相桥式整流电容滤波电路

（1）如图 4-11（b）所示连接电路。

（2）调节低压交流电源，使其输出电压为 12 V。

（3）首先，断开开关 S，用示波器分别测量 u_{ab} 和 u_{cd} 的波形，根据测量结果，在图 4-14 中绘制输入、输出电压的波形；然后，将数字万用表调至交流电压检测挡，测量输入电压 U_{ab}，测量值为_____；最后，将数字万用表调至直流电压检测挡，测量输出电压 U_{cd}，测量值为_____。

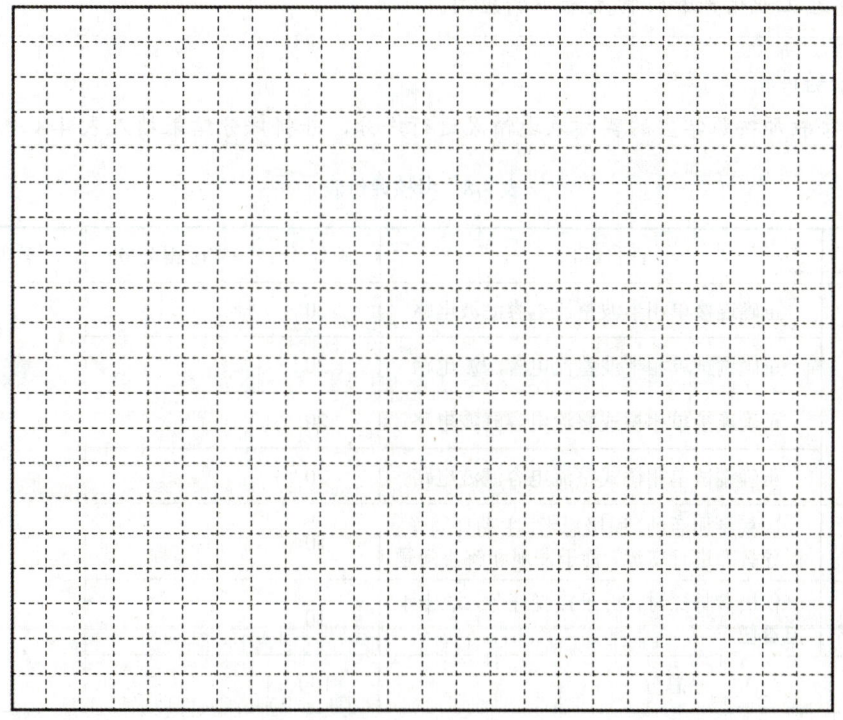

图 4-14　单相桥式整流电容滤波电路输入、输出电压的波形

（4）闭合开关 S，观察示波器上输出电压的波形，将数字万用表调至直流电压检测挡，测量此时的输出电压 U_{cd}，测量值为_____。

（5）改变负载电阻 R_L，观察输出电压波形的变化情况。

> **笔记**

创想天地

结合上述调试结果,分析半波整流滤波电路和桥式整流滤波电路的功能特点,探索两种电路在工业生产和日常生活中的应用。

4. 任务评价

请指导教师按照学生的实际表现情况进行评分,并将评分结果填入表 4-8 中。

表 4-8 考核评价表

评价项目	评价标准	满分/分	实际得分/分	教师评语
技能操作	正确连接单相半波整流电容滤波电路	20		
	正确调试单相半波整流电容滤波电路	20		
	正确连接单相桥式整流电容滤波电路	20		
	正确调试单相桥式整流电容滤波电路	20		
参与程度	认真参加活动,积极思考,主动与同学、指导教师进行交流,善于发现和解决问题	10		
合作意识	积极参与探讨,勇于接受任务,敢于承担责任	10		
	总分	100		

> **笔记**

相关知识

4.2.1 整流电路

整流电路是指将交流电变换为直流电的电路,它利用二极管的单向导电性,使交流电周期性地导通和截止,从而使负载得到单方向脉动的直流电。

根据交流电源相数的不同,整流电路可分为单相整流电路和三相整流电路两种,其中最为常用的是功率较小的单相整流电路。根据整流电压波形的不同,单相整流电路可分为单相半波整流电路和单相全波整流电路两种,下面分别进行介绍。

1. 单相半波整流电路

1)工作原理

单相半波整流电路如图 4-15(a)所示,它主要由电源变压器 T、整流二极管 VD 和负载 R_L 组成。其中,电源变压器的一次电压为 u_1,二次电压为 u_2,这两个电压均为正弦交流电压。

设 $u_2 = \sqrt{2}U_2 \sin \omega t$,当 u_2 在正半周时,VD 正向导通,此时有电流 i_o 通过负载 R_L,若忽略 VD 的电压降,则 R_L 两端的电压等于电源变压器的二次电压,即 $u_o = u_2$,两者的电压波形相同;当 u_2 在负半周时,VD 反向截止,R_L 上无电流通过,输出电压 $u_o = 0$,此时 u_2 全部加在 VD 的两端。

单相半波整流电路的电压波形如图 4-15(b)所示,其中 u_o 为单方向的脉动电压,且 u_o 仅获得 u_2 的正半部分。

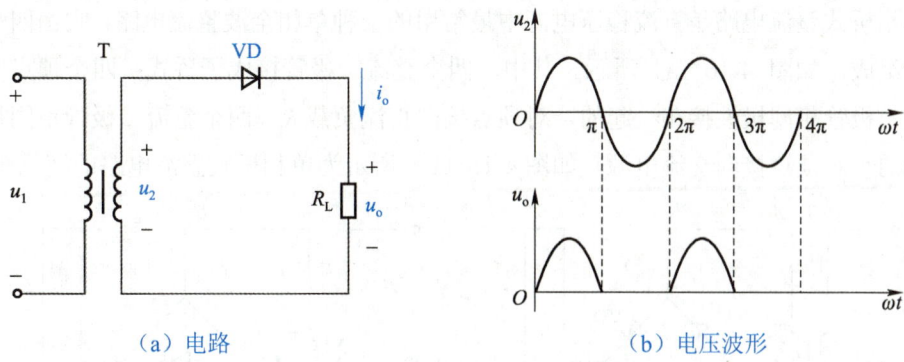

(a)电路　　　　　　　　　　　　(b)电压波形

图 4-15　单相半波整流电路

2)性能参数

单相半波整流电路的主要性能参数为负载上的直流电压和直流电流。负载上的直流电压 U_o 是指一个周期内输出电压 u_o 的平均值,即

$$U_o = \frac{1}{2\pi}\int_0^\pi \sqrt{2}U_2 \sin \omega t \, d(\omega t) = \frac{\sqrt{2}}{\pi}U_2 \approx 0.45U_2 \quad (4\text{-}1)$$

负载上的直流电流 I_o 为

$$I_o = \frac{U_o}{R_L} = 0.45\frac{U_2}{R_L} \tag{4-2}$$

3）整流二极管的选择

整流二极管一般应根据最大整流电流和最大反向工作电压来选择。在单相半波整流电路中，整流二极管的最大整流电流 I_D 与通过负载的直流电流 I_o 相等，即

$$I_D = I_o = \frac{U_o}{R_L} = 0.45\frac{U_2}{R_L} \tag{4-3}$$

整流二极管截止时所承受的最大反向工作电压 U_{DM} 与电源变压器二次电压 u_2 的最大值相等，即

$$U_{DM} = \sqrt{2}U_2 \tag{4-4}$$

经验传承

> 一般情况下，电网电压允许在其额定值±10%的范围内波动，因此在选择整流二极管时，最大整流电流 I_F 和最大反向工作电压 U_{RM} 应留有至少10%的裕量，以保证整流二极管能够安全工作。

单相半波整流电路虽然结构简单、元件较少，但由于效率较低、输出电压较低且脉动较大，因此只适用于整流电流较小，并且对电压脉动要求不高的场合。

2．单相桥式整流电路

单相桥式整流电路是直流稳压电源中最常用的一种单相全波整流电路，它由四个整流二极管组成，如图 4-16（a）所示。其中，四个整流二极管接成了桥式；四个顶点中，两个整流二极管相同极性接在一起的一对顶点接向直流负载 R_L，两个整流二极管不同极性接在一起的一对顶点接向交流电源。如图 4-16（b）所示为单相桥式整流电路的简化画法。

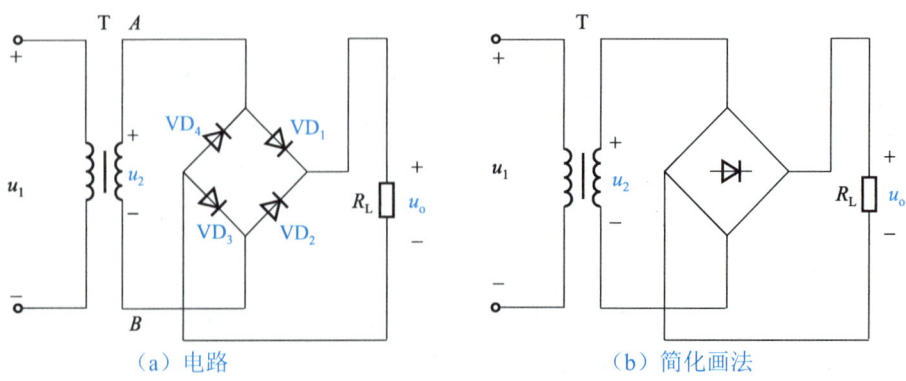

(a) 电路　　　　　　　　　　(b) 简化画法

图 4-16　单相桥式整流电路

1）工作原理

在单相桥式整流电路中，当 u_2 在正半周时，A 点电位高于 B 点电位，整流二极管 VD_1、VD_3 正向导通，整流二极管 VD_2、VD_4 反向截止，电流的路径为 $A \to VD_1 \to R_L \to VD_3 \to B$。当 u_2 在负半周时，B 点电位高于 A 点电位，整流二极管 VD_2、VD_4 正向导通，整流二极管 VD_1、VD_3 反向截止，电流的路径为 $B \to VD_2 \to R_L \to VD_4 \to A$。

由于 VD_1、VD_3 和 VD_2、VD_4 两对整流二极管交替正向导通，因此负载 R_L 在 u_2 的整个周期内都有电流通过，而且方向不变。单相桥式整流电路的输出波形如图 4-17 所示。

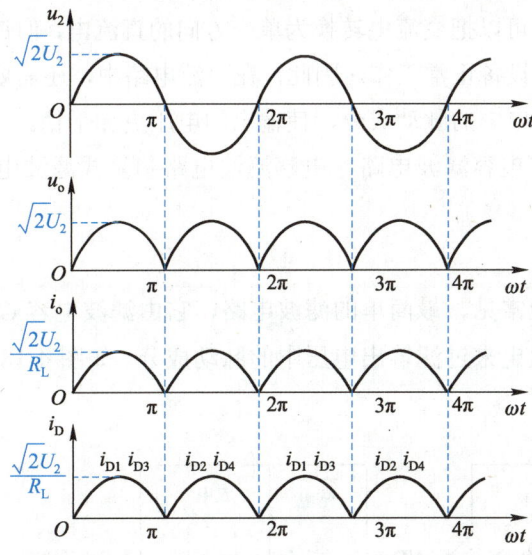

图 4-17 单相桥式整流电路的输出波形

2）性能参数

与单相半波整流电路一样，单相桥式整流电路的主要性能参数也是负载上的直流电压和直流电流。

负载上的直流电压 U_o 为

$$U_o = \frac{1}{\pi}\int_0^\pi \sqrt{2}U_2 \sin\omega t \, d(\omega t) = \frac{2\sqrt{2}}{\pi}U_2 \approx 0.9U_2 \qquad (4\text{-}5)$$

负载上的直流电流 I_o 为

$$I_o = \frac{U_o}{R_L} = 0.9\frac{U_2}{R_L} \qquad (4\text{-}6)$$

3）整流二极管的选择

单相桥式整流电路的整流二极管可根据最大整流电流和最大反向工作电压来选择。

在单相桥式整流电路中，两对整流二极管交替导通，它们仅在电压 u_2 的半个周期内通过电流，因此每个整流二极管的最大整流电流 I_D 为负载上直流电流 I_o 的一半，即

$$I_D = \frac{1}{2}I_o = 0.45\frac{U_2}{R_L} \tag{4-7}$$

每个整流二极管的最大反向工作电压 U_{DM} 为

$$U_{DM} = \sqrt{2}U_2 \tag{4-8}$$

与单相半波整流电路相比，单相桥式整流电路的工作效率较高，输出电压较高且脉动较小。

4.2.2 滤波电路

利用整流电路虽然可以把交流电转换为单一方向的直流电，但该直流电含有较大的脉动成分，不能保证电子设备正常工作。因此，在整流电路中，还需要利用由储能元件组成的滤波电路来过滤直流电中的脉动成分，使输出的电压更加平稳。

常用的滤波电路有电容滤波电路、电感滤波电路和复式滤波电路三种，下面分别进行介绍。

1. 电容滤波电路

电容滤波电路是最常见、最简单的滤波电路，它由滤波电容 C 与负载 R_L 并联而成，可利用滤波电容的充放电来过滤输出电压中的脉动成分。如图 4-18 所示为单相桥式整流电容滤波电路。

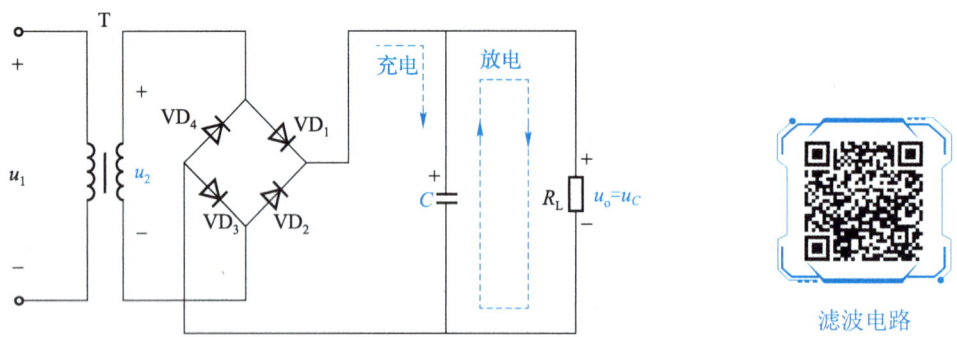

图 4-18 单相桥式整流电容滤波电路

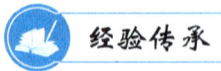 经验传承

> 滤波电容一般采用电解电容，在接线时需要注意该电容的正、负极性。

1) 工作原理

在单相桥式整流电容滤波电路中，当 u_2 在正半周且 $u_2 > u_C$（电容两端电压）时，VD_1、VD_3 正向导通，u_2 给 R_L 供电的同时对 C 充电；当充到最大电压（即 $u_C = U_m$）时，u_C 和 u_2 都开始减小，u_2 按正弦规律减小。当 u_2 在正半周且 $u_2 < u_C$ 时，VD_1、VD_3 因承受反

向电压而截止，C 对 R_L 放电，u_C 按指数规律减小。

u_2 在负半周时的情况与在正半周时的相似，只是当 $|u_2| > u_C$ 时，VD_2、VD_4 正向导通。经滤波后 u_o 的脉动显著减小，其输出波形如图 4-19 所示。

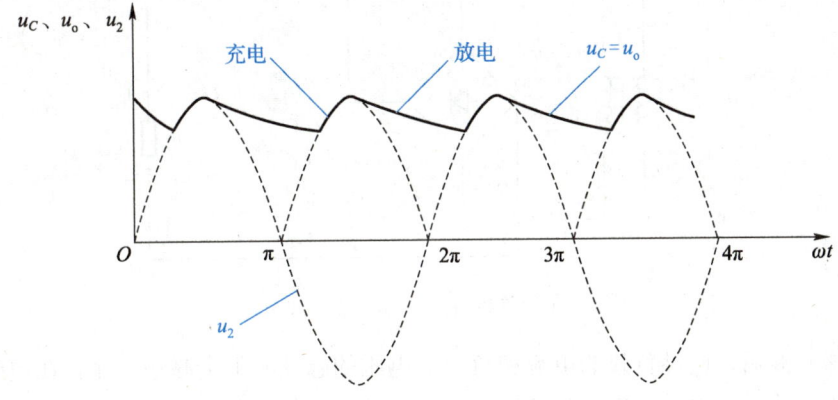

图 4-19　单相桥式整流电容滤波电路的输出波形

2）负载上电压的计算

采用电容滤波时，输出电压的平均值一般用以下公式估算，即

$$U_o = 1.2 U_2 \quad （桥式、全波） \tag{4-9}$$

$$U_o = U_2 \quad （半波） \tag{4-10}$$

3）滤波电容的选择

滤波电容的放电时间常数（$\tau = R_L C$）越大，则放电过程越慢，输出电压越高、脉动越小，即滤波效果越好。一般要求

$$\tau = R_L C \geqslant (3 \sim 5)\frac{T}{2} \quad （桥式、全波） \tag{4-11}$$

$$\tau = R_L C \geqslant (3 \sim 5)T \quad （半波） \tag{4-12}$$

式中：

T——交流电源电压的周期。

电容滤波电路适用于要求输出电压较高、负载电流较小，并且负载较为稳定的场合。

2. 电感滤波电路

电感滤波电路由电感 L 和负载 R_L 串联而成，它利用电感对交流电压阻抗大的特点来过滤输出电压中的脉动成分，从而使 R_L 得到平稳的电压。如图 4-20 所示为单相桥式整流电感滤波电路。

在单相桥式整流电感滤波电路中，当通过电感的电流增大时，电感产生的自感电压与电流的方向相反，电感将阻止电流的增加，并将一部分电能转换为磁场能存储起来；当通过电感的电流减小时，电感产生的自感电压与电流的方向相同，电感释放出存储的磁场能，以补偿电流，从而使 R_L 得到平稳的电压。电感的工作频率越高、电感越大，滤波效果越好。当忽略电感线圈的电阻时，负载上的直流电压 $U_o \approx 0.9 U_2$。

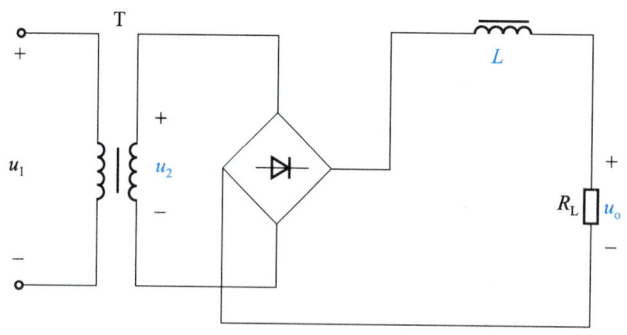

图 4-20　单相桥式整流电感滤波电路

经电感滤波后，通过负载的电流和负载上电压的脉动不但会减小，而且在电感产生的自感电压的作用下，整流二极管的冲击电流也会减小，从而延长整流二极管的寿命。电感滤波电路的缺点是体积大，易产生电磁干扰。电感滤波电路一般适用于低电压、大电流的场合。

笔记

任务 4.3　认识稳压电路

任务引入

虽然交流电经整流和滤波后能够得到较为平稳的直流电,但是这种直流电会随电网电压的波动和负载的变化而变化,稳定性较差。因此,需要一种稳压电路,使输出电压在电网电压波动或负载变化时能够基本稳定在某一数值。

如图 4-21 所示为集成直流稳压电源测试电路。请选择合适的工具和器材,对该集成直流稳压电源进行测试。

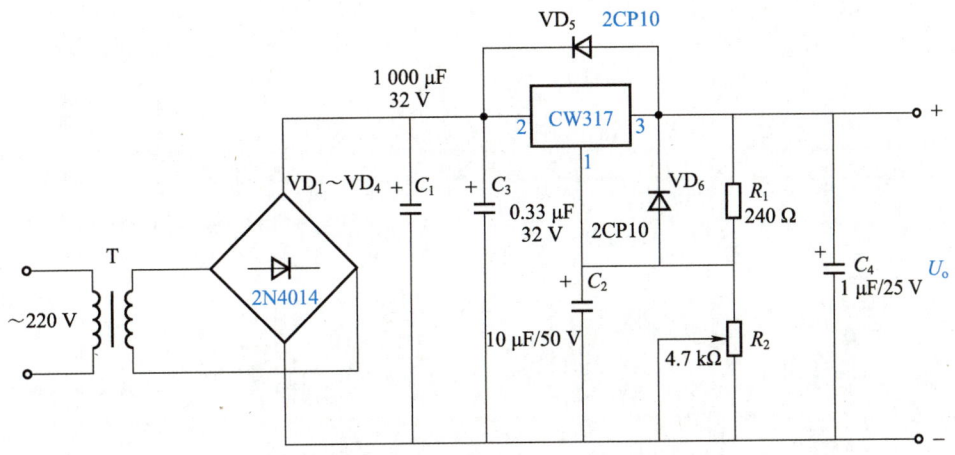

图 4-21　集成直流稳压电源测试电路

本任务的知识与技能要求如表 4-9 所示。

表 4-9　知识与技能要求

任务内容	认识稳压电路	学习程度		
		识记	理解	应用
学习任务	稳压管稳压电路		●	
	三端集成稳压器		●	
实训任务	测试集成直流稳压电源			●
自我勉励				

任务工单——测试集成直流稳压电源

1. 知识准备

直流稳压电路一般由电源变压器、整流滤波电路和稳压电路等组成。其中，CW317型三端集成稳压器是直流稳压电路常用的可调式稳压器件。CW317型三端集成稳压器的引脚如图4-22所示。

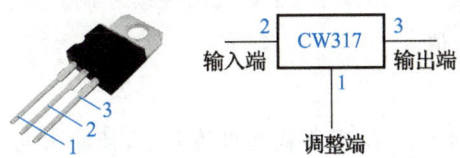

图4-22　CW317型三端集成稳压器的引脚

在如图4-21所示的电路中，整流二极管$VD_1 \sim VD_4$和电源变压器T组成了单相桥式整流电路；CW317型三端集成稳压器引脚1和引脚3之间为1.25 V的基准电压，它可使R_1和R_2上产生几毫安的电流；R_1和R_2为取样电阻，调节R_2的电阻即可调整引脚1（调整端）的电位，从而调整U_o的大小（R_2的电阻越大，U_o越大）；VD_5和VD_6分别用于防止输出端和输入端短路；各电容用于滤波。

2. 工具和器材准备

准备任务实施所需的工具和器材，补全表4-10。

表4-10　工具和器材清单

名称	规格	型号	数量	名称	规格	型号	数量
电源变压器	220 V/18 V，5 A		1台	电容	1 000 μF，32 V		1个
数字万用表			1台	电容	10 μF，50 V		1个
万能实验板			1个	电容	1 μF，25 V		1个
电烙铁			1个	电容	0.33 μF，32 V		1个
三端集成稳压器		CW317	1个	电位器	4.7 kΩ		1个
整流二极管		2N4014	4支	电阻	240 Ω		1个
整流二极管		2CP10	2支	导线			

3. 任务实施

1) 连接电路

如图4-21所示在万能实验板上连接电路。

2）通电检查

观察电路有无烧焦、放电火花等异常现象。如有异常应立即切断电源，查明原因、排除故障后再接通电源。若电路正常，则用数字万用表的交流电压检测挡测量电源变压器 T 的电压。其中，一次电压应为 220 V 左右，二次电压应为 18 V 左右。用直流电压检测挡测量整流滤波后的直流输出电压应为 22 V 左右。

3）测试输出电压

调节电阻 R_2，则 U_o 应在 1.25 V 和 22 V 之间连续可调。若 U_o 的调节范围达不到要求，则应重新调整 R_1 和 R_2 的阻值。

4）测试输出电流

调节电阻 R_2，使 U_o = 4.5 V，改变负载电阻的大小，使输出电流分别为 100 mA 和 1.5 A，此时 CW317 型三端集成稳压器、电源变压器等应无异常现象发生。

 创想天地

> 在连接电路时，四个整流二极管和滤波电容 C_1 的极性不能接反，否则可能会烧毁 CW317 型三端集成稳压器，甚至烧毁电源变压器。任何生产活动都要以安全为前提，请查阅资料，搜集、整理安全生产相关法律法规和企业安全生产制度。

4．任务评价

请指导教师按照学生的实际表现情况进行评分，并将评分结果填入表 4-11 中。

表 4-11　考核评价表

评价项目	评价标准	满分/分	实际得分/分	教师评语
技能操作	正确连接集成直流稳压电源测试电路	20		
	正确进行通电检查	20		
	正确测试输出电压	20		
	正确测试输出电流	20		
参与程度	认真参加活动，积极思考，主动与同学、指导教师进行交流，善于发现和解决问题	10		
合作意识	积极参与探讨，勇于接受任务，敢于承担责任	10		
总分		100		

相关知识

4.3.1 稳压管稳压电路

稳压管稳压电路是最简单的直流稳压电路,它由稳压管 D_Z 和限流电阻 R 组成,如图 4-23(a)所示。稳压管是一种特殊的面接触型半导体硅二极管,它在正常工作时处于反向击穿状态,但其反向击穿后的伏安特性曲线很陡,几乎平行于纵轴,如图 4-23(b)所示。基于这一特性,当电流在很大范围内变化时,稳压二极管两端的电压也能保持稳定,从而在电路中起到稳压的作用。

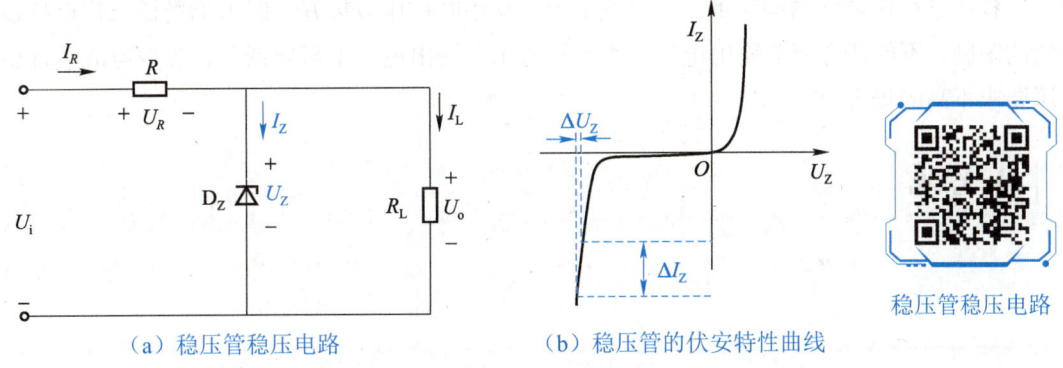

(a)稳压管稳压电路　　　　(b)稳压管的伏安特性曲线

图 4-23　稳压管稳压电路及稳压管的伏安特性曲线

稳压管稳压电路

1. 工作原理

在稳压管稳压电路中,当负载电阻 R_L 不变、输入电压 U_i 增大时,U_o 将随之增大,即 U_Z($U_Z = U_o = U_i - U_R$)增大。此时,由稳压管的伏安特性曲线可知,通过稳压管的电流 I_Z 会显著增大,结果使通过限流电阻 R 的电流 I_R($I_R = I_Z + I_L$)增大,并使限流电阻 R 上的电压降增大,从而抵消了 U_i 的增大,使负载电压 U_o 的数值保持基本不变。

上述稳压过程可表示为

$$U_i \uparrow \to U_o \uparrow (U_Z \uparrow) \to I_Z \uparrow \to I_R \uparrow \to U_R \uparrow \to U_o \downarrow$$

同理,如果输入电压 U_i 减小,限流电阻 R 上的电压降减小,其工作过程与上述过程相反,输出电压 U_o 仍将保持基本不变。

当输入电压 U_i 不变、负载电阻 R_L 增大时,即负载电流 I_L 减小时,稳压过程可表示为

$$R_L \uparrow \to I_L \downarrow \to I_R \downarrow \to U_R \downarrow \to U_o \uparrow (U_Z \uparrow) \to I_Z \uparrow \to I_R \uparrow \to U_R \uparrow \to U_o \downarrow$$

同理,如果负载电阻减小,则稳压过程相反。

由上述可知,稳压管稳压电路利用稳压管对电流进行调节,通过限流电阻 R 上电压的变化对输出电压 U_o 进行补偿,从而达到稳压的目的。

2. 元件的选择

（1）稳压管一般按下式选取。

$$\begin{cases} U_i = (2\sim3)U_o \\ U_Z = U_o \\ I_{Zmax} - I_{Zmin} > I_{Lmax} - I_{Lmin} \end{cases} \quad (4\text{-}13)$$

（2）限流电阻的大小受其他参数（如输入电压 U_i、负载电流 I_L、最大稳定电流 I_{Zmax}、最小稳定电流 I_{Zmin} 等）因素的影响，一般按下式选取。

$$\frac{U_{imax} - U_Z}{I_{Zmax} + I_{Lmin}} < R < \frac{U_{imin} - U_Z}{I_{Zmin} + I_{Lmax}} \quad (4\text{-}14)$$

稳压管稳压电路结构简单，当负载电流变动小时稳压效果好，但由于受稳压管自身参数的限制，不能任意调节输出电压，因此只适用于输出电压不需要调节、负载电流小且稳压要求不高的场合。

4.3.2 三端集成稳压器

集成稳压器因体积小、可靠性高、价格低廉等优点而得到了广泛的应用。集成稳压器的种类繁多，其中应用较为广泛的是三端式集成稳压器，它因有 3 个引脚而得名。

三端固定式集成稳压器的应用

根据性能的不同，三端集成稳压器可分为三端固定式集成稳压器和三端可调式集成稳压器两种。前者的输出电压为固定值，不能调节；后者可通过外接电路对其输出电压进行连续调节。

下面以 CW7800（固定输出正压）系列、CW7900（固定输出负压）系列和 CW317（可调输出正压）系列、CW337（可调输出负压）系列为例，分别介绍三端固定式集成稳压器和三端可调式集成稳压器的相关知识。

1. 三端固定式集成稳压器

1）外形和图形符号

CW7800 系列和 CW7900 系列三端固定式集成稳压器的外形和图形符号如图 4-24 所示。它们均有输入端、输出端和公共地端 3 个引脚。

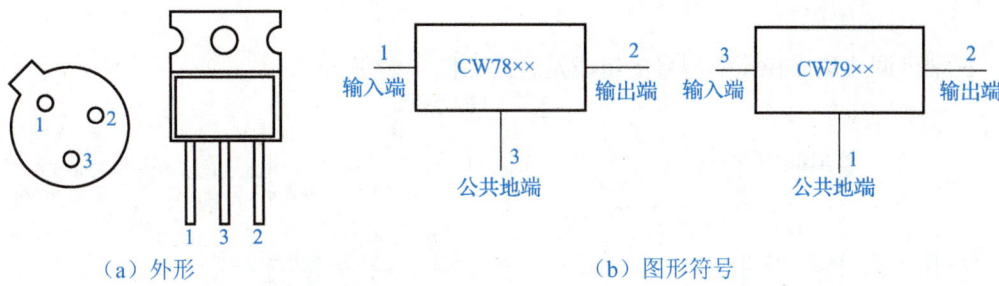

(a) 外形   (b) 图形符号

图 4-24　CW7800 系列和 CW7900 系列三端固定式集成稳压器的外形和图形符号

2）型号的组成及含义

三端固定式集成稳压器型号的组成及含义如图 4-25 所示。

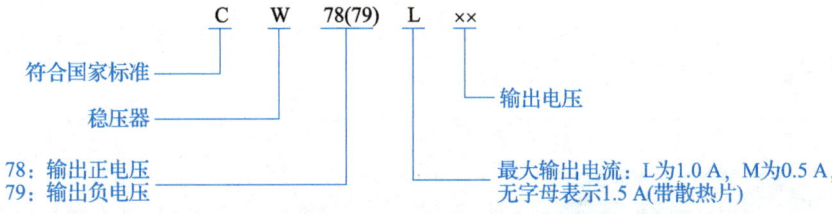

图 4-25　三端固定式集成稳压器型号的组成及含义

CW7800 和 CW7900 系列三端固定式集成稳压器的输出电压主要有 ±5 V、±6 V、±9 V、±12 V、±15 V、±18 V、±24 V 等，最大输出电流主要有 0.1 A、0.5 A、1 A、1.5 A 等。CW7815 型三端固定式集成稳压器的主要参数如表 4-12 所示。

表 4-12　CW7815 型三端固定式集成稳压器的主要参数

输出电压	最大输入电压	最小输入输出压差	最大输出电流	输出电阻	电压变化率
15 V	35 V	2～3 V	1.5 A	0.03～0.15 Ω	0.1%～0.2%

2. 三端可调式集成稳压器

1）外形和图形符号

CW317 系列和 CW337 系列三端可调式集成稳压器的外形和图形符号如图 4-26 所示。它们有输入端、输出端和调整端 3 个引脚。

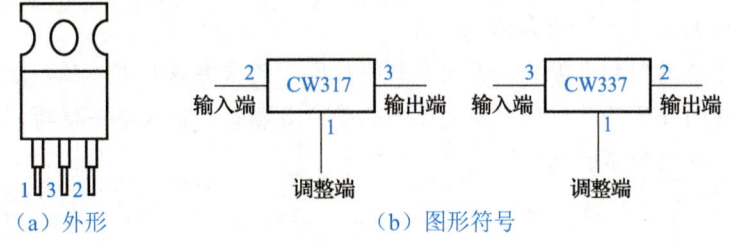

图 4-26　CW317 系列和 CW337 系列三端可调式集成稳压器的外形和图形符号

2）型号的组成及含义

三端可调式集成稳压器型号的组成及含义如图 4-27 所示。

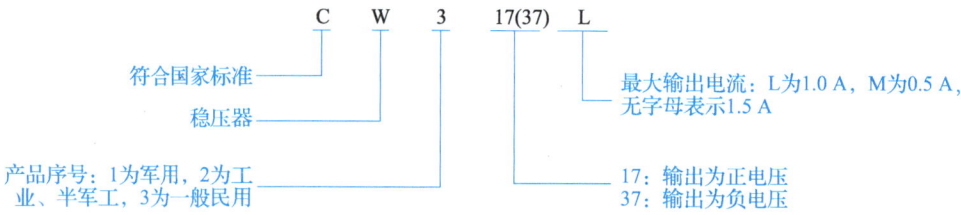

图 4-27　三端可调式集成稳压器型号的组成及含义

 笔记

砥节砺行

王守武：中国半导体事业的拓荒者

半导体器件物理学家、中科院院士王守武，被誉为中国半导体研究的"拓荒者"，在研究与开拓中国半导体材料、半导体器件、光电子器件及大规模集成电路等方面做出了重要贡献。

1950 年，已经在美国取得教职的王守武带着妻女毅然返回祖国，在中科院应用物理研究所扎下根来。王守武回国前并未联系国内的工作单位，从事机电专业研究的他按照国家的需要转向了半导体研究，"当时只想为祖国做点贡献，哪里需要就到哪里去。中科院让我去，我就去了。"王守武回忆说。之后，王守武领导应用物理研究所半导体科研团队在半导体器件的研制方面取得了一系列成果：研制成功中国第一根锗单晶，研制成功锗合金结晶体管和金键二极管，拉制成功掺杂的锗单晶并完成中国锗单晶的实用化，拉制成功中国第一根硅单晶并实现中国硅单晶的实用化，成功研制中国第一支锗合金扩散高频晶体管，参与研制成功中国第一台大型晶体管计算机……

在几十年的科研生涯中，王守武始终把国家的需要放在第一位，他用正直的品德、严谨的作风及对科研事业无比的热爱，激励着年轻人奋斗拼搏，书写着中华民族伟大复兴的华丽篇章。

（资料来源：http://stdaily.com/zhuanti/ysrdxs/2021-12/04/content_1236416.shtml，有改动）

综合测试

1. 填空题

（1）PN 结具有单向导电性，即正偏时，PN 结的电阻很小，呈_____状态；反偏时，PN 结的电阻很大，呈_____状态。

（2）_____是指二极管在工作时所允许的最大反向偏置电压。若反向偏置电压超过此值，则二极管可能会被击穿。

（3）整流电路的作用是_____。_____是直流稳压电源中最常用的一种单相全波整流电路。

（4）在单相桥式整流电路中，两对整流二极管交替导通，它们仅在电压 u_2 的半个周期内通过电流，因此每个整流二极管的最大整流电流 I_D 为_____。

（5）常用的滤波电路有_____、_____和_____三种。

（6）最简单的直流稳压电路是_____，它由_____和_____组成。

（7）根据性能的不同，三端集成稳压器可分为_____和_____两种。前者的输出电压为固定值，不能调节；后者可通过外接电路对其输出电压进行连续调整。

2. 解答题

（1）试说明如图 4-28 所示电路输出电压的大小和极性（忽略二极管的正向电压降）。

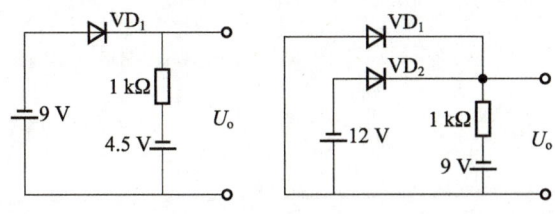

图 4-28　题（1）图

（2）如图 4-29 所示为某型直流稳压电源的整流电路。

① 分别标出 u_{o1} 和 u_{o2} 对地的极性。

② u_{o1} 和 u_{o2} 对应的电路是单相半波整流电路还是单相全波整流电路？

③ 当 $U_{21} = U_{22} = 20\text{ V}$ 时，直流电压 U_{o1} 和 U_{o2} 各是多少？

④ 当 $U_{21} = 18\text{ V}$，$U_{22} = 22\text{ V}$ 时，试绘制 u_{o1}、u_{o2} 的波形，并求出直流电压 U_{o1} 和 U_{o2} 各是多少？

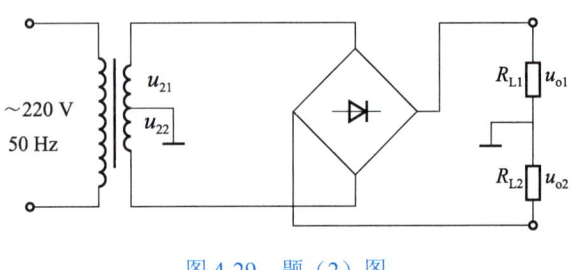

图 4-29 题（2）图

（3）已知负载电阻 $R_L = 80\ \Omega$，负载电压 $U_o = 110\ V$，现采用单相桥式整流电路，交流电源电压为 220 V。试计算电源变压器副边电压 U_2、负载电流 I_o、整流二极管电流 I_D 和整流二极管所承受的最大反向工作电压 U_{DM}。

（4）如图 4-30 所示为稳压管稳压电路，已知稳压管的稳定电压为 6 V，最小稳定电流为 5 mA，最大允许耗散功率为 240 mW，输入电压为 20～24 V，$R_1 = 360\ \Omega$。试求：① 为保证空载时稳压管能够安全工作，R_2 的阻值应为多少？② 当 R_2 选定后，负载电阻允许的变化范围是多少？

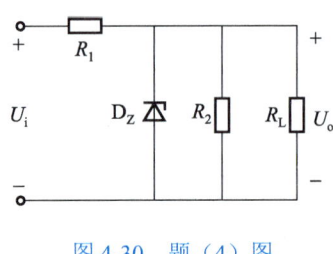

图 4-30 题（4）图

学习成果评价

指导教师根据学生对本项目的实际学习成果对其进行评价,学生配合指导教师共同完成如表 4-13 所示的学习成果评价表。

表 4-13　学习成果评价表

班级		组号		日期	
姓名		学号		指导教师	
学习成果/项目名称		二极管及其应用			
评价项目	评价内容		评价方式	满分/分	评分/分
知识 40%	半导体的基本特性、分类和 PN 结		理论测试	6	
	二极管的结构、伏安特性和主要参数			6	
	单相半波整流电路和单相桥式整流电路			6	
	电容滤波电路和电感滤波电路			6	
	稳压管稳压电路			6	
	三端固定式集成稳压器			5	
	三端可调式集成稳压器			5	
技能 40%	测试二极管的伏安特性		实践操作	12	
	调试整流滤波电路			14	
	测试集成直流稳压电源			14	
素养 20%	积极参加教学活动,主动学习、思考、讨论		综合评判	6	
	认真负责,按时完成学习、实践任务			4	
	团结协作,与组员之间密切配合			4	
	服从指挥,遵守课堂和实训室纪律			4	
	守正创新,自信自强			2	
合计				100	
自我评价					
教师评价					

项目 5 三极管及其应用

项目导读

三极管是基本的半导体元件之一，它具有电流放大作用，可与其他电路元器件组成多种放大电路。放大电路可以把微弱的输入信号放大成振幅较大的输出信号，它在生活中的应用随处可见，电视机机顶盒、收音机、手机、路由器等电器的内部均使用了放大电路。

本项目主要介绍三极管、放大电路和集成运放的基本知识。

知识目标

- 掌握三极管的结构、电流放大作用、伏安特性和主要参数
- 掌握共发射极放大电路、分压偏置放大电路、共集电极放大电路的结构和分析方法
- 掌握多级放大电路和功率放大电路的工作原理
- 掌握反馈的分类和负反馈放大电路的基本类型
- 掌握集成运放的结构、性能指标和工作特性
- 掌握集成运放的典型应用

技能目标

- 能够正确测试三极管的伏安特性
- 能够正确调试基本放大电路
- 能够正确测试集成运放的性能指标

素质目标

- 弘扬爱国奋斗精神，树立建功立业信念
- 厚植民族自豪感和科技自信心

任务 5.1 认识三极管

任务引入

三极管通常由 1 个管体和 3 个引脚构成,如图 5-1(a)所示。其中,3 个引脚分别为基极 B、集电极 C 和发射极 E。根据半导体组合方式的不同,三极管可分为 NPN 型和 PNP 型两种,其图形符号如图 5-1(b)所示。三极管具有电流放大作用,它是放大电路的核心元件。

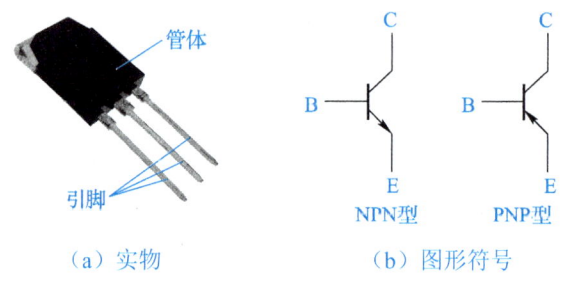

(a)实物　　　　　　　(b)图形符号

图 5-1　三极管

请选择合适的工具和器材,对三极管进行测试,判断三极管的类型及其引脚的极性,并绘制三极管的伏安特性曲线。本任务的知识与技能要求如表 5-1 所示。

表 5-1　知识与技能要求

任务内容	认识三极管	学习程度		
		识记	理解	应用
学习任务	三极管的结构和电流放大作用	●		
	三极管的伏安特性		●	
	三极管的主要参数		●	
实训任务	测试三极管的伏安特性			●
自我勉励				

任务工单——测试三极管的伏安特性

1. 知识准备

三极管集电极 C 和发射极 E 之间的部分可看作两个反向串联的 PN 结，这两个电极之间的正向电阻和反向电阻都很大。因此，可在三极管的 3 个引脚中任选 2 个，用数字万用表分别测量它们之间的电阻，并对调红、黑表笔再次测量它们之间的电阻，根据所测电阻的大小即可判断三极管的类型和引脚的极性。

三极管的伏安特性分为输入特性和输出特性两部分。对于 NPN 型三极管，其伏安特性可通过如图 5-2 所示的电路进行测试。

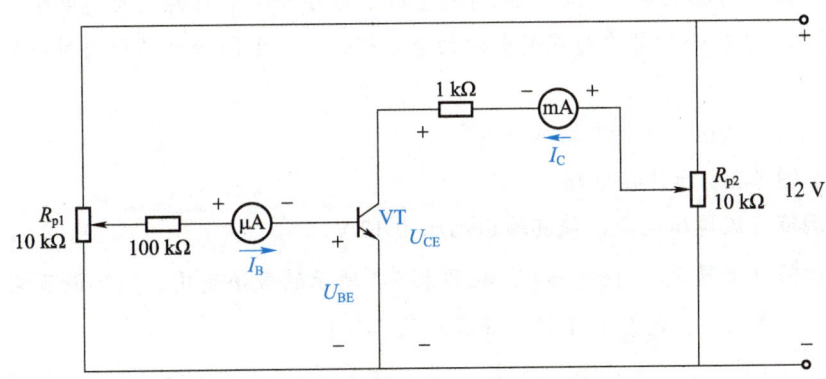

图 5-2 三极管伏安特性测试电路

在图 5-2 中，当调节电位器 R_{p1} 时，三极管基极 B 与发射极 E 之间的电压 U_{BE} 将发生变化，基极电流 I_B 将随之发生变化，I_B 随 U_{BE} 变化的曲线即该三极管的输入特性曲线。当调节电位器 R_{p2} 时，集电极 C 与发射极 E 之间的电压 U_{CE} 将发生变化，集电极电流 I_C 将随之发生变化，I_C 随 U_{CE} 变化的曲线即该三极管的输出特性曲线。

2. 工具和器材准备

准备任务实施所需的工具和器材，补全表 5-2。

表 5-2 工具和器材清单

名称	规格	型号	数量	名称	规格	型号	数量
直流稳压电源			1 台	电阻	100 kΩ		1 个
数字万用表			1 台	电位器	10 kΩ		2 个
毫安表			1 台	二极管		3DG6	1 个
微安表			1 台	导线			
电阻	1 kΩ		1 个				

3. 任务实施

1）判断三极管的类型并确定其引脚的极性

（1）将数字万用表置于 $R×2k$ 挡，在三极管的 3 个引脚中任选 2 个，分别测量它们之间的电阻。若所测电阻很大，则对调数字万用表的红、黑表笔再测量一次。若所测电阻仍然很大，则剩下的那个引脚便是基极。若两次测得的电阻一大一小，则基极一定是这两个引脚中的一个，此时需要重新选择引脚进行测量，直至确定三极管的基极。

（2）三极管的基极确定之后，将数字万用表的红表笔接基极，黑表笔分别接另外两个引脚，若所测电阻均较小（几千欧以下），则该三极管为 NPN 型三极管；若所测电阻均很大（几百千欧以上），则该三极管为 PNP 型三极管。

（3）三极管的基极确定之后，分别测量基极与另外两个引脚之间的电阻。在这两次测量中，所测电阻较小的那次对应的引脚为集电极，所测电阻较大的那次对应的引脚为发射极。

2）用逐点法测试三极管的输入特性

（1）如图 5-2 所示连接电路。

（2）调节直流稳压电源，使其输出电压为 12 V。

（3）调节电位器 R_{p1}，使电压 U_{BE} 按照表 5-3 所示的数值变化，然后调节电位器 R_{p2}，使 $U_{CE}=1\text{ V}$。读取微安表 I_B 的示数，并填入表 5-3 中。

表 5-3　三极管输入特性测试数据

U_{BE}/V	0	0.1	0.2	0.3	0.4	0.5	0.6	0.65	0.7
I_B/μA									

3）用逐点法测试三极管的输出特性

调节电位器 R_{p1}，使 I_B 按照表 5-4 所示的数值变化，同时调节电位器 R_{p2}，使 U_{CE} 也按照表 5-4 所示的数值变化。读取毫安表 I_C 的示数，并填入表 5-4 中。

表 5-4　三极管输出特性测试数据

	U_{CE}/V	0	0.2	0.4	0.5	0.6	0.7	1	2	4	6
I_C/mA	$I_B=0$										
	$I_B=20\text{ μA}$										
	$I_B=40\text{ μA}$										
	$I_B=60\text{ μA}$										

4)绘制三极管的伏安特性曲线

根据表 5-3 和表 5-4 的测试数据,分别在图 5-3 和图 5-4 中绘制三极管的输入特性曲线和输出特性曲线。

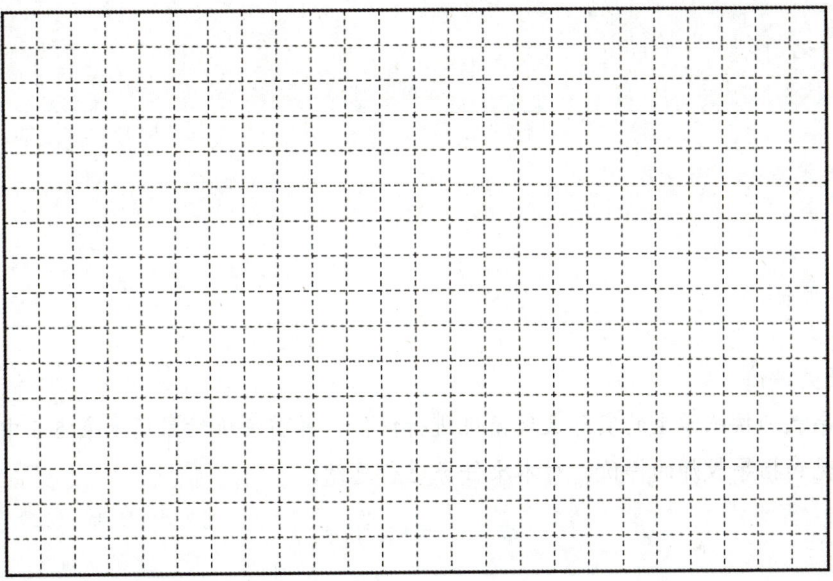

图 5-3 三极管的输入特性曲线

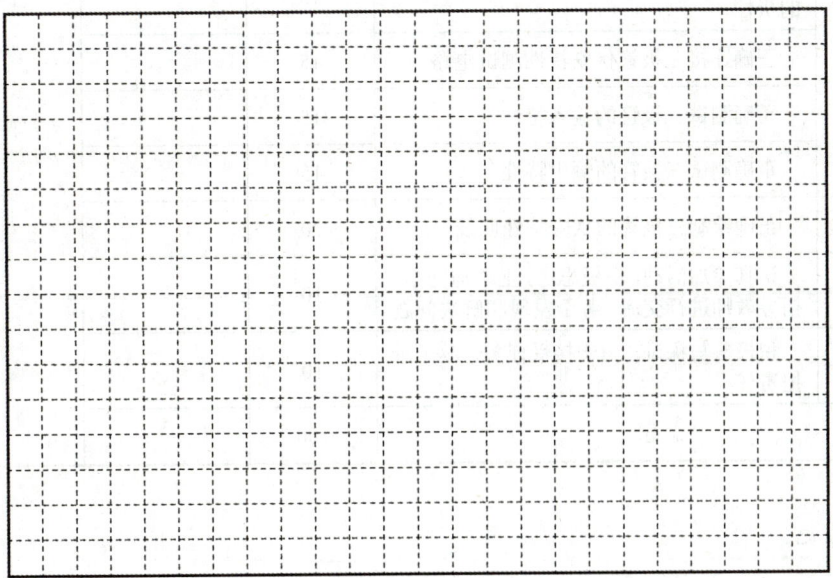

图 5-4 三极管的输出特性曲线

创想天地

根据三极管的伏安特性,分析三极管都有哪些应用场合。

笔记

4. 任务评价

请指导教师按照学生的实际表现情况进行评价,并将评价结果填入表 5-5 中。学生结合自身表现和指导教师的评价,对本次任务进行总结。

表 5-5 考核评价表

评价项目	评价标准	满分/分	实际得分/分	教师评语
技能操作	正确判断三极管的类型并确定其引脚的极性	15		
	正确连接三极管伏安特性测试电路	15		
	正确测试三极管的输入特性	15		
	正确测试三极管的输出特性	15		
	正确绘制三极管的伏安特性曲线	20		
参与程度	认真参加活动,积极思考,主动与同学、指导教师进行交流,善于发现和解决问题	10		
合作意识	积极参与探讨,勇于接受任务,敢于承担责任	10		
总分		100		

笔记

项目 5　三极管及其应用

相关知识

5.1.1　三极管的结构和电流放大作用

1. 三极管的结构

三极管是基本半导体元件之一，它因具有电流放大作用而广泛应用于各种放大电路中。如图 5-5 所示为三极管的结构，它由三层不同性质的半导体组合而成。根据半导体组合方式的不同，三极管可分为 NPN 型和 PNP 型两种。

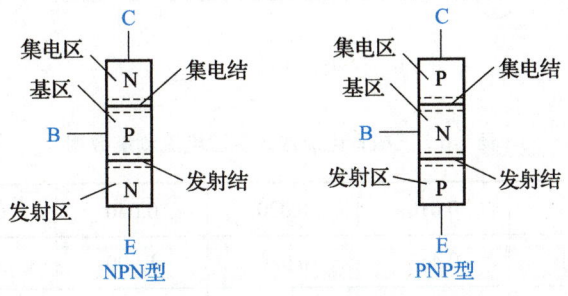

图 5-5　三极管的结构

无论是 NPN 型三极管还是 PNP 型三极管，它们均有 3 个区，即基区、集电区和发射区。这 3 个区分别引出 3 个引脚，即基极 B、集电极 C 和发射极 E。这 3 个区的交界处有两个 PN 结，即集电结和发射结。

2. 三极管的电流放大作用

三极管的电流放大作用是由其内部载流子从发射区到集电区的运动体现出来的。为了保证载流子能够做这样的定向运动，三极管除了需要满足一定的内部结构条件之外，还需要保证外加电源的极性，使发射结正偏，使集电结反偏。

点　拨

> 三极管图形符号中的箭头表示当发射结正偏时，发射极中电流的实际方向。

三极管的电流放大作用可通过如图 5-6 所示的三极管电流放大实验电路来分析。在该电路中，将电源 U_{BB} 的正、负极分别接三极管的基极 B 和发射极 E，将电源 U_{CC} 的正、负极分别接三极管的集电极 C 和发射极 E，这样就可以在三极管的发射结施加正向偏置电压，在集电结施加反向偏置电压。此时，调节电位器 R_P，则基极 B 中的电流 I_B、集电极 C 中的电流 I_C 和发射极 E 中的电流 I_E 都将发生变化，它们的测量数据如表 5-6 所示。

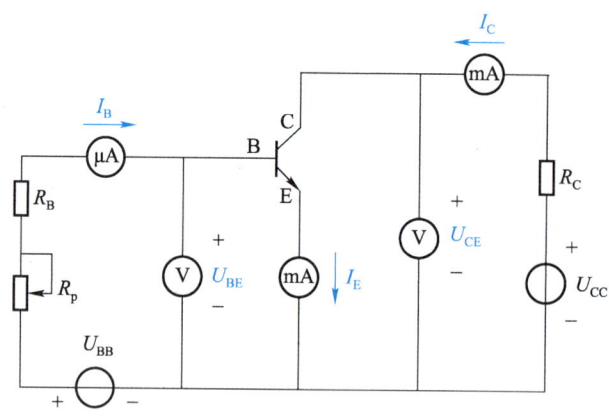

图 5-6 三极管电流放大实验电路

表 5-6 三极管电流放大实验电流测量数据

I_B/mA	0	0.010	0.020	0.040	0.060	0.080
I_C/mA	0.001	0.485	0.980	1.990	2.995	3.995
I_E/mA	0.001	0.495	1.000	2.030	3.055	4.075

由表 5-6 可得出以下结论。

(1) 三极管各电极电流的关系满足 $I_E = I_B + I_C$,其中 $I_E \approx I_C \gg I_B$。该结果符合基尔霍夫电流定律,即流进三极管的电流等于流出三极管的电流。

(2) I_C 与 I_B 的比值基本为定值,当 I_B 增大时,I_C 基本上也成比例地增大。该比值称为直流电流放大系数,用 $\bar{\beta}$ 表示。$\bar{\beta}$ 可以表征三极管的直流电流放大能力。

(3) ΔI_C 和 ΔI_B 的比值基本为定值,I_B 的较小变化可使 I_C 出现较大变化。该比值称为交流电流放大系数,用 β 表示。β 可以表征三极管的交流电流放大能力。

5.1.2 三极管的伏安特性

三极管的伏安特性分为输入特性和输出特性两部分,它们均可通过伏安特性曲线来分析,下面以如图 5-6 所示的电路为例进行介绍。

三极管的伏安特性

1. 输入特性

当 U_{CE} 为常数时,输入电路(基极电路)中 I_B 与 U_{BE} 之间的关系曲线即输入特性曲线,如图 5-7 所示。

当 $U_{CE} = 0$ V 时,集电极与发射极短接,三极管相当于两个二极管并联,U_{BE} 即外加在并联二极管上的正向偏置电压,三极管的输入特性曲线与二极管的正向特性曲线相似。

当 $U_{CE} \geqslant 1$ V 时,三极管的输入特性曲线右移,这是因为此时集电结已反偏,其内电场已足够大,可以把从发射区进入基区的绝大部分电子收集至集电区。由于此时即使 U_{CE} 再增加，只要 U_{BE} 不变，I_B 也不再明显减小，因此三极管的输入特性曲线可近似合为一条曲线。在相同的 U_{BE} 下，$U_{CE} \geqslant 1\text{ V}$ 时的 I_B 比 $U_{CE}=0$ 时的小。

点　拨

> 　　三极管也存在阈值电压，只有当发射结外加电压大于阈值电压时，三极管才会产生基极电流。一般情况下，硅三极管的阈值电压约为 0.6 V，锗三极管的阈值电压约为 0.2 V。

2. 输出特性

当 I_B 为常数时，输出电路（集电极电路）中的 I_C 与 U_{CE} 之间的关系曲线即输出特性曲线，如图 5-8 所示。由于在不同的 I_B 下，I_C 的变化有所不同，因此三极管的输出特性曲线是一组曲线。

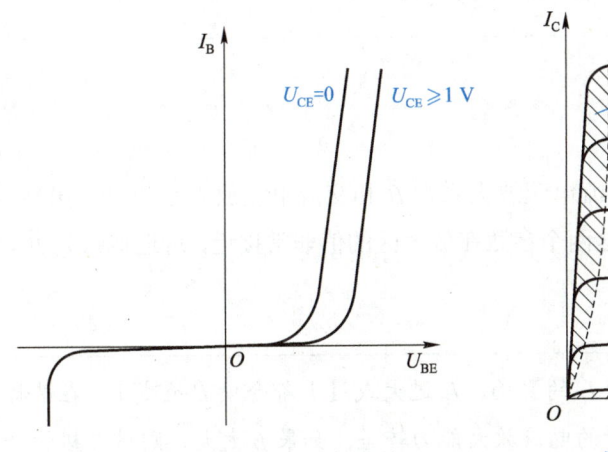

图 5-7　三极管的输入特性曲线

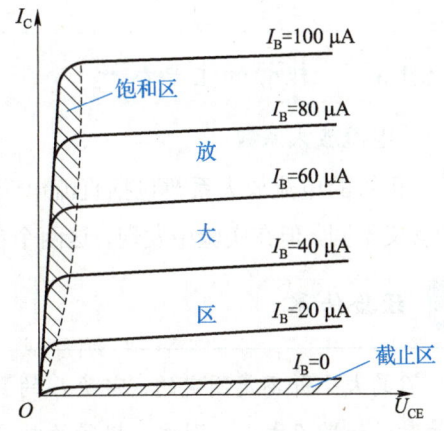

图 5-8　三极管的输出特性曲线

由图 5-8 可知，三极管的输出特性曲线可分为放大区、饱和区和截止区 3 个区域，这 3 个区域分别对应三极管 3 种不同的工作状态。

1）放大区

输出特性曲线中近于水平的区域是放大区，三极管在这个区域处于放大状态。在放大区，I_C 与 I_B 成正比关系，即 $I_C = \bar{\beta} I_B$，I_B 对 I_C 有很强的控制能力，I_C 几乎不随 U_{CE} 和负载的变化而变化。三极管处于放大状态的电压条件为：发射结正偏，集电结反偏。

2）饱和区

输出特性曲线中相对于 U_{CE} 变化较小的区域是饱和区，三极管在这个区域处于饱和状态。在饱和区，由于 I_C 与 I_B 不成正比关系，即 $I_C \neq \bar{\beta} I_B$，I_B 不能控制 I_C，因此三极管不能起电流放大作用。此时，$U_{CE} \leqslant U_{BE}$，I_C 随 U_{CE} 的增加而迅速增大。其中，$U_{CE}=U_{BE}$ 的情况称为临界饱和状态，该状态在特性曲线对应点的轨迹称为临界饱和线，此时集电极与发射极之间的电压称为饱和压降。三极管处于饱和状态的电压条件为：发射结正偏，集电结也正偏。

3）截止区

输出特性曲线中 $I_B = 0$ 对应的曲线下方区域是截止区，三极管在这个区域处于截止状态。此时，$I_B = 0$，$I_C \approx 0$，三极管不导通，同样也不能起电流放大作用。三极管处于截止状态的电压条件为：发射结反偏，集电结也反偏。

拓展升华

三极管除了具有电流放大作用之外，还具有开关作用。将三极管作为开关使用时，三极管的基极是控制极，当 I_B 较大时，三极管处于饱和状态，发射极 E 与集电极 C 之间的电阻很小，如同开关闭合；当 I_B 较小或为零时，三极管处于截止状态，发射极 E 与集电极 C 之间的电阻很大，如同开关断开。

5.1.3 三极管的主要参数

1. 电流放大系数

三极管的电流放大系数包括直流电流放大系数 $\overline{\beta}$ 和交流电流放大系数 β。虽然 $\overline{\beta}$ 和 β 的含义不同，但在实验中发现，这两个参数在放大区的值非常接近，可近似认为 $\overline{\beta} = \beta$。

经验传承

β 的大小并不是固定的，它受 I_C 的影响，I_C 过大或过小都会使 β 值减小。在选择三极管时，如果 β 太小，则该三极管的电流放大能力较差；如果 β 太大，则该三极管的工作稳定性较差。

2. 极间反向电流参数

（1）集电极-基极反向饱和电流 I_{CBO}。I_{CBO} 是指发射极的电路处于断开状态时，集电极和基极之间的反向电流。I_{CBO} 受温度的影响较大，它会随温度的升高而增大。I_{CBO} 越小，三极管的热稳定性越好。常温下，小功率硅三极管的 I_{CBO} 在 1 μA 以下，锗三极管的 I_{CBO} 一般在几微安到几十微安之间。

（2）集电极-发射极穿透电流 I_{CEO}。I_{CEO} 是指当基极的电路处于断开状态时，由集电区经基区进入发射区的电流。由于 $I_{CEO} = (1 + \overline{\beta}) I_{CBO}$，因此当温度升高时，$I_{CEO}$ 比 I_{CBO} 增大得更快。I_{CEO} 对三极管的工作影响很大，是衡量三极管质量好坏的重要参数，其值越小越好。

3. 极限参数

（1）集电极最大允许电流 I_{CM}。三极管工作在放大区时，若集电极电流超过一定值，

三极管的 β 值就会减小。三极管在 β 值减小到正常值的 2/3 时的集电极电流称为三极管的集电极最大允许电流 I_{CM}。因此,使用三极管时,若 I_C 超过 I_{CM},三极管并不一定会损坏,但是其 β 值会减小。

(2) 集电极-发射极反向击穿电压 $U_{(BR)CEO}$。$U_{(BR)CEO}$ 是指基极的电路处于断开状态时,外加在集电极和发射极之间的最大允许电压。当 U_{CE} 大于 $U_{(BR)CEO}$ 时,I_{CEO} 会骤然大幅增大,出现这种情况时说明三极管已被击穿。

(3) 集电极最大允许耗散功率 P_{CM}。集电极电流在流经集电结时会产生热量,使其温度升高,从而引起三极管的参数发生变化。当三极管因受热引起的参数变化不超过允许值时,集电极所消耗的最大功率称为集电极最大允许耗散功率 P_{CM},其计算公式为

$$P_{CM} = I_C U_{CE} \tag{5-1}$$

由 I_{CM}、$U_{(BR)CEO}$、P_{CM} 可以确定三极管的安全工作区,如图 5-9 所示。

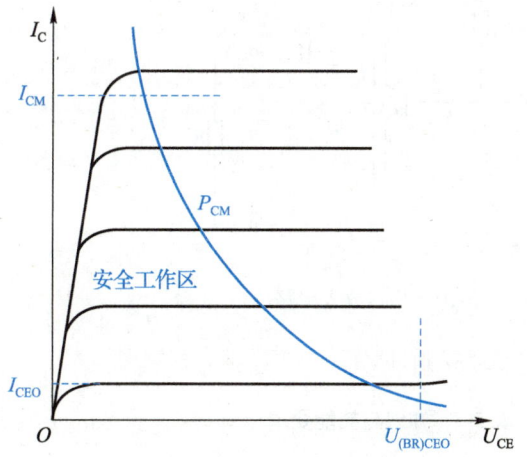

场效应管

图 5-9 三极管的安全工作区

笔 记

任务 5.2 认识放大电路

任务引入

在科学实验和生产应用中,从传感器获取的信号通常较为微弱,只有将其放大才能加以应用,这就需要通过放大电路来实现。为了保证放大电路正常工作,通常需要将放大电路设置在最佳静态工作点。请选择合适的工具和器材,连接如图 5-10 所示的基本放大电路,将其调至最佳静态工作点,并测量其电压放大倍数。

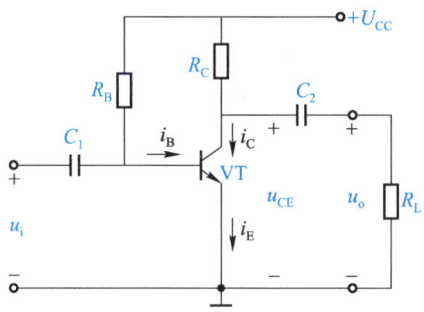

图 5-10 基本放大电路

本任务的知识与技能要求如表 5-7 所示。

表 5-7 知识与技能要求

任务内容	认识放大电路	学习程度		
		识记	理解	应用
学习任务	共发射极放大电路	●		
	分压偏置放大电路和共集电极放大电路		●	
	多级放大电路和功率放大电路		●	
实训任务	调试基本放大电路			●
自我勉励				

任务工单——调试基本放大电路

1. 知识准备

在如图 5-10 所示的电路中，NPN 型三极管 VT 为电路的核心元件，输入电压 u_i 加在 VT 的基极和发射极之间，输出电压 u_o 从 VT 的集电极和发射极之间输出，这种基本放大电路称为共发射极放大电路。其中，直流稳压电源 U_{CC} 为共发射极放大电路提供直流电，通过电阻 R_B 为 VT 的发射结提供正偏电压，通过电阻 R_C 为 VT 的集电结提供反偏电压，从而使 VT 工作在放大区；电容 C_1 和 C_2 分别用来把 u_i 与共发射极放大电路之间、共发射极放大电路与 u_o 之间的直流电隔开。

任何放大电路都要从静态和动态两个方面来分析。静态是指放大电路没有交流输入信号时的直流工作状态。共发射极放大电路处于静态时，三极管基极电流 I_B、集电极电流 I_C 和集电极-发射极电压 U_{CE} 等直流分量可用 I_{BQ}、I_{CQ} 和 U_{CEQ} 表示，它们的值可按以下公式估算，即

$$I_{BQ} \approx \frac{U_{CC}}{R_B}, \quad I_{CQ} = \beta I_{BQ}, \quad U_{CEQ} = U_{CC} - I_{CQ}R_C$$

I_{BQ}、I_{CQ} 和 U_{CEQ} 在三极管伏安特性曲线上可确定为一个点，这个点称为静态工作点，用 Q 表示。将共发射极放大电路调至最佳静态工作点，可防止其在放大交流信号时出现失真。对共发射极放大电路进行调试时，可对其输入一个具有特定频率的正弦交流信号，通过调节基极电流 i_B（可在 R_B 上串联 1 个电位计 R_p，通过调整 R_p 来实现）使输出电压的波形最大且不失真，从而将基本放大电路调至最佳静态工作点。

电压放大倍数是输出电压与输入电压的比值，它是基本放大电路的主要性能指标之一，其计算公式为

$$A_u = \frac{u_o}{u_i}$$

笔记

2. 工具和器材准备

准备任务实施所需的工具和器材，补全表 5-8。

表 5-8　工具和器材清单

名称	规格	型号	数量	名称	规格	型号	数量
直流稳压电源	12 V		1 台	电阻	3.3 kΩ		1 个
数字万用表			1 台	电阻	4.7 kΩ		1 个
信号发生器			1 台	电阻	6.8 kΩ		1 个
双踪示波器			1 台	电阻	10 kΩ		1 个
毫伏表			1 台	电容	10 μF		1 个
三极管		3DG6	1 个	电容	47 μF		1 个
微安表			1 台	电位器	100 kΩ		1 个
电阻	1 kΩ		1 个	导线			

3．任务实施

1）连接电路

如图 5-11 所示连接电路，连接完毕并检查无误后，接通直流稳压电源 U_{CC}。将 u_i 接信号发生器的正弦波输出端，u_o 接示波器。

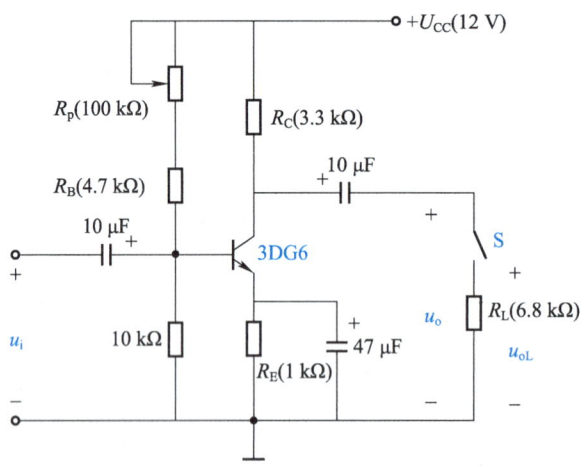

图 5-11　基本放大电路调试电路

2）计算静态值

在图 5-11 中，3DG6 型三极管的电流放大系数 $\beta =$ _____，该放大电路的静态值 I_{BQ}、I_{CQ} 和 U_{CEQ} 分别为 _____、_____、_____。

3）调试最佳静态工作点

（1）断开开关 S（即先不加负载），首先用信号发生器给电路输入频率为 1 kHz 的输入电压 u_i，将信号发生器的正弦波增益调至 40 dB。

（2）将正弦波振幅旋钮从最小位置慢慢调大，使 u_i 从零开始慢慢增大，同时用示波器观察输出电压 u_o 的波形，直至 u_o 的波形出现失真。

（3）调节电位器 R_p，使失真消失或改善，然后逐渐使 u_i 增大，反复调整 R_p，直至输出电压 u_o 的波形最大且不失真。此时的工作点便是该放大电路的最佳静态工作点。

在调试最佳静态工作点时，应采用高内阻的数字万用表，而且应尽可能用同一量程测量同一工作状态下各点的电压。测量时，各信号源应与测量仪器、仪表共地。

4）测量并计算电压放大倍数

（1）将基本放大电路调至最佳静态工作点后，将数字万用表调至直流电压检测挡，测量三极管的 U_{BEQ}、U_{CEQ} 和 I_{CQ}，将测量结果填入表 5-9 中。

I_{CQ} 可以通过间接测量法测量，即先测 R_C 上的电压降，此电压降除以电阻 R_C 便是流过此电阻的电流 I_{CQ}。

（2）在输出电压 u_o 的波形振幅最大且不失真的基础上，用毫伏表分别测量 u_i 和 u_o，然后闭合开关 S，测量 u_{oL}。根据电压放大倍数的计算公式（$A_u = u_o/u_i$、$A_{uL} = u_{oL}/u_i$）计算出 A_u 和 A_{uL}。将以上结果填入表 5-9 中。

表 5-9 基本放大电路的测试数据

项目	最佳静态工作点			最大且不失真输出				
	U_{BEQ}	U_{CEQ}	I_{CQ}	u_i	u_o	u_{oL}	A_u	A_{uL}
空载						—		—
负载								

选择不同的负载进行多次试验，可以测试放大电路的带负载能力。最佳静态工作点和电压放大倍数受负载变化的影响越小，说明放大电路的性能越稳定。那么如何提升放大电路的带负载能力呢？提升带负载能力对放大电路具有哪些实际意义呢？

📝 **笔记**

4. 任务评价

请指导教师按照学生的实际表现情况进行评价,并将评价结果填入表 5-10 中。学生结合自身表现和指导教师的评价,对本次任务进行总结。

表 5-10 考核评价表

评价项目	评价标准	满分/分	实际得分/分	教师评语
技能操作	正确连接基本放大电路调试电路	20		
	正确计算静态值	15		
	正确调试最佳静态工作点	20		
	正确测量并计算电压放大倍数	25		
参与程度	认真参加活动,积极思考,主动与同学、指导教师进行交流,善于发现和解决问题	10		
合作意识	积极参与探讨,勇于接受任务,敢于承担责任	10		
总分		100		

📝 **笔记**

 **相关知识**

放大电路主要由三极管（或场效应管）、电阻和电容等组成，它主要用来将微弱的电信号（非电信号可以通过传感器转变成电信号）放大成振幅足够大且与原电信号变化规律一致的信号，以便于人们测量或供负载使用。不同放大电路的应用场合及作用虽然不尽相同，但其信号放大的过程是相同的。

 点 拨

> 放大电路将能量较小的输入信号放大成能量较大的输出信号，增加的能量是由直流电源通过放大电路转换而来的，而不是由放大电路本身产生的。

5.2.1 共发射极放大电路

1. 共发射极放大电路的结构

在放大电路中，通常将三极管的一对端子作为输入端，另一对端子作为输出端。这样，三极管便有一个端子是输入电路和输出电路的公共端。如图 5-12 所示，若将放大电路的输入信号加到基极和发射极之间，而输出信号从集电极和发射极之间输出，则该放大电路称为共发射极放大电路。

共发射极放大电路是最基本的放大电路，其中各元器件的作用和性能如表 5-11 所示。

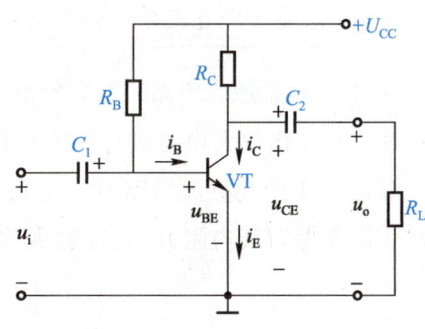

图 5-12 共发射极放大电路

表 5-11 共发射极放大电路中各元器件的作用和性能

元器件	作用	性能
三极管 VT	三极管 VT 是放大电路的核心，是能量转换控制元件，起电流放大作用	—
集电极直流电源 U_{CC}	集电极直流电源 U_{CC} 除了为输出信号提供能量外，还能保证三极管 VT 的集电结反偏，从而使三极管 VT 工作在放大区	U_{CC} 一般为几伏到几十伏
基极偏置电阻 R_B	基极偏置电阻 R_B 能在集电极直流电源 U_{CC} 的作用下为三极管 VT 的基极提供一个合适的基极电流 i_B，并能保证其发射结正偏，从而使三极管 VT 工作在放大区	R_B 一般为几十千欧到几百千欧
集电极负载电阻 R_C	集电极负载电阻 R_C 一方面提供直流通路，使集电极直流电源 U_{CC} 对三极管 VT 的集电极施加反向偏置电压；另一方面将集电极电流 i_C 的变化变换为电压的变化，从而实现电压放大	R_C 一般为几千欧到几十千欧

表 5-11（续）

元器件	作用	性能
耦合电容 C_1 和 C_2	耦合电容 C_1 和 C_2 的作用是"隔直流、通交流"，即把信号源与放大电路之间、放大电路与负载之间的直流电隔开，从而保证交流信号畅通无阻	C_1 和 C_2 一般为几微法到几十微法
负载电阻 R_L	负载电阻 R_L 是放大电路的负载，它可以是扬声器线圈绕组、继电器线圈绕组、电动机定子绕组、测量仪表或下一级放大电路等	—

点　拨

关于放大电路中电压和电流的符号，通常有如下规定。
（1）直流分量用 I_B、I_C、U_{BE}、U_{CE} 等表示。
（2）交流分量的瞬时值用 i_b、i_c、u_{be}、u_{ce} 等表示。
（3）交流分量的有效值用 I_b、I_c、U_{be}、U_{ce} 等表示。
（4）总量（即直流分量和交流分量的叠加）用 i_B、i_C、u_{BE}、u_{CE} 等表示。

2. 共发射极放大电路的静态分析

对共发射极放大电路进行静态分析，便是对其静态电流流经的通路（即直流通路）进行分析。在绘制直流通路时，可将电容看作开路，将电感看作短路，将信号源看作短路（需要保留其内阻）。共发射极放大电路的直流通路如图 5-13 所示。

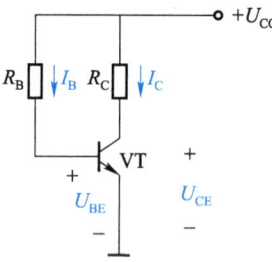

图 5-13　共发射极放大电路的直流通路

由图 5-13 可知

$$I_{BQ} = I_B = \frac{U_{CC} - U_{BE}}{R_B} \tag{5-2}$$

由于三极管处于放大状态时，其发射结正偏，U_{BE} 基本不变且一般比 U_{CC} 小得多，因此式（5-2）可变换为

$$I_{BQ} \approx \frac{U_{CC}}{R_B} \tag{5-3}$$

根据三极管的电流放大作用，可得

$$I_{CQ} = \beta I_{BQ} \quad (5\text{-}4)$$
$$U_{CEQ} = U_{CC} - I_{CQ} R_C \quad (5\text{-}5)$$

在共发射极放大电路中,通过三极管的输入、输出特性曲线可以确定其静态工作点 Q。在输入特性曲线上确定 Q 点的方法为:由直流通路求出静态电流 I_{BQ},在输入特性曲线上找到与 I_{BQ} 对应的点,该点就是该放大电路输入回路的 Q 点,如图 5-14(a)所示。

在输出特性曲线上确定 Q 点的方法为:在坐标系内绘制由方程 $U_{CEQ} = U_{CC} - I_{CQ} R_C$ 所确定的直线,该直线通过对直流通路分析、计算得出,且与集电极负载电阻 R_C 有关,因此称为直流负载线。直流负载线与三极管输出特性曲线的交点就是该放大电路输出回路的 Q 点,如图 5-14(b)所示。

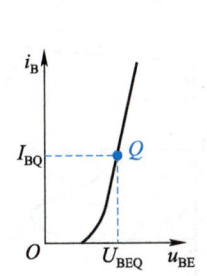
(a)输入回路中的 Q 点

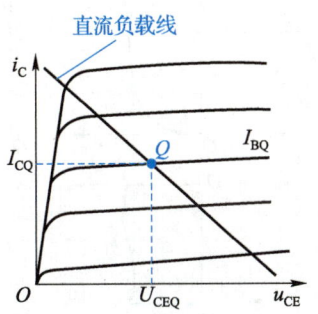
(b)输出回路中的 Q 点

图 5-14 通过三极管的输入、输出特性曲线确定 Q 点

由图 5-14(b)可知,I_{BQ} 的值不同,静态工作点在直流负载线上的位置也就不同。三极管工作状态的要求不同,所需要的静态工作点也就不同,这可以通过改变 I_{BQ} 的大小来实现。因此,I_{BQ} 很重要,通常将其称为偏置电流,而产生偏置电流的电路称为偏置电路。在如图 5-13 所示的电路中,偏置电路的路径为 $U_{CC} \to R_B \to$ 发射结 $\to$ 地。偏置电流 I_{BQ} 的大小通常可通过改变基极偏置电阻 R_B 的阻值来调整。

3. 共发射极放大电路的动态分析

动态是指放大电路在有交流输入信号时的工作状态,此时,放大电路中的电流和电压都含有直流分量和交流分量。动态分析的目的是确定放大电路的电压放大倍数 A_u,并分析放大电路的输入电阻 r_i 和输出电阻 r_o 等性能指标。

共发射级放大电路的动态分析

动态分析的基本方法有图解分析法和微变等效电路分析法两种。

1)图解分析法

如图 5-15 所示为共发射极放大电路的动态图解分析,从中可以得出以下结论。

(1)交流信号的传输过程为
$$u_i \text{(即 } u_{BE}) \to i_b \to i_c \to u_o \text{(即 } u_{CE})$$

(2) 电压和电流都含有直流分量和交流分量，即
$$u_{BE} = U_{BE} + u_{be}, \quad i_B = I_B + i_b, \quad i_C = I_C + i_c, \quad u_{CE} = U_{CE} + u_{ce}$$

由于电容 C_2 具有隔直流的作用，u_{CE} 的直流分量 U_{CE} 不能到达输出端，因此只有交流分量 u_{ce} 能通过 C_2 而成为输出电压 u_o。

(3) 输入电压 u_i 和输出电压 u_o 的相位相反，即两者反相，表明该放大电路具有反相功能；同时，输出电压 u_o 比输入电压 u_i 大得多，表明该放大电路具有电压放大功能。

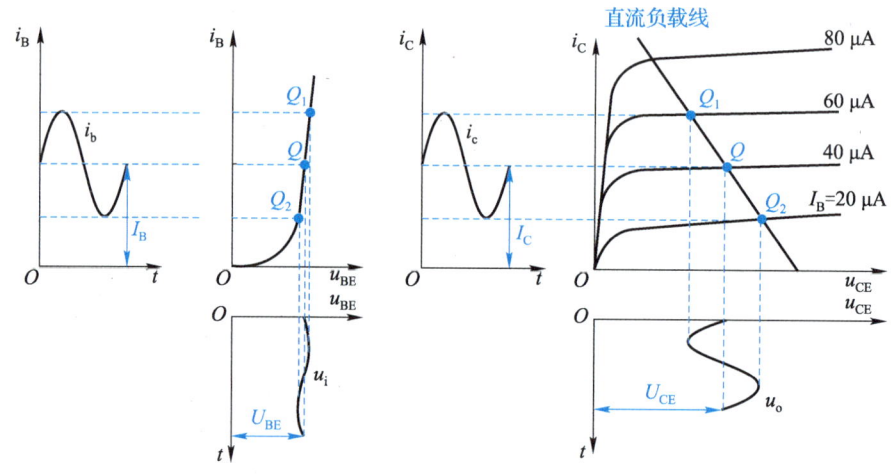

图 5-15 共发射极放大电路的动态图解分析

在实际应用中，对放大电路的另一个基本要求就是尽可能使输出信号不失真。当静态工作点设置得不恰当或输入信号振幅过大时，放大电路的工作范围将会超出三极管伏安特性曲线的线性范围，从而使输出信号出现失真，这种失真称为非线性失真。

2）微变等效电路分析法

微变等效电路分析法是一种在小信号放大条件下，将非线性的三极管等效为线性的微变等效模型的分析方法。如图 5-16 所示为三极管电路及其微变等效模型。

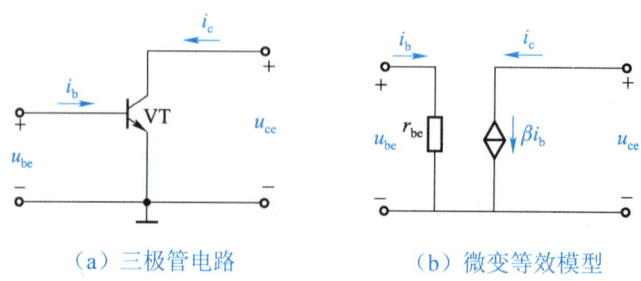

(a) 三极管电路　　　　　　　(b) 微变等效模型

图 5-16 三极管电路及其微变等效模型

如图 5-17（a）所示为共发射极放大电路的交流通路。由三极管的微变等效模型可得出共发射极放大电路的微变等效电路，如图 5-17（b）所示。

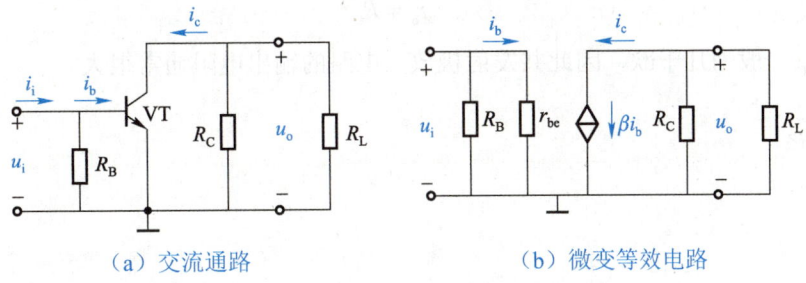

（a）交流通路　　　　　　　　（b）微变等效电路

图 5-17　共发射极放大电路的交流通路及其微变等效电路

（1）电压放大倍数。

共发射极放大电路的电压放大倍数 A_u 是输出电压与输入电压的比值，由图 5-17 可知

$$u_i = i_b r_{be}, \quad u_o = -i_c(R_C // R_L) = -\beta i_b R_L'$$

因此有

$$A_u = \frac{u_o}{u_i} = -\beta \frac{R_L'}{r_{be}} \tag{5-6}$$

其中，R_L' 为交流等效负载电阻，负号表示输入电压与输出电压反相；r_{be} 称为三极管的输入电阻，对交流信号而言它是基极与发射极之间的等效电阻。低频小功率三极管的输入电阻常用下式估算，即

$$r_{be} = 300\,\Omega + (1+\beta)\frac{26\,\text{mV}}{I_{EQ}} \tag{5-7}$$

当共发射极放大电路开路（未接 R_L）时，有

$$A_u = -\beta \frac{R_C}{r_{be}} \tag{5-8}$$

可见，共发射极放大电路开路时的电压放大倍数比接负载电阻 R_L 时的大。所接负载电阻 R_L 越大，对应的电压放大倍数就越大。

（2）输入电阻。

共发射极放大电路的输入电阻 r_i 是其输入端的等效电阻，其大小为输入电压与输入电流的比值，由图 5-17 可知

$$r_i = \frac{u_i}{i_i} = R_B // r_{be} \approx r_{be} \tag{5-9}$$

通常情况下，R_B 比 r_{be} 大得多。因此，共发射极放大电路的输入电阻近似于三极管的输入电阻，该电阻很小。

（3）输出电阻。

共发射极放大电路的输出电阻 r_o 是其输出端的等效电阻。计算时，可将共发射极放大

电路微变等效电路中的输入信号源短路（即 $u_i = 0$），输出端负载开路，此时 $i_b = 0$，$i_c = \beta i_b = 0$，电流源相当于开路，则有

$$r_o = R_C \tag{5-10}$$

由于 R_C 一般为几千欧，因此共发射极放大电路的输出电阻通常很大。

5.2.2 分压偏置放大电路

1. 分压偏置放大电路的结构

如图 5-18（a）所示为分压偏置放大电路，它与共发射极放大电路的区别在于：三极管 VT 的基极连接有两个基极偏置电阻 R_{B1} 和 R_{B2}，R_{B1} 和 R_{B2} 对直流电源的电压进行分压，从而使基极有了一定的电位；发射极分别串联了电阻 R_E 和电容 C_E。若将图 5-18（a）中的所有电容全部断开，则可得到分压偏置放大电路的直流通路，如图 5-18（b）所示。

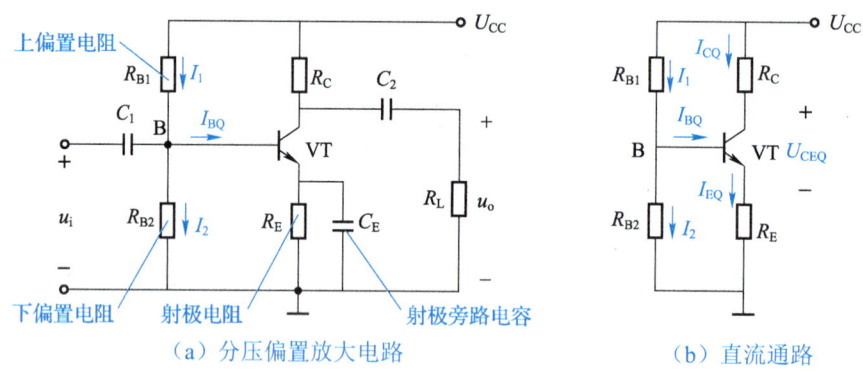

(a) 分压偏置放大电路　　　　　　(b) 直流通路

图 5-18　分压偏置放大电路及其直流通路

2. 分压偏置放大电路的静态分析

由图 5-18（b）可知，$I_1 = I_2 + I_{BQ}$。I_{BQ} 通常很小，若 $I_2 \gg I_{BQ}$，则基极的电压为

$$U_{BQ} = R_{B2} I_2 \approx \frac{R_{B2}}{R_{B1} + R_{B2}} U_{CC} \tag{5-11}$$

由式（5-11）可知，U_{BQ} 与三极管的参数无关，因此 U_{BQ} 的变化不受温度变化的影响。此外，由图 5-18（b）还可知，$U_{BQ} = U_{BEQ} + U_{EQ}$，若使 $U_{BQ} \gg U_{BEQ}$，则

$$I_{EQ} = \frac{U_{BQ} - U_{BEQ}}{R_E} \approx \frac{U_{BQ}}{R_E} \tag{5-12}$$

由式（5-12）可知，I_{EQ} 与三极管的参数无关，因此 I_{EQ} 的变化也不受温度变化的影响。

3. 分压偏置放大电路的动态分析

如图 5-19 所示为分压偏置放大电路的交流通路，它与共发射极放大电路的交流通路相似，它们的等效电路也相似。其中，$R_B = R_{B1} // R_{B2}$，电压放大倍数、输入电阻和输出电阻的计算方法与共发射极放大电路的相同。

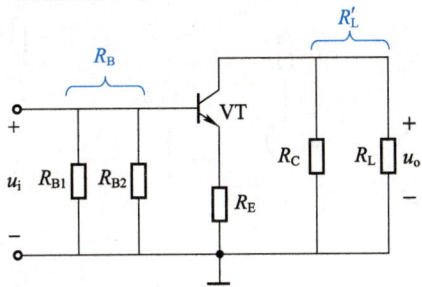

图 5-19 分压偏置放大电路的交流通路

5.2.3 共集电极放大电路

共集电极放大电路如图 5-20（a）所示。其中，交流信号从基极输入，从发射极输出，因此基于该电路制成的器件又称为射极输出器。

1. 共集电极放大电路的静态分析

如图 5-20（b）所示为共集电极放大电路的直流通路。

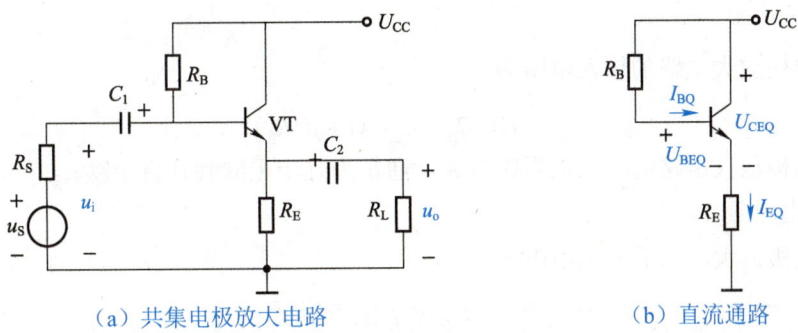

（a）共集电极放大电路　　　　（b）直流通路

图 5-20 共集电极放大电路及其直流通路

由图 5-20（b）可知

$$U_{CC} - I_{BQ}R_B - U_{BEQ} - I_{EQ}R_E = 0$$

由于 $I_{EQ} = (1+\beta)I_{BQ}$，因此共集电极放大电路静态工作点的电流为

$$I_{BQ} = \frac{U_{CC} - U_{BEQ}}{R_B + (1+\beta)R_E} \tag{5-13}$$

$$I_{CQ} = \beta I_{BQ} \approx I_{EQ} \tag{5-14}$$

共集电极放大电路静态工作点的电压为

$$U_{CEQ} = U_{CC} - R_E I_{EQ} \tag{5-15}$$

2. 共集电极放大电路的动态分析

共集电极放大电路的交流通路如图 5-21（a）所示，其微变等效电路如图 5-21（b）所示。据此可分析共集电极放大电路的动态性能指标。

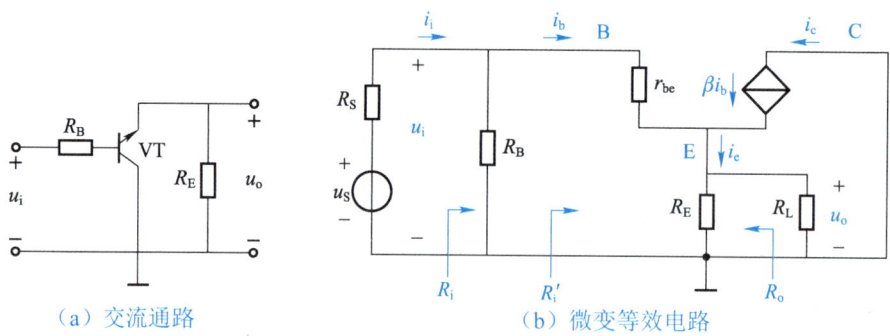

（a）交流通路　　　　　（b）微变等效电路

图 5-21　共集电极放大电路的交流通路及其微变等效电路

1）电压放大倍数

共集电极放大电路的电压放大倍数 A_u 为

$$A_u = \frac{u_o}{u_i} = \frac{(1+\beta)R'_L i_b}{r_{be} i_b + (1+\beta)R'_L i_b} = \frac{(1+\beta)R'_L}{r_{be} + (1+\beta)R'_L} \tag{5-16}$$

其中，由于 $r_{be} \ll (1+\beta)R'_L$，$u_o \approx u_i$，即 u_o 与 u_i 的振幅相近、相位相同，因此 $|A_u|$ 小于 1 且接近于 1。

2）输入电阻

共集电极放大电路的输入电阻为

$$r_i = R_B // [r_{be} + (1+\beta)R'_L] \tag{5-17}$$

共集电极放大电路的输入电阻比较大，通常为几十千欧到几百千欧。

3）输出电阻

共集电极放大电路的输出电阻为

$$r_o = R_E // \frac{r_{be} + R'_S}{1+\beta} \tag{5-18}$$

其中，$R'_S = R_S // R_B$。共集电极放大电路的输出电阻很小，一般只有几欧到几十欧。

5.2.4　多级放大电路

上述放大电路都是单级放大电路，它们的放大倍数有限。在实际应用中，通常需要将多个单级放大电路连接起来，组成多级放大电路，对输入信号进行连续放大，以满足需要。

多级放大电路的耦合方式（1）

多级放大电路的结构框图如图 5-22 所示。其中，与信号源相连接的第一级放大电路称为输入级，与负载相连接的末级放大电路称为输出级，输出级与输入级之间的放大电路称为中间级。

图 5-22　多级放大电路的结构框图

（1）输入级主要完成与信号源的衔接，并对输入信号进行放大。为使输入信号尽量不受信号源内阻的影响，输入级应具有较大的输入电阻，通常采用大输入电阻的放大电路，如共集电极放大电路等。

（2）中间级用于将微弱的输入电压放大到足够的振幅，即进行电压放大。

（3）输出级用于对信号进行功率放大，以满足输出负载所需要的功率，并与负载的阻抗相匹配。

多级放大电路的耦合方式（2）

由图 5-22 可以看出，多级放大电路各级是串连的，前一级的输出信号是后一级的输入信号，后一级的输入电阻是前一级的负载。因此，多级放大电路的电压放大倍数等于各级电压放大倍数的乘积，即

$$A_u = A_{u1} \times A_{u2} \times \cdots \times A_{un} \tag{5-19}$$

多级放大电路的输入电阻 r_i 等于第一级放大电路的输入端所对应的两端电路的等效电阻，也就是第一级的输入电阻，即

$$r_i = r_{i1} \tag{5-20}$$

多级放大电路的输出电阻 r_o 等于最后一级放大电路的负载两端（不含负载）所对应的两端电路的等效电阻，也就是最后一级的输出电阻，即

$$r_o = r_{on} \tag{5-21}$$

5.2.5　功率放大电路

功率放大电路是一种以输出较大功率为目的的放大电路，通常直接用于驱动负载，因此通常要求其具有足够大的输出功率和较高的转换效率，而且输出信号的非线性失真要小。功率放大电路通常可作为多级放大电路的输出级。

根据三极管工作状态的不同，功率放大电路可分为甲类、乙类和甲乙类三种，其静态工作点如图 5-23 所示。

如图 5-23（a）所示，甲类功率放大电路的静态工作点位于放大区，其静态功耗大，转换效率低，但失真较小；如图 5-23（b）所示，乙类功率放大电路的静态工作点位于截止区，其静态功耗接近于零，转换效率高，但存在严重的失真；如图 5-23（c）所示，甲乙类功率放大电路的静态工作点接近截止区，其失真较乙类功率放大电路小，其静态功耗较甲类功率放大电路小，转换效率高。

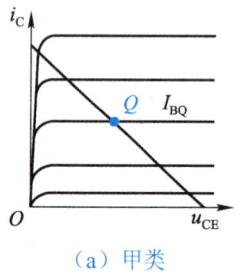 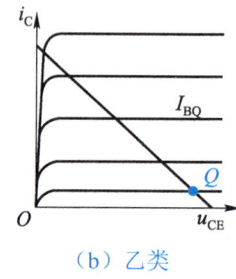 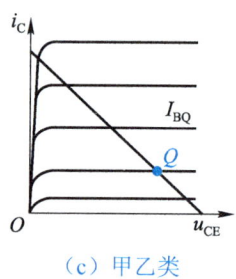

(a) 甲类　　　　　　　　(b) 乙类　　　　　　　　(c) 甲乙类

图 5-23　功率放大电路的静态工作点

1. 无输出电容（OCL）的互补对称功率放大电路

无输出电容（OCL）的互补对称功率放大电路（以下简称 OCL 电路）属于乙类放大电路，其工作原理如图 5-24 所示。其中，OCL 电路正负电源的电压绝对值相同；三极管 VT_1 和 VT_2 是参数特性对称一致的 NPN 型三极管和 PNP 型三极管，它们的基极连接在一起作为输入端，发射极也连接在一起直接接负载 R_L。

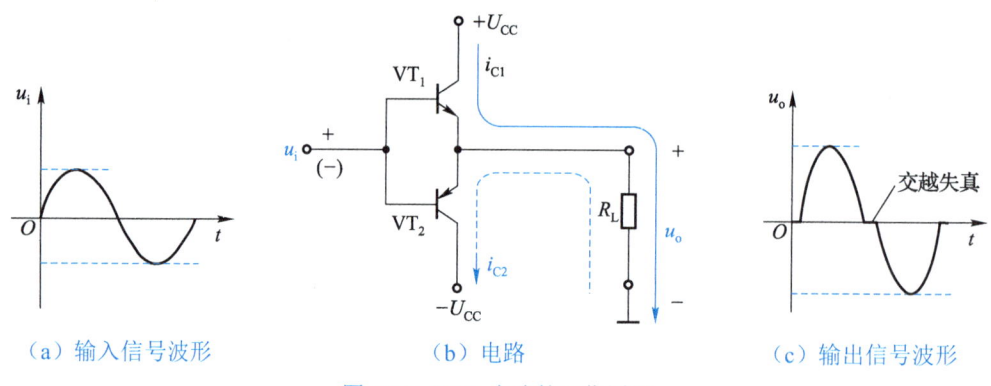

(a) 输入信号波形　　　　　　(b) 电路　　　　　　(c) 输出信号波形

图 5-24　OCL 电路的工作原理

OCL 电路处于静态时，由于两个三极管的基极都未加偏置电压，因此它们都不导通，电流为零，OCL 电路工作于截止区，处于乙类工作状态。此时，发射极的电位为零，负载上无电流通过。

设 OCL 电路的输入信号为正弦交流电压 u_i，当输入信号的波形位于正半周时，VT_1 的发射结正偏导通，VT_2 的发射结反偏截止，电流 i_{C1} 经 VT_1 流向负载 R_L，负载 R_L 的两端为正半周输出电压 u_{o+}。当输入信号的波形位于负半周时，VT_1 因发射结反偏而截止，VT_2 因发射结正偏而导通，电流 i_{C2} 经负载 R_L 流向 VT_2，负载 R_L 的两端为负半周输出电压 u_{o-}。可见，在 u_i 的整个波形周期内，VT_1 和 VT_2 交替导通，从而使负载 R_L 得到完整的输出电压 u_o。

在 OCL 电路的实际应用中，由于其中的三极管为非线性元件，当输入电压 u_i 小于三极管的阈值电压时，两个三极管都不导通，因此 OCL 电路输出信号上、下半周交界处将会出现交越失真，如图 5-24（c）所示。

2. 无输出变压器（OTL）的互补对称功率放大电路

无输出变压器（OTL）的互补对称功率放大电路（以下简称 OTL 电路）属于甲乙类功率放大电路，其工作原理如图 5-25 所示。

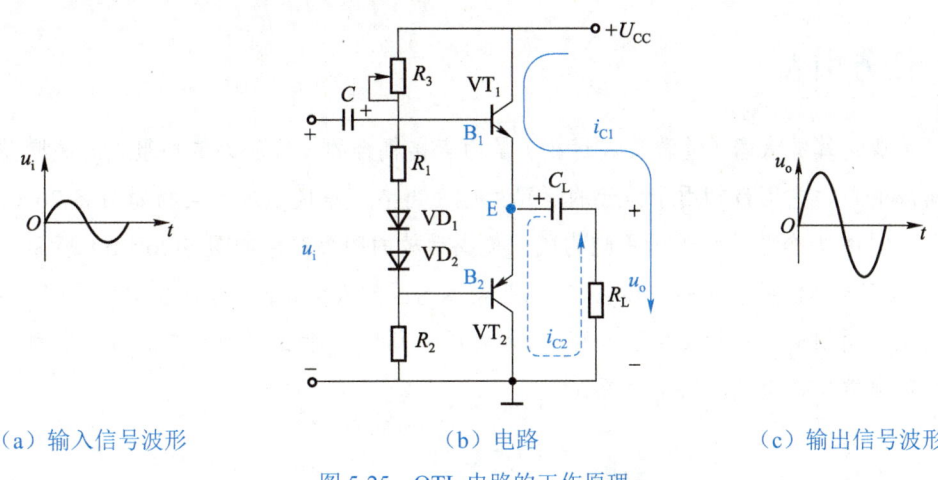

（a）输入信号波形　　　　　　　　（b）电路　　　　　　　　（c）输出信号波形

图 5-25　OTL 电路的工作原理

在图 5-25 中，R_3、R_1、VD_1、VD_2 和 R_2 组成了分压偏置电路，可以给 VT_1 和 VT_2 的发射结提供正偏电压。当 OTL 电路处于静态时，调节 R_3 的大小，使公共端 E 的电位为 $U_{CC}/2$，则输出耦合电容 C_L 上的电压也等于 $U_{CC}/2$。此时，调节 B_1 与 B_2 之间的电压 U_{B1B2}，可使 VT_1 和 VT_2 处于微导通状态。这样，即使在输入电压 u_i 很小的情况下，也总能使 VT_1 和 VT_2 导通，从而避免输出信号出现交越失真。

设输入信号为正弦交流电压 u_i，当输入信号位于波形正半周时，VT_1 导通，VT_2 截止，电流 i_{C1} 经 VT_1 流向负载 R_L，负载 R_L 两端为正半周输出电压 u_o。当输入信号位于波形负半周时，VT_1 截止，VT_2 导通，输出耦合电容 C_L 放电，电流 i_{C2} 经负载 R_L 流向 VT_2，负载 R_L 两端为负半周输出电压 u_o。

 经验传承

在功率放大电路中，由于输出电压和输出电流的振幅都很大，三极管的工作范围较大，因此输出信号将不可避免地出现非线性失真。一般情况下，测量系统和电声设备中的功率放大电路要求非线性失真要尽量小，而工业控制系统中的功率放大电路则以输出大功率为目的，对非线性失真的要求不高。

任务 5.3 认识集成运放

任务引入

集成运算放大器（简称集成运放）是由直接耦合的多级放大电路组成的高增益模拟集成电路，它因最初用于信号的运算处理而得名。集成运放的实物如图 5-26（a）所示，它由 1 个芯片和若干引脚构成。集成运放的图形符号如图 5-26（b）所示。其中，"▷"表示信号从左向右传输，"∞"表示电压放大倍数；方框内左边的"＋""－"分别表示同相输入端和反相输入端，输入电压分别用 u_+ 和 u_- 表示；方框内右边的"＋"表示输出端，输出电压用 u_o 表示。

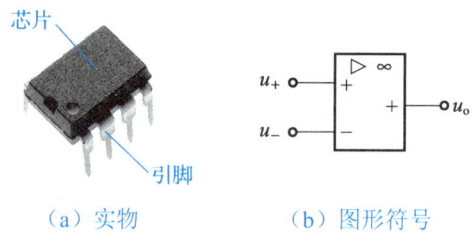

（a）实物　　　　（b）图形符号

图 5-26　集成运放

请选择合适的工具和器材，对集成运放的性能指标进行测试。本任务的知识与技能要求如表 5-12 所示。

表 5-12　知识与技能要求

任务内容	认识集成运放	学习程度		
		识记	理解	应用
学习任务	放大电路中的反馈		●	
	集成运放的结构	●		
	集成运放的性能指标和工作特性		●	
	集成运放的典型应用			●
实训任务	测试集成运放的性能指标			●
自我勉励				

项目 5　三极管及其应用

任务工单——测试集成运放的性能指标

1. 知识准备

集成运放的性能指标有很多,常用的主要有输入失调电压 U_{IO}、输入失调电流 I_{IO}、开环差模电压放大倍数 A_{ud} 和共模抑制比 K_{CMR} 等。其中,输入失调电压 U_{IO} 是指为了在集成运放输出端获得恒定的零电压,而在两个输入端所加的补偿电压;输入失调电流 I_{IO} 是指 $u_o=0$ 时集成运放两输入端电流之差的绝对值;开环差模电压放大倍数 A_{ud} 是指无外加反馈回路时的差模电压放大倍数;共模抑制比 K_{CMR} 是指集成运放工作在线性区时,其开环差模电压放大倍数与共模电压放大倍数之比的绝对值。这些性能指标可通过不同的电路进行测试。

CF741 型集成运放是一款具有失调电压清零功能的通用集成运放,其引脚如图 5-27 所示。

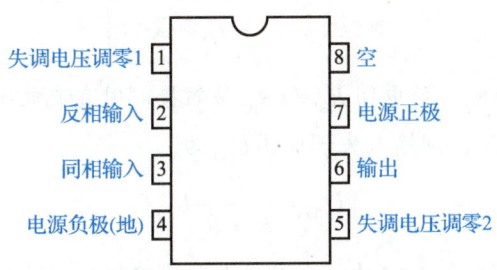

图 5-27　CF741 型集成运放的引脚

2. 工具和器材准备

准备任务实施所需的工具和器材,补全表 5-13。

表 5-13　工具和器材清单

名称	规格	型号	数量	名称	规格	型号	数量
直流稳压电源	±12 V		1 台	电阻	1 kΩ		2 个
信号发生器			1 台	电阻	2 kΩ		2 个
双踪示波器			1 台	电阻	5.1 kΩ		2 个
交流毫伏表			1 台	电阻	6.1 kΩ		1 个
直流电压表			1 个	电阻	100 kΩ		2 个
集成运放		CF741	1 个	电容	100 μF		1 个
电阻	5.1 Ω		2 个	导线			
电阻	51 Ω		2 个				

3．任务实施

1）测量并计算输入失调电压

（1）如图5-28所示连接电路，连接完毕并检查无误后，将直流稳压电源的正负极分别接CF741型集成运放的引脚7和引脚4。

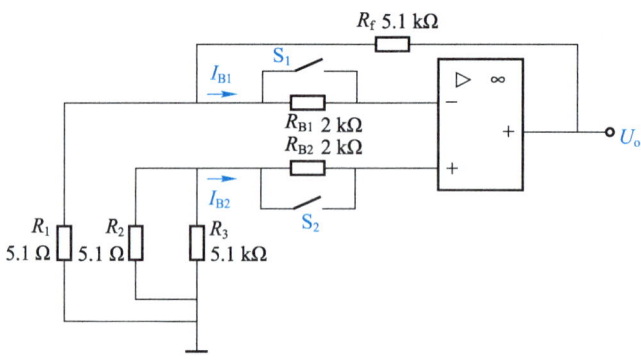

图5-28　U_{IO}和I_{IO}测试电路

（2）闭合开关S_1和S_2，使电阻R_{B1}和R_{B2}被短接，用直流电压表测量此时的输出电压U_{o1}，U_{o1}即输出失调电压，则输入失调电压U_{IO}为

$$U_{IO} = \frac{R_1}{R_1 + R_f}U_{o1}$$

（3）将计算结果填入表5-14中，并将其与标准值进行比较。若存在误差，则分析产生误差的原因。

2）测量并计算输入失调电流

（1）如图5-28所示连接电路，接通直流稳压电源。

（2）断开开关S_1和S_2，将电阻R_{B1}和R_{B2}接入电路。由于电阻R_{B1}和R_{B2}较大，因此流经它们的输入电流I_{B1}和I_{B2}之间的差异将变成输入电压的差异，从而影响输出电压的大小。此时，测量输出电压U_{o2}，并忽略输入失调电压U_{IO}的影响，可得

$$I_{IO} = |I_{B1} - I_{B2}| = |U_{o1} - U_{o2}|\frac{R_1}{R_1 + R_f} \cdot \frac{1}{R_B}$$

其中，$R_B = R_{B1} = R_{B2} = 2\ \text{k}\Omega$。

（3）将计算结果填入表5-14中，并将其与标准值比较。若存在误差，则分析产生误差的原因。

3）测量并计算开环差模电压放大倍数

（1）如图5-29所示连接电路，接通直流稳压电源。

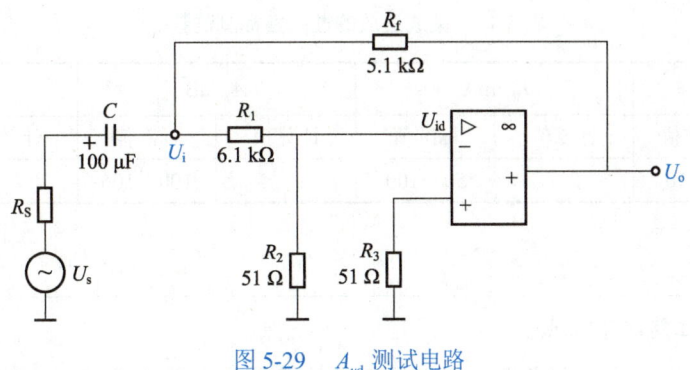

图 5-29　A_{ud} 测试电路

（2）在集成运放的输入端输入频率为 100 Hz、振幅为 30～50 mV 的正弦交流信号，用双踪示波器观察输出波形。用交流毫伏表测量 U_o 和 U_i，按下式计算 A_{ud}，即

$$A_{ud}=\left(1+\frac{R_1}{R_2}\right)\frac{U_o}{U_i}$$

（3）将计算结果填入表 5-14 中，并将其与标准值进行比较。若存在误差，则分析产生误差的原因。

4）测量并计算共模抑制比

（1）如图 5-30 所示连接电路，接通直流稳压电源。

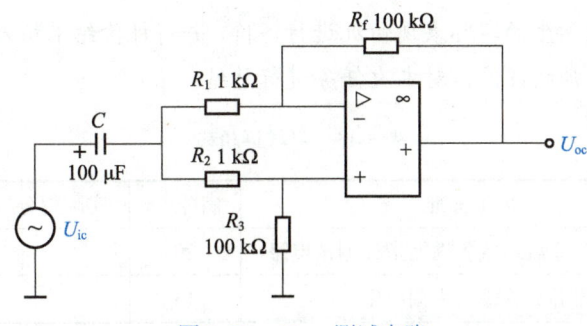

图 5-30　K_{CMR} 测试电路

（2）在集成运放的输入端输入频率为 100 Hz、振幅为 1～2 V 的正弦交流信号，用双踪示波器观察输出波形。测量 U_{oc} 和 U_{ic}，并计算 K_{CMR}。K_{CMR} 的计算公式为

$$K_{CMR}=\frac{R_f}{R_1}\cdot\frac{U_{ic}}{U_{oc}}$$

（3）将计算结果填入表 5-14 中，并将其与标准值进行比较。若存在误差，则分析产生误差的原因。

表 5-14 集成运放的性能指标测试数据

U_{IO}/mV		I_{IO}/mA		A_{ud}/dB		K_{CMR}	
计算值	标准值	计算值	标准值	计算值	标准值	计算值	标准值
	2～10		50～100		100～106		80～86

点　拨

操作时应注意以下几点。

（1）测试 U_{IO} 时，应将集成运放的调零端开路，电阻 R_1 和 R_2、R_3 和 R_f 应严格对称，即 $R_1=R_2$、$R_3=R_f$。

（2）测试 I_{IO} 时，应将集成运放的调零端开路，两输入端的电阻 R_{B1} 和 R_{B2} 必须精确配对。

（3）测试 A_{ud} 时，应首先对测试电路进行消振和调零，被测集成运放应工作在线性区，输入信号的频率应较低（一般为 50～100 Hz），输出信号的振幅应较小且无明显失真。

（4）测试 K_{CMR} 时，应首先对测试电路进行消振和调零，R_1 和 R_2、R_3 和 R_f 之间的电阻应严格对称，输入信号的振幅必须在被测集成运放的最大共模输入电压范围内。

4．任务评价

请指导教师按照学生的实际表现情况进行评价，并将评价结果填入表 5-15 中。学生结合自身表现和指导教师的评价，对本次任务进行总结。

表 5-15 考核评价表

评价项目	评价标准	满分/分	实际得分/分	教师评语
技能操作	正确连接集成运放各性能指标测试电路	20		
	正确测量并计算输入失调电压	15		
	正确测量并计算输入失调电流	15		
	正确测量并计算开环差模电压放大倍数	15		
	正确测量并计算共模抑制比	15		
参与程度	认真参加活动，积极思考，主动与同学、指导教师进行交流，善于发现和解决问题	10		
合作意识	积极参与探讨，勇于接受任务，敢于承担责任	10		
总分		100		

相关知识

5.3.1 放大电路中的反馈

1. 反馈的基本概念

为了改善放大电路的工作性能,提高其输出信号的质量,通常在放大电路中引入反馈。反馈是指将放大电路输出端的信号,通过一定的电路形式作用到放大电路的输入端,对放大电路的输入量进行调整的措施。放大电路不引入反馈时的状态称为开环状态,引入反馈后,整个系统变为闭环状态。

反馈放大电路由基本放大电路和反馈电路组成,如图5-31所示。其中,X_i、X_o、X_f分别表示反馈放大电路的输入量、输出量和反馈量,反馈放大电路的输入端同时受到输入量和反馈量的作用;X_d表示X_i和X_f比较后得到的净输入量。

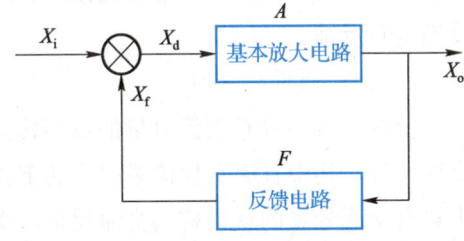

图 5-31 反馈放大电路的组成

设反馈放大电路的开环电压放大倍数为A,闭环电压放大倍数为A_f,反馈系数为F,则有

$$A = \frac{X_o}{X_d}, \quad A_f = \frac{X_o}{X_i}, \quad F = \frac{X_f}{X_o}$$

经整理,可得

$$A_f = \frac{A}{1+AF} \tag{5-22}$$

在式(5-22)中,($1+AF$)与闭环电压放大倍数密切相关,它是衡量反馈程度的重要指标,称为反馈深度。引入反馈后,反馈放大电路可根据输出量的变化控制净输入量的大小,从而自动调节信号的放大过程,以改善放大电路的工作性能。

2. 反馈的分类

反馈有多种分类方法:根据极性的不同,反馈可分为正反馈和负反馈两种;根据信号性质的不同,反馈可分为直流反馈和交流反馈两种;根据反馈量与输出量关系的不同,反馈可分为电压反馈和电流反馈两种;根据反馈量与输入量关系的不同,反馈可分为串联反馈和并联反馈两种。

1)正反馈与负反馈

反馈的极性可根据反馈对输出量的影响进行区分。若反馈使输出量的变化增大,即使净输入量增大,则称之为正反馈;若反馈使输出量的变化减小,即使净输入量减小,则称之为负反馈。正反馈多用于振荡电路和脉冲电路,而负反馈多用于改善放大电路的性能。

> 点拨
>
> 对于负反馈，$|1+AF|>1$，而$|1+AF|\gg 1$的负反馈称为深度负反馈；对于正反馈，$|1+AF|<1$；当$1+AF=0$时，放大电路将进入自激振荡状态。

正反馈与负反馈可采用瞬时极性法来判别，具体判别方法为：先假定输入量在某一瞬时对地的极性，然后据此逐级判断电路中各相关点电流的方向和电位的极性，从而得到输出量的极性，最后根据输出量的极性判断反馈量的极性。若反馈量使基本放大电路的净输入量增大，则引入的反馈是正反馈；若反馈量使基本放大电路的净输入量减小，则引入的反馈为负反馈。

2）直流反馈与交流反馈

反馈信号中只有直流分量的反馈称为直流反馈，直流反馈可分为直流正反馈和直流负反馈两种，其中直流负反馈多用于稳定放大电路的静态工作点，不常单独使用。反馈信号中只有交流分量的反馈称为交流反馈，交流反馈也可分为交流正反馈和交流负反馈两种，其中交流负反馈多用于改善放大电路的性能。实际应用中，反馈信号中既有直流分量又有交流分量，即同时存在交、直流反馈。

3）电压反馈与电流反馈

在反馈放大电路中，如果反馈量取自基本放大电路输出端的电压，则该反馈称为电压反馈；如果反馈量取自基本放大电路输出端的电流，则该反馈称为电流反馈。

4）串联反馈与并联反馈

在反馈放大电路中，如果反馈量与输入量在输入回路中串联，两者以电压方式相叠加，则该反馈称为串联反馈；如果反馈量与输入量在输入回路中并联，两者以电流方式相叠加，则该反馈称为并联反馈。

3. 负反馈放大电路的基本类型

引入交流负反馈的放大电路通常称为负反馈放大电路，它有四种基本类型，分别为电压串联负反馈放大电路、电压并联负反馈放大电路、电流串联负反馈放大电路和电流并联负反馈放大电路，其原理框图如图5-32所示。

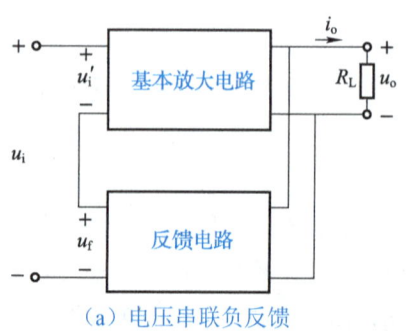 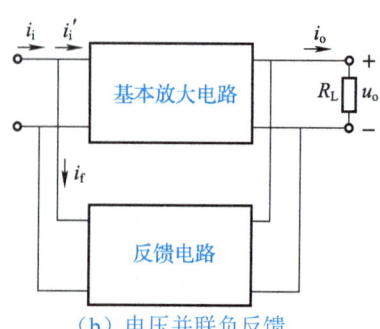

(a) 电压串联负反馈　　　　　　　　(b) 电压并联负反馈

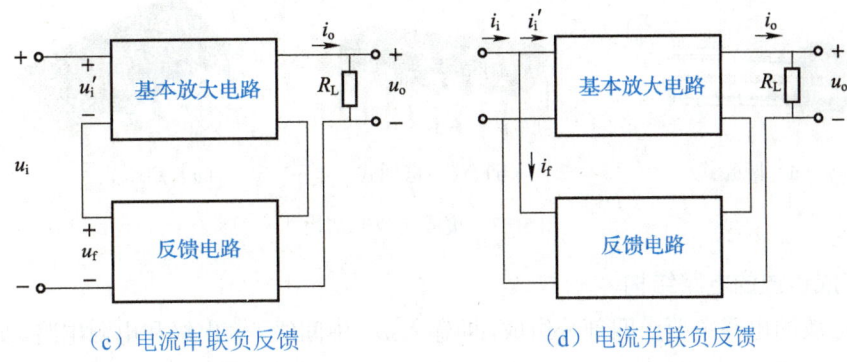

（c）电流串联负反馈　　　　　　（d）电流并联负反馈

图 5-32　四种类型负反馈放大电路的原理框图

（1）电压串联负反馈放大电路如图 5-32（a）所示。它的输入端和反馈电路的输出端相串联，反馈量取自输出电压 u_o，反馈量与输入量以电压的方式相叠加，即 $u_i'=u_i-u_f$。

（2）电压并联负反馈放大电路如图 5-32（b）所示。它的输入端和反馈电路的输出端相并联，反馈量取自输出电压 u_o，反馈量与输入量以电流的方式相叠加，即 $i_i'=i_i-i_f$。

（3）电流串联负反馈放大电路如图 5-32（c）所示。它的输入端和反馈电路的输出端相串联，反馈量取自输出电流 i_o，反馈量与输入量以电压的方式相叠加，即 $u_i'=u_i-u_f$。

（4）电流并联负反馈放大电路如图 5-32（d）所示。它的输入端和反馈电路的输出端相并联，反馈量取自输出电流 i_o，反馈量与输入量以电流的方式相叠加，即 $i_i'=i_i-i_f$。

负反馈对放大电路性能的影响

5.3.2　集成运放的结构

1. 集成运放的结构形式

集成运放是一种具有很高放大倍数的多级放大电路，也是发展最早、应用最广的一种模拟集成电路。集成运放的结构主要有圆壳式、双列直插式和扁平式等形式，如图 5-33 所示。

(a) 圆壳式　　　　　　(b) 双列直插式　　　　　　(c) 扁平式

图 5-33　集成运放的结构

2. 集成运放的电路结构

集成运放的电路主要由四部分组成，即输入级、中间级、输出级和电源电路，如图 5-34 所示。

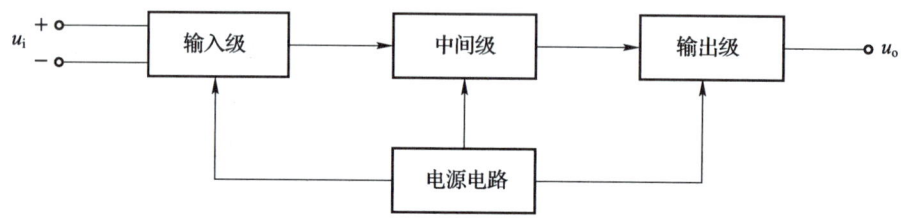

图 5-34　集成运放的电路结构框图

集成运放的输入级一般为差分放大电路，用于提高整个电路的输入电阻和共模抑制比；中间级为基本放大电路，用于获得较大的电压放大倍数；输出级为准互补输出级电路，其输出电阻小，可使整个电路具有较强的带负载能力；电源电路用于为各级电路提供电能。

5.3.3　集成运放的性能指标

集成运放主要有以下性能指标。

（1）开环差模电压放大倍数。开环差模电压放大倍数 A_{ud} 是指无外加反馈回路时集成运放的差模电压放大倍数。A_{ud} 的值一般在 10^5 和 10^7 之间，由于数值较大，因此常用分贝（dB）表示，即 $A_{ud}(dB) = 20\lg A_{ud}$。$A_{ud}$ 的分贝值一般为 100~140 dB。

（2）差模输入电阻。差模输入电阻 r_{id} 是指输入差模信号时的输入电阻。r_{id} 很大，一般大于 1 MΩ，有的可达 100 MΩ。

（3）开环输出电阻。开环输出电阻 r_o 是指集成运放开环时的动态输出电阻。r_o 很小，一般为几欧姆到几十欧姆。

（4）共模抑制比。共模抑制比 K_{CMR} 是指集成运放工作在线性区时，其开环差模电压放大倍数与共模电压放大倍数之比的绝对值，即 $K_{CMR} = |A_{ud}/A_{uc}|$。$K_{CMR}$ 的值很大，常用分贝（dB）表示，其分贝值一般在 100 dB 以上。

（5）最大差模输入电压。最大差模输入电压 U_{Idmax} 是指不会使 PN 结反向击穿的最大电压，当输入电压超过这个电压时，集成运放输入级一侧的三极管将会出现发射结反向击穿，从而损坏集成运放。

（6）最大共模输入电压。最大共模输入电压 U_{Icmax} 是指集成运放所能承受的共模输入电压的最大值，当输入电压超过这个电压时，集成运放中的三极管将偏离放大区，此时 K_{CMR} 将显著减小。

（7）输入失调电压及其温度漂移。在集成运放的实际应用中，当输入电压 U_{I} 为零时，输出电压 U_{O} 并不为零。为了使输出电压也为零，需要在集成运放两输入端加上额外的电压进行补偿，该补偿电压便是输入失调电压 U_{IO}。U_{IO} 的值越小越好。U_{IO} 的温度漂移 $\Delta U_{\text{IO}}/\Delta T$ 是指集成运放在规定的温度范围内工作时，U_{IO} 随温度的变化率。$\Delta U_{\text{IO}}/\Delta T$ 是衡量集成运放电压漂移特性的重要指标，其值越小越好。

（8）输入失调电流及其温度漂移。输入失调电流 I_{IO} 反映了集成运放电路的对称程度。当 $U_{\text{O}}=0$ 时，I_{IO} 为集成运放两输入端电流之差的绝对值。I_{IO} 的温度漂移 $\Delta I_{\text{IO}}/\Delta T$ 是指集成运放在规定的温度范围内工作时，I_{IO} 随温度的变化率。$\Delta I_{\text{IO}}/\Delta T$ 是衡量集成运放电流漂移特性的重要指标。I_{IO} 和 $\Delta I_{\text{IO}}/\Delta T$ 的值同样是越小越好。

（9）转换速率。转换速率 SR 用于衡量集成运放在大信号作用时对信号变化速率的适应能力，它是集成运放在大信号作用下输出电压的最大变化率，即

$$SR = \left| \frac{\mathrm{d}u_{\text{o}}}{\mathrm{d}t} \right|$$

（10）供电电压范围。集成运放允许的最小和最大安全工作电源电压（$+U_{\text{CC}}$、$-U_{\text{EE}}$），称为集成运放的供电电压范围。

（11）功耗。功耗 P_{D} 是指集成运放在规定的温度范围内工作时，可以安全耗散的功率。

砥节砺行

小小"中国芯"，大大"航天梦"

2022 年 9 月 2 日 0 时 33 分，经过约 6 小时的出舱活动，神舟十四号航天员乘组圆满完成了空间站问天实验舱首次出舱任务，中国空间站的建造之路又向前迈进了一步。在这条宏大的航天强国之路上，其实还有一条独属于微小元器件的"飞天之路"。

宇航芯片等电子元器件对成功完成首次出舱任务意义重大。宇航芯片相当于航天器的细胞甚至心脏，细胞不健康、心脏不强大，块头再大也不算强。

尽管宇航芯片个个"先天优异"，但由于它们的工作环境极为苛刻，因此数量众多的宇航芯片在生产制造后，仍要随机抽取若干个进行破坏性物理分析，如外部目检、X 射线检查、粒子碰撞噪声检测、密封试验、内部气氛含量检测、内

部目检等,以确保它们在设计、结构、材料、制造质量等方面可以满足严酷的宇航应用要求。只有通过严格地面试验的"佼佼者",才能奔赴梦想的天宇。

如今,无数寄托着航天人信心与期盼的"中国芯"逐梦太空、遨游星辰,在茫茫宇宙中贡献着自己的航天力量,成为我国航天科技自立自强的真实写照。在它们小小的身躯里,有着宏大的中国航天强国梦,未来,这个梦一定会实现。

(资料来源:http://finance.people.com.cn/n1/2022/0902/c1004-32518003.html,有改动)

5.3.4 集成运放的工作特性

1. 集成运放的理想模型

集成运放的理想模型称为理想集成运放,它将集成运放的各项性能指标理想化,以便在对其分析的过程中抓住主要因素、简化分析过程。理想集成运放的性能指标主要有以下特点。

(1)开环差模电压放大倍数 $A_{ud} = \infty$ 。

(2)差模输入电阻 $r_{id} = \infty$ 。

(3)开环输出电阻 $r_o = 0$ 。

(4)共模抑制比 $K_{CMR} = \infty$ 。

(5)输入失调电压、输入失调电流及它们的温度漂移均为零。

(6)当输入为零时,输出恒为零。

由于理想集成运放的上述性能指标都是理想化的,因此在实际应用中分析集成运放时会出现一些误差,但是这种误差并不严重,在实际应用中是被允许的,这就大大简化了分析过程。在后面的内容里,若无特别说明,均将集成运放看作理想集成运放。

2. 线性区的工作特性

集成运放的工作特性主要是指其输出电压与输入电压之间的关系,它可通过传输特性曲线来分析。如图 5-35 所示为集成运放的传输特性曲线。其中,BC 段为集成运放工作的线性区,AB 段和 CD 段为集成运放工作的非线性区(又称饱和区)。由于集成运放的电压放大倍数极高,因此 BC 段十分接近纵轴。在理想情况下,可认为 BC 段与纵轴重合。此时,用 B'C' 段表示集成运放工作在线性区,AB' 段和 C'D 段表示集成运放工作在非线性区。

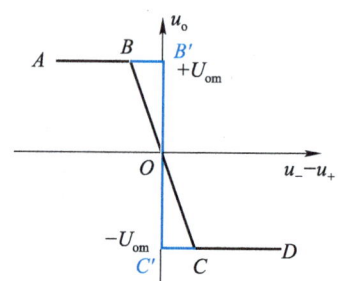

图 5-35 集成运放的传输特性曲线

当集成运放工作在线性区时,可将其看作一个线性放大元件,其输出电压和输入差值电压之间的关系是线性关系,即

$$u_o = A_{ud}(u_+ - u_-) \tag{5-23}$$

由于集成运放的 $A_{ud} = \infty$，而 u_o 是有限值，因此可认为
$$u_+ \approx u_- \tag{5-24}$$
这种特性称为"虚短"，即两个输入端之间的电压近似为零，相当于短路，但不是真正的短路。

由于集成运放的 $r_{id} = \infty$，因此可认为两个输入端的电流近似为零，即
$$i_+ = i_- \approx 0 \tag{5-25}$$
这种特性称为"虚断"，即输入端相当于断路，但又不是真正的断路。利用"虚短"和"虚断"这两个特性，分析各种运算及处理电路的线性工作情况将十分简便。

3．非线性区的工作特性

当处于开环状态或同相输入端与输出端之间有通路（正反馈）时，集成运放工作在非线性区。此时，若反相输入端 u_- 与同相输入端 u_+ 不等，则输出电压为正、负饱和值（U_{om} 或 $-U_{om}$）。当 $u_- > u_+$ 时，$u_o = -U_{om}$；当 $u_- < u_+$ 时，$u_o = U_{om}$。

此外，当集成运放工作在非线性区时，两个输入端的输入电流也为零。

> **点　拨**
>
> 在非线性区内，集成运放不具有"虚短"特性。

5.3.5　集成运放的典型应用

由集成运放组成的电路在引入不同的反馈电路后，可实现比例、加法、减法、积分和微分等运算，从而成为各种运算电路。运算电路是集成运放最典型的应用，当它对输入信号进行运算时，要求输出信号必须反映出输入信号的某种运算结果，这就需要引入深度负反馈，从而使集成运放工作在线性区。

1．比例运算电路

比例运算电路是运算电路中最简单的电路，它的输出电压与输入电压成比例关系。

1）反相比例运算电路

输入信号从反相输入端输入时，输出信号与输入信号反相，这样的比例运算电路称为反相比例运算电路，如图 5-36 所示。其中，同相输入端通过电阻 R_2 接地，输入信号 u_i 经电阻 R_1 送到反相输入端，反馈电阻 R_f 跨接在输出端和反相输入端之间。

根据集成运放的"虚断"和"虚短"特性，可知

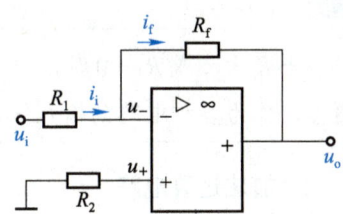

图 5-36　反相比例运算电路

$$i_i \approx i_f, \quad u_- \approx u_+ = 0$$

由图 5-36 可得

$$i_i = \frac{u_i - u_-}{R_1} = \frac{u_i}{R_1}, \quad i_f = \frac{u_- - u_o}{R_f} = -\frac{u_o}{R_f}$$

由此可得

$$u_o = -\frac{R_f}{R_1}u_i \quad (5\text{-}26)$$

则闭环电压放大倍数为

$$A_{uf} = \frac{u_o}{u_i} = -\frac{R_f}{R_1} \quad (5\text{-}27)$$

式（5-27）表明，在反相比例运算电路中，输出电压与输入电压成比例关系，该电路的闭环电压放大倍数只与外围电阻有关，而与集成运放本身的参数无关，这就保证了闭环电压放大倍数的精确性和稳定性。式（5-27）中的"－"表示输出电压与输入电压反相。

在如图 5-36 所示的电路中，R_2 为平衡电阻，$R_2 = R_1 // R_f$，其作用是消除静态电流对输出电压的影响。当 $R_1 = R_f$ 时，$u_o = -u_i$，$A_{uf} = -1$，此时基于该电路可制得反相器。

2）同相比例运算电路

如果输入信号从同相输入端输入，输出信号与输入信号同相，则该比例运算电路便称为同相比例运算电路，如图 5-37 所示。

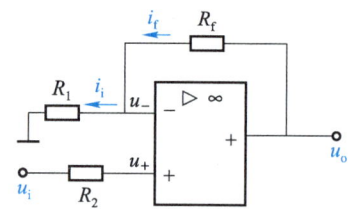

图 5-37　同相比例运算电路

在"$u_o \to R_f \to R_1 \to$ 地"的回路中，有

$$u_- = \frac{R_1}{R_1 + R_f} u_o$$

根据集成运放的"虚断"和"虚短"特性可得闭环电压放大倍数为

$$A_{uf} = \frac{u_o}{u_i} = 1 + \frac{R_f}{R_1} \quad (5\text{-}28)$$

式（5-28）表明，与反相比例运算电路一样，同相比例运算电路输出电压与输入电压的比例关系也与集成运放本身的参数无关，闭环电压放大倍数的精确性和稳定性也很高。同相比例运算电路的闭环电压放大倍数 $A_{uf} \geq 1$，为正值，表示输出电压与输入电压同相。

点　拨

当 $R_1 = \infty$ 或 $R_f = 0$ 时，$A_{uf} = 1$，此时基于同相比例运算电路可制得同相器或电压跟随器，作为各种电路的输入级、中间级或缓冲级等。

2. 加法运算电路

在反相比例运算电路的基础上增加几个输入支路，便可组成反相加法运算电路。同样，在同相比例运算电路的基础上增加几个输入支路，便可组成同相加法运算电路。反相加法运算电路的性能较好，应用较多，下面主要对其进行分析。

反相加法运算电路如图 5-38 所示。

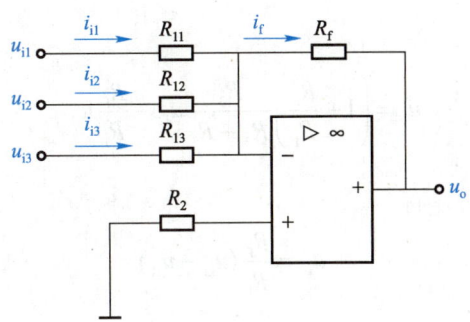

图 5-38　反相加法运算电路

根据集成运放的"虚断"和"虚短"特性,可得

$$i_{i1}=\frac{u_{i1}}{R_{11}},\quad i_{i2}=\frac{u_{i2}}{R_{12}},\quad i_{i3}=\frac{u_{i3}}{R_{13}},\quad i_f=i_{i1}+i_{i2}+i_{i3}=-\frac{u_o}{R_f}$$

由此可得

$$u_o=-\left(\frac{R_f}{R_{11}}u_{i1}+\frac{R_f}{R_{12}}u_{i2}+\frac{R_f}{R_{13}}u_{i3}\right) \tag{5-29}$$

式（5-29）表明,在反相加法运算电路中,输出电压等于各输入电压按不同比例相加之和。当 $R_{11}=R_{12}=R_{13}=R_1$ 时,有

$$u_o=-\frac{R_f}{R_1}(u_{i1}+u_{i2}+u_{i3}) \tag{5-30}$$

令 $R_1=R_f$,则

$$u_o=-(u_{i1}+u_{i2}+u_{i3}) \tag{5-31}$$

由上述可知,反相加法运算电路也与集成运放本身的参数无关,只要电阻足够精确,就可保证加法运算的精确性和稳定性。

 头脑风暴

> 对于同相加法运算电路,其分析方法和反相加法运算电路是相同的。试分析同相加法运算电路的计算公式,并绘制其电路图。

3. 减法运算电路

如图 5-39 所示为用来实现两个电压 u_{i1} 和 u_{i2} 相减的减法运算电路,其中两个输入端都有信号输入。从图中可知

$$u_-=u_{i1}-R_1 i_i=u_{i1}-\frac{R_1}{R_1+R_f}(u_{i1}-u_o)$$

$$u_+=\frac{R_3}{R_2+R_3}u_{i2}$$

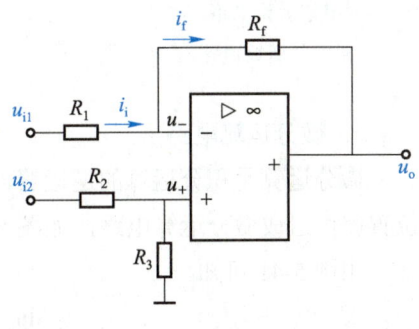

图 5-39　减法运算电路

因 $u_- \approx u_+$，则有

$$u_o = \left(1 + \frac{R_f}{R_1}\right)\frac{R_3}{R_2 + R_3}u_{i2} - \frac{R_f}{R_1}u_{i1} \quad (5\text{-}32)$$

当 $R_1 = R_2$、$R_f = R_3$ 时，有

$$u_o = \frac{R_f}{R_1}(u_{i2} - u_{i1}) \quad (5\text{-}33)$$

令 $R_f = R_1$，则

$$u_o = u_{i2} - u_{i1} \quad (5\text{-}34)$$

由式（5-33）可得

$$A_{uf} = \frac{u_o}{u_{i2} - u_{i1}} = \frac{R_f}{R_1} \quad (5\text{-}35)$$

式（5-35）表明，在减法运算电路中，输出电压与两个输入电压之差成比例关系。

4．积分运算电路

在反相比例运算电路中，用反馈电容 C_f 代替反馈电阻 R_f 便可组成积分运算电路，如图 5-40 所示。积分运算电路不仅是模拟计算机电路的基本单元，而且在控制和测量系统中的应用也十分广泛。

由图 5-40 可知，积分运算电路是反相输入的，且 $u_- \approx u_+ = 0$，因此 $i_i \approx i_f = u_i/R_1$，则

$$u_o = -u_C = -\frac{1}{C_f}\int i_f dt = -\frac{1}{R_1 C_f}\int u_i dt \quad (5\text{-}36)$$

式（5-36）表明，积分运算电路的输出电压与输入电压的积分成比例关系，负号表示两者反相。

积分运算电路
和微分运算电路

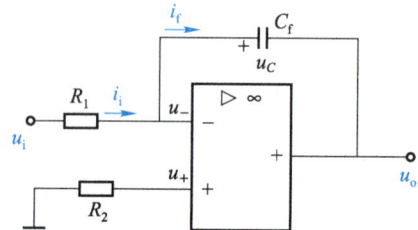

图 5-40　积分运算电路

5．微分运算电路

微分运算是积分运算的逆运算，因此将积分运算电路中输入端的电阻和反馈电容互换位置就可组成微分运算电路，如图 5-41 所示。

由图 5-41 可知

$$i_i = C\frac{du_C}{dt} = C\frac{du_i}{dt}, \quad u_o = -R_f i_f = -R_f i_i$$

由此可得

$$u_o = -R_f C \frac{du_i}{dt} \tag{5-37}$$

式（5-37）表明，输出电压与输入电压的微分成正比，负号表示两者反相。其中，$R_f C$ 称为微分时间常数。

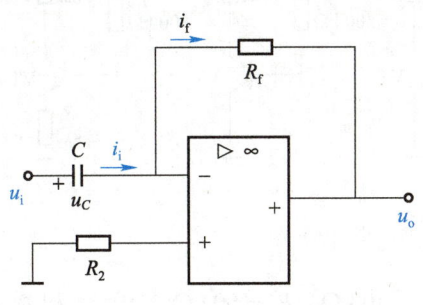

图 5-41 微分运算电路

集成运放的
非线性应用

1. 填空题

（1）_____是放大电路的核心，是能量转换控制器件，起电流放大作用。

（2）在绘制直流通路时，可将_____看作开路，将_____看作短路，将_____看作短路（需要保留其内阻）。

（3）在共发射极放大电路的静态分析中，图解分析法主要用来确定其_____。

（4）若反馈使输出量的变化增大，即使净输入量增大，则称之为_____；若反馈使输出量的变化减小，即使净输入量减小，则称之为_____。

（5）集成运放的电路主要由_____、_____、_____和_____四部分组成。

（6）"虚短"的条件为_____；"虚断"的条件为_____。

（7）微分运算是积分运算的逆运算，因此将积分运算电路中_____和

_____互换位置就可组成微分运算电路。

2. 解答题

（1）试求如图 5-42 所示电路的静态工作点，设三极管的 $\beta = 60$。

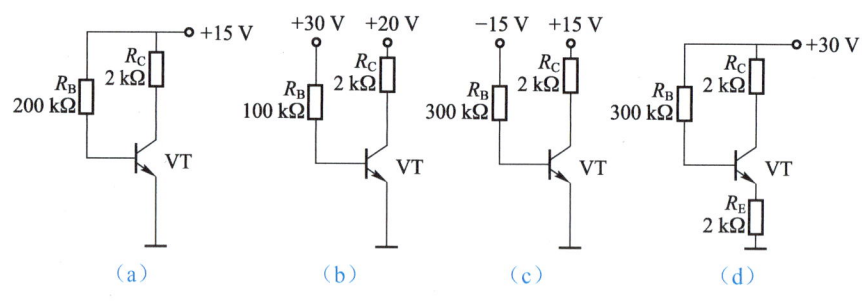

图 5-42　题（1）图

（2）在如图 5-36 所示电路中，$R_1 = 10\ \text{k}\Omega$，$R_f = 50\ \text{k}\Omega$，求 A_{uf} 和 R_2；若输入电压 $u_i = 1.5\ \text{V}$，则 u_o 为多大？

（3）求如图 5-43 所示电路中 u_o 与 u_{i1}、u_{i2} 的关系。

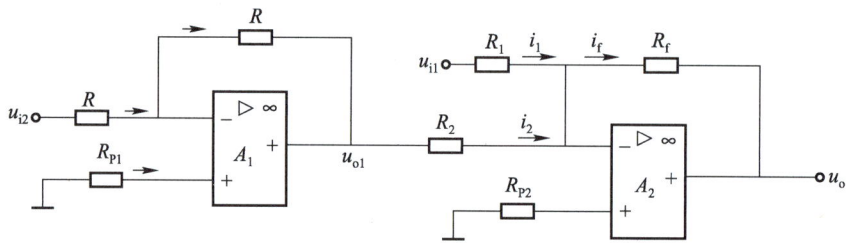

图 5-43　题（3）图

学习成果评价

指导教师根据学生对本项目的实际学习成果对其进行评价,学生配合指导教师共同完成如表 5-16 所示的学习成果评价表。

表 5-16 学习成果评价表

班级		组号		日期	
姓名		学号		指导教师	
学习成果/项目名称		三极管及其应用			
评价项目	评价内容		评价方式	满分/分	评分/分
知识 40%	三极管的结构和电流放大作用		理论测试	2	
	三极管的伏安特性和主要参数			4	
	共发射极放大电路			6	
	分压偏置放大电路和共集电极放大电路			6	
	多级放大电路和功率放大电路			6	
	放大电路中的反馈			4	
	集成运放的结构和性能指标			4	
	集成运放的工作特性			4	
	集成运放的典型应用			4	
技能 40%	测试三极管的伏安特性		实践操作	12	
	调试基本放大电路			14	
	测试集成运放的性能指标			14	
素养 20%	积极参加教学活动,主动学习、思考、讨论		综合评判	6	
	认真负责,按时完成学习、实践任务			4	
	团结协作,与组员之间密切配合			4	
	服从指挥,遵守课堂和实训室纪律			4	
	守正创新,自信自强			2	
合计				100	
自我评价					
教师评价					

项目 6　逻辑门电路与组合逻辑电路

项目导读

数字电路是指用离散的电路状态（如低电平和高电平）代表信号，并将其按一定规则进行运算的电子电路。根据逻辑功能特点的不同，数字电路可分为组合逻辑电路和时序逻辑电路两大类。其中，组合逻辑电路由基本的逻辑门电路组合而成，它在任何时刻的输出状态仅取决于该电路当时各输入变量的状态组合，而与电路过去的输入、输出状态无关。

本项目主要介绍逻辑代数和逻辑门电路的基本知识，组合逻辑电路的分析和设计方法，以及常用的组合逻辑器件。

知识目标

- 掌握数制转换和编码的方法以及常用的逻辑运算方法
- 掌握逻辑函数的表示方法
- 掌握分立元件门电路和 TTL 集成门电路的电路结构和特性
- 掌握组合逻辑电路的分析和设计方法
- 熟悉常用的组合逻辑器件

技能目标

- 能够正确分析数字集成电路的内部逻辑结构
- 能够正确测试 TTL 集成门电路的逻辑功能
- 能够制作简单的组合逻辑电路

素质目标

- 培养逻辑严谨、辩证统一的科学思维
- 树立科技成才、技能报国的人生理想

任务 6.1 掌握逻辑代数的基本知识

 任务引入

逻辑代数是一种用于描述客观事物逻辑关系的数学方法，它是分析和设计数字电路的基本工具和理论基础。在逻辑代数中，根据与、或、非三种最基本的逻辑运算规则，可以得到一些基本公式和基本定理，它们是化简逻辑函数表达式（以下简称逻辑式）的主要依据。数字集成电路是基于一定的逻辑运算规则，将相关元器件集成到同一片半导体芯片上而制成的。常见的数字集成电路有 74LS00 型、74LS20 型、74LS08 型、74LS02 型和 74LS32 型等。

请选择合适的器材，识别常见的数字集成电路，分析它们的内部逻辑结构。本任务的知识与技能要求如表 6-1 所示。

表 6-1　知识与技能要求

任务内容	掌握逻辑代数的基本知识	学习程度		
		识记	理解	应用
学习任务	数制转换		●	
	编码		●	
	逻辑运算		●	
	逻辑函数的表示方法		●	
实训任务	分析数字集成电路的内部逻辑结构			●
自我勉励				

任务工单——分析数字集成电路的内部逻辑结构

1. 知识准备

用二进制数 0 和 1 表示二值逻辑，并按某种因果关系进行的运算称为逻辑运算。数字电路内部集成了各种逻辑门电路和触发器，从而组成了各种组合逻辑电路和时序逻辑电路，它们可以对数字信号进行逻辑运算。

逻辑代数是分析和设计数字电路的数学基础，它与普通数学代数的运算相似，如有交换律、结合律和分配律等，而且逻辑代数中也用字母表示变量，这种变量称为逻辑变量。但是，逻辑代数与普通代数又存在本质的区别：普通代数中的变量取值可以是正数、负数、有理数和无理数，是进行十进制（0～9）数值运算的；而逻辑代数中变量的取值只有"0"和"1"两个，并且"0"和"1"没有数值意义，它们仅表示事物的两种逻辑状态。

逻辑代数中最基本的逻辑运算有与、或、非三种，它们的图形符号如图 6-1 所示。

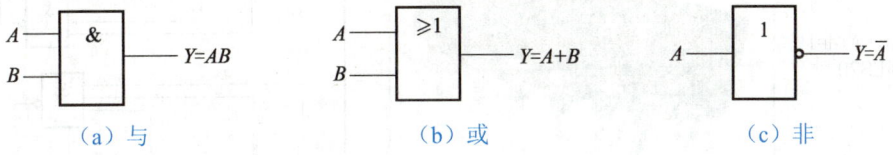

(a) 与   (b) 或   (c) 非

图 6-1 与、或、非运算的图形符号

将与、或、非三种基本逻辑运算组合起来，可以进行与非、或非、异或和同或等复合逻辑运算，它们的图形符号如图 6-2 所示。

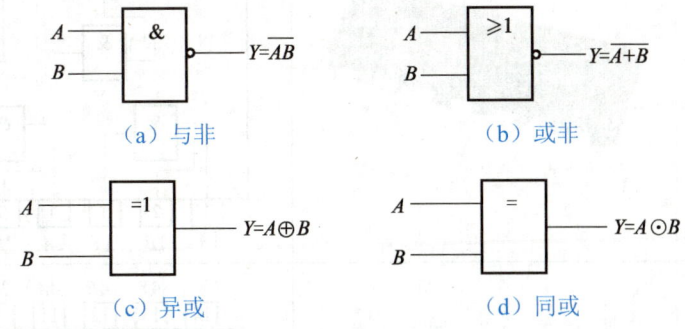

(a) 与非   (b) 或非

(c) 异或   (d) 同或

图 6-2 复合逻辑运算的图形符号

📝 **笔记**

2. 器材准备

准备任务实施所需的器材，如表 6-2 所示。

表 6-2　任务实施所需的器材

名称及型号	实物图	内部逻辑结构及引脚分布
四 2 输入与非门 74LS00		U_{CC}-14, 4B-13, 4A-12, 4Y-11, 3B-10, 3A-9, 3Y-8；1A-1, 1B-2, 1Y-3, 2A-4, 2B-5, 2Y-6, GND-7
双 4 输入与非门 74LS20		U_{CC}-14, 2D-13, 2C-12, NC-11, 2B-10, 2A-9, 2Y-8；1A-1, 1B-2, NC-3, 1C-4, 1D-5, 1Y-6, GND-7
四 2 输入与门 74LS08		U_{CC}-14, 4B-13, 4A-12, 4Y-11, 3B-10, 3A-9, 3Y-8；1A-1, 1B-2, 1Y-3, 2A-4, 2B-5, 2Y-6, GND-7
四 2 输入或非门 74LS02		U_{CC}-14, 4Y-13, 4B-12, 4A-11, 3Y-10, 3B-9, 3A-8；1Y-1, 1A-2, 1B-3, 2Y-4, 2A-5, 2B-6, GND-7

表6-2（续）

名称及型号	实物图	内部逻辑结构及引脚分布
四2输入或门 74LS32		U_{CC} 4B 4A 4Y 3B 3A 3Y 14 13 12 11 10 9 8 （内部为四个2输入或门 ≥1） 1 2 3 4 5 6 7 1A 1B 1Y 2A 2B 2Y GND

3. 任务实施

1）识别数字集成电路的名称及型号

学生以3～5人为1组进行分组，各组分别选取1个数字集成电路，对照表6-2识别其名称和型号。

2）分析数字集成电路的内部逻辑结构

各组根据如表6-2所示的内部逻辑结构及引脚分布，观察所选数字集成电路的引脚，分析该数字集成电路的逻辑功能。

> **点拨**
>
> 在判断引脚顺序时，要认清定位标记，即正对集成电路，标记（缺口或小圆点标记）向左，下端引脚自左向右依次为引脚1、引脚2……，上端引脚则按照自右向左的顺序排列。

3）总结陈述

每组选出1名代表，对所选数字集成电路的名称、型号、内部逻辑结构及引脚功能进行总结陈述，小组其他成员适当进行补充。

笔记

创想天地

总结陈述需要对实际产品进行客观、形象地表达,是对产品"卖点"的语言呈现。请各组相互讨论,交流总结陈述的要点,学习语言表达的技巧。

4. 任务评价

请指导教师按照学生的实际表现情况进行评价,并将评价结果填入表 6-3 中。学生结合自身表现和指导教师的评价,对本次任务进行总结。

表 6-3 考核评价表

评价项目	评价标准	满分/分	实际得分/分	教师评语
技能操作	正确识别数字集成电路的名称及型号	20		
	正确分析数字集成电路的内部逻辑结构	30		
	总结陈述完整、正确	30		
参与程度	认真参加活动,积极思考,主动与同学、指导教师进行交流,善于发现和解决问题	10		
合作意识	积极参与探讨,勇于接受任务,敢于承担责任	10		
总分		100		

笔记

相关知识

电子电路中的信号分为模拟信号和数字信号两大类。其中,模拟信号在时间上或振幅上是连续的,如图6-3(a)所示;数字信号在时间上和振幅上都是不连续的,如图6-3(b)所示。

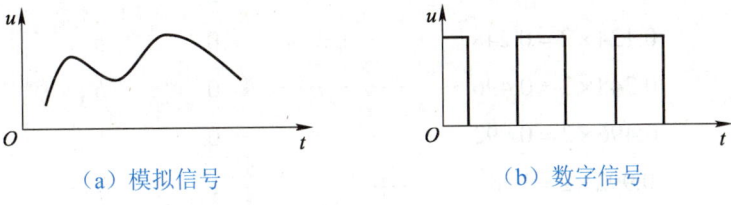

(a) 模拟信号　　　　　　　　　(b) 数字信号

图6-3　模拟信号和数字信号的电压-时间波形

处理模拟信号的电路称为模拟电路,模拟电路主要研究输出信号与输入信号之间的大小和相位关系。处理数字信号的电路称为数字电路,数字电路主要研究输出信号与输入信号之间的逻辑关系,它是以逻辑代数为数学基础,使用二进制数字信号进行算术运算和逻辑运算的。下面首先介绍逻辑代数的基本知识。

6.1.1　数制转换

1. 将二进制数、八进制数和十六进制数转换为十进制数

将二进制数、八进制数和十六进制数转换为十进制数,只需要按如下方式展开,然后将各展开项相加即可。

$$(1001)_2 = 1 \times 2^3 + 0 \times 2^2 + 0 \times 2^1 + 1 \times 2^0 = (9)_{10}$$

$$(256)_8 = 2 \times 8^2 + 5 \times 8^1 + 6 \times 8^0 = (174)_{10}$$

$$(F3)_{16} = 15 \times 16^1 + 3 \times 16^0 = (243)_{10}$$

数制

2. 将十进制数转换为二进制数、八进制数和十六进制数

1)将十进制整数转换为二进制数、八进制数和十六进制数

将十进制整数转换为二进制数、八进制数和十六进制数常用的方法为:除基数取余,直到商为0。例如,将十进制数46转换为二进制数,其计算过程如下。

```
2 | 46    ---------- 余 0    b₀    ↑
2 | 23    ---------- 余 1    b₁    读
2 | 11    ---------- 余 1    b₂    取
2 |  5    ---------- 余 1    b₃    顺
2 |  2    ---------- 余 0    b₄    序
2 |  1    ---------- 余 1    b₅
      0
```

由此可得:$(46)_{10} = (101110)_2$。

2）将十进制小数转换为二进制数、八进制数、十六进制数

将十进制小数转换为二进制数、八进制数、十六进制数常用的方法为：乘基数取整，直至小数部分为 0 或达到规定的精度为止。例如，将十进制数 0.562 转换为二进制数的计算过程如下。

$$
\begin{aligned}
0.562 \times 2 &= 1.124 \quad \text{取整} \quad 1 \quad b_{-1}\\
0.124 \times 2 &= 0.248 \quad\quad\quad\quad 0 \quad b_{-2}\\
0.248 \times 2 &= 0.496 \quad\quad\quad\quad 0 \quad b_{-3}\\
0.496 \times 2 &= 0.992 \quad\quad\quad\quad 0 \quad b_{-4}\\
0.992 \times 2 &= 1.984 \quad\quad\quad\quad 1 \quad b_{-5}
\end{aligned}
$$

（读取顺序 ↓）

由于 1.984 的小数部分大于 0.5，四舍五入，因此 b_{-6} 取 1。由此可得

$$(0.562)_{10} = (0.100011)_2$$

当一个数既有整数部分又有小数部分时，则可用上述两种方法分别对整数部分和小数部分进行转换，然后将转换后的两部分合并起来即可。例如

$$(6.25)_{10} = 110 + 0.01 = (110.01)_2$$

3．二进制数与十六进制数之间的相互转换

由于十六进制数的基数为 16，$16 = 2^4$，因此 4 位二进制数就相当于 1 位十六进制数。二进制数转换为十六进制数的方法为：将二进制数整数部分从低位到高位每 4 位分为一组，最后不满 4 位者在前面加 0，每组以等值的十六进制数代替；同时将二进制数小数部分从高位到低位每 4 位分为一组，最后不满 4 位者在后面加 0，每组以等值的十六进制数代替。

同理，若要将十六进制数转换为二进制数，只需要将每位十六进制数以等值的 4 位二进制数代替即可。

4．二进制数与八进制数之间的相互转换

二进制数与八进制数之间的转换同二进制数与十六进制数之间的转换方法相似，即将 3 位二进制数分为一组进行转换即可。

 笔 记

6.1.2 编码

将若干位二进制数按一定的方式组合起来，用于表示数和字符等信息的过程称为编码，这些特定的二进制数则称为代码。将代码还原成所表示的数和字符等信息的过程称为

译码。十进制代码的编码方式较多,下面主要介绍 BCD 码和格雷码。

1. BCD 码

若用 4 位二进制数来表示 1 位十进制数中的 0~9 这十个数码,则这些二进制数称为二-十进制码,简称 BCD 码(binary coded decimal)。

点　拨

> BCD 码用 4 位二进制数表示的只是十进制数的一位。如果要表示一个多位十进制数,则应先将其每一位用 BCD 码表示,然后把它们组合起来。

由于 4 位二进制数有 16 种不同的组合方式,因此 BCD 码有 16 种代码,而从中选取 10 种代码来分别与十进制数中的 0~9 相对应,这会有多种方案,其中常用的有 8421 码、2421 码、5421 码和余 3 码等,如表 6-4 所示。

表 6-4　几种常用的 BCD 码

十进制数	8421 码	2421 码	5421 码	余 3 码
0	0000	0000	0000	0011
1	0001	0001	0001	0100
2	0010	0010	0010	0101
3	0011	0011	0011	0110
4	0100	0100	0100	0111
5	0101	1011	1000	1000
6	0110	1100	1001	1001
7	0111	1101	1010	1010
8	1000	1110	1011	1011
9	1001	1111	1100	1100
位权	8421 $b_3b_2b_1b_0$	2421 $b_3b_2b_1b_0$	5421 $b_3b_2b_1b_0$	无权

1) 8421 码、2421 码和 5421 码

8421 码、2421 码和 5421 码都属于恒权码,它们的 4 位二进制数中的每一位都有一定的位权,各位权之和就是它所表示的十进制数。例如,8421 码从高位到低位各位的位权分别为 8、4、2、1,因此 8421 码 1001 表示十进制数 9。8421 码是最基本、最常见的一种 BCD 码。

2) 余 3 码

余 3 码是对 8421 码加上二进制数 0011(对应十进制数 3)而形成的一种无权码。当两个十进制数的和是 10 时,这两个十进制数相应的余 3 码的和正好是 16,因此可自动产生进位信号,从而给运算带来方便。余 3 码在运算中必须对运算结果进行修正。

2. 格雷码

格雷码是一种常见的无权码。如表6-5所示为4位格雷码与十进制数的对照表，其中任意两个相邻4位格雷码只有1位二进制数不同，且最大数与最小数之间也仅有1位二进制数不同，即"首尾相连"，因此格雷码又称循环码。格雷码在相邻代码之间转换时，只有一位二进制数产生变化，这与其他编码同时改变两位或多位的情况相比不容易出错，因此格雷码具有较高的可靠性。

表6-5 4位格雷码与十进制数的对照表

十进制数	格雷码	十进制数	格雷码	十进制数	格雷码	十进制数	格雷码
0	0000	4	0110	8	1100	12	1010
1	0001	5	0111	9	1101	13	1011
2	0011	6	0101	10	1111	14	1001
3	0010	7	0100	11	1110	15	1000

经验传承

BCD码和格雷码都是用来表示十进制数的二进制代码。对于同一个代码，分别将其看作BCD码和格雷码来进行译码，将会得到不同的结果。

6.1.3 逻辑运算

逻辑代数的基本运算有与、或、非三种。为了便于理解它们的含义，下面以指示灯的三种控制电路为例分别进行介绍。

如图6-4所示为指示灯的三种控制电路，设A、B分别表示两个开关的状态，并以1表示开关闭合，0表示开关断开；Y表示指示灯的状态，并以1表示指示灯亮，0表示指示灯不亮。

基本逻辑运算

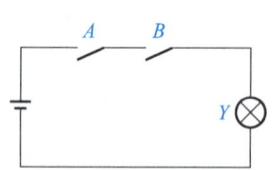
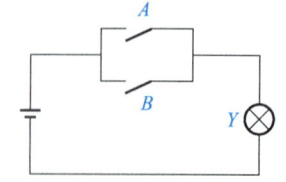
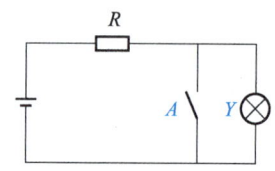

(a) 用于说明与运算的电路 (b) 用于说明或运算的电路 (c) 用于说明非运算的电路

图6-4 指示灯的三种控制电路

1. 基本逻辑运算

1) 与运算

由图6-4 (a)可知，只有当两个开关同时闭合时，指示灯才会亮；只要有一个开关断开，指示灯就不亮。这表明，只有当决定一件事情的条件全部具备之后，这件事情才会发

生。这种因果关系称为逻辑与。与运算的逻辑式为

$$Y = A \cdot B \tag{6-1}$$

式（6-1）中，"·"表示与运算，又称逻辑相乘，常被省略。有些地方与运算也采用"∧""∩""&"等符号来表示。

与运算的逻辑运算规则为：输入有 0，输出为 0；输入全 1，输出为 1。

为了直观明了地表示上述逻辑关系，可把变量各种可能的取值与相对应的函数值用表格的形式一一列举出来，这种表格称为真值表。与运算的真值表如表 6-6 所示。

2）或运算

由图 6-4（b）可知，只要两个开关中的一个闭合或两个同时闭合，指示灯才会亮；只有当两个开关全部断开时，指示灯才不亮。这表明，在决定一件事情的几个条件中，只要具备一个或一个以上的条件，这件事情就会发生。这种因果关系称为逻辑或。或运算的逻辑式为

$$Y = A + B \tag{6-2}$$

式（6-2）中，"+"表示或运算，又称逻辑相加。有些地方或运算也采用"∨""∪"等符号来表示。

或运算的逻辑运算规则为：输入有 1，输出为 1；输入全 0，输出为 0。或运算的真值表如表 6-7 所示。

3）非运算

由图 6-4（c）可知，当开关闭合时，指示灯不亮；当开关断开时，指示灯亮。这表明，当决定一件事情的条件具备时，这件事情不发生；当决定一件事情的条件不具备时，这件事情才发生。这种因果关系称为逻辑非。非运算的逻辑式为

$$Y = \overline{A} \tag{6-3}$$

有些地方也用"A'"或"$\sim A$"表示 A 的非运算。非运算的真值表如表 6-8 所示。

表 6-6　与运算的真值表

A	B	Y（AB）
0	0	0
0	1	0
1	0	0
1	1	1

表 6-7　或运算的真值表

A	B	Y（$A+B$）
0	0	0
0	1	1
1	0	1
1	1	1

表 6-8　非运算的真值表

A	Y（$\overline{A}$）
0	1
1	0

与、或、非的运算还可以用图形符号来表示，如图 6-1 所示。

2. 复合逻辑运算

实际的逻辑运算往往要比与、或、非运算复杂得多，但是任何复杂的逻辑运算都是由这三种基本逻辑运算组合而成的。在实际应用中，为了减少逻辑门的数量，使数字电路的设计更为方便，还常常使用以下几种复合逻辑运算。

1）与非运算

与非运算由与运算和非运算组合而成。与非运算的真值表如表 6-9 所示，与非运算的图形符号如图 6-2（a）所示。

2）或非运算

或非运算由或运算和非运算组合而成，或非运算的真值表如表 6-10 所示，或非运算的图形符号如图 6-2（b）所示。

表 6-9　与非运算的真值表

A	B	$Y(\overline{AB})$
0	0	1
0	1	1
1	0	1
1	1	0

表 6-10　或非运算的真值表

A	B	$Y(\overline{A+B})$
0	0	1
0	1	0
1	0	0
1	1	0

3）异或运算

异或运算的逻辑关系为：当输入相同时，输出为 0；当输入不同时，输出为 1。异或运算的真值表如表 6-11 所示，异或运算的图形符号如图 6-2（c）所示。

4）同或运算

同或运算的逻辑关系与异或运算的相反，即当输入相同时，输出为 1；否则，输出为 0。同或运算的真值表如表 6-12 所示，同或运算的图形符号如图 6-2（d）所示。

表 6-11　异或运算的真值表

A	B	$Y(A \oplus B)$
0	0	0
0	1	1
1	0	1
1	1	0

表 6-12　同或运算的真值表

A	B	$Y(A \odot B)$
0	0	1
0	1	0
1	0	0
1	1	1

3．逻辑运算的基本公式和基本定理

1）逻辑运算的基本公式

如表 6-13 所示为逻辑运算的基本公式。

表 6-13 逻辑运算的基本公式

名称	公式
0-1 律	$A \cdot 1 = A \qquad A \cdot 0 = 0 \qquad A + 1 = 1 \qquad A + 0 = A \qquad \bar{1} = 0 \qquad \bar{0} = 1$
互补律	$A\bar{A} = 0 \qquad\qquad\qquad\qquad\qquad A + \bar{A} = 1$
重叠律	$AA = A \qquad\qquad\qquad\qquad\qquad A + A = A$
交换律	$AB = BA \qquad\qquad\qquad\qquad\qquad A + B = B + A$
结合律	$A(BC) = (AB)C \qquad\qquad\qquad\qquad A + (B + C) = (A + B) + C$
分配律	$A(B + C) = AB + AC \qquad\qquad\qquad A + BC = (A + B)(A + C)$
反演律（摩根定律）	$\overline{AB} = \bar{A} + \bar{B} \qquad\qquad\qquad\qquad \overline{A + B} = \bar{A}\bar{B}$
还原律	$\bar{\bar{A}} = A$
由上述公式推导出的常用公式	$A + AB = A \qquad\qquad A + \bar{A}B = A + B \qquad\qquad AB + A\bar{B} = A$ $A(A + B) = A \qquad\qquad A\overline{AB} = A\bar{B} \qquad\qquad \overline{A + AB} = \bar{A}$ $AB + \bar{A}C + BC = AB + \bar{A}C \qquad\qquad AB + \bar{A}C + BCD = AB + \bar{A}C$ $(A + B) \cdot (\bar{A} + C) \cdot (B + C) = (A + B) \cdot (\bar{A} + C)$

2）代入定理

对于任意一个逻辑等式，以某个逻辑变量或逻辑函数同时取代等式两端的同一个逻辑变量后，等式依然成立。利用代入定理可以方便地扩展公式。例如，若在反演律 $\overline{AB} = \bar{A} + \bar{B}$ 中用 BC 取代等式中的 B，则新的等式仍成立，即

$$\overline{ABC} = \bar{A} + \overline{BC} = \bar{A} + \bar{B} + \bar{C}$$

3）反演定理

对于任意一个逻辑函数 F，若将其中所有的"+"换成"·"，"·"换成"+"，0 换成 1，1 换成 0，原变量换成反变量，反变量换成原变量，则得到的结果就是 $\bar{F}$。

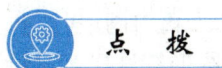

使用反演定理时仍需要遵守"先括号，然后乘，最后加"的优先顺序，并保证不属于单个变量上的反号不变。

4）对偶定理

对于任意一个逻辑函数 F，若将其中的"+"换成"·"，"·"换成"+"，0 换成 1，1 换成 0，则得到的结果就是 F 的对偶式，用 F' 表示。如果两个逻辑函数的表达式相等，那它们的对偶式也一定相等。

6.1.4 逻辑函数的表示方法

以逻辑变量为输入信号，以运算结果为输出信号，表述输入信号与输出信号之间逻辑关系的函数称为逻辑函数。逻辑函数常用的表示方法有真值表、逻辑式和逻辑图等，下面分别进行介绍。

1. 真值表

用真值表表示逻辑函数时，为避免遗漏，真值表中输入信号的取值组合应按照二进制数递增的次序排列。

以三人表决事件为例，根据少数服从多数的原则可得：当 A、B、C 中至少有两个为 1 时表决结果才为 1，于是可列出这一事件的真值表，如表 6-14 所示。

表 6-14 三人表决事件的真值表

输入			输出
A	B	C	Y
0	0	0	0
0	0	1	0
0	1	0	0
0	1	1	1
1	0	0	0
1	0	1	1
1	1	0	1
1	1	1	1

2. 逻辑式

将逻辑函数列为与、或、非这三种运算的组合式，即可得到逻辑式。

一般情况下，逻辑式可以从真值表或逻辑图中得出。将真值表转换为逻辑式的方法为：首先在真值表中找出输出信号为 1 的那些输入信号取值组合，每个取值组合对应一个乘积项；然后将取值组合中取值为 1 的输入信号作为原变量，将取值为 0 的输入信号作为反变量；最后将这些乘积相加。在三人表决事件中，由其真值表可得

$$Y = \overline{A}BC + A\overline{B}C + AB\overline{C} + ABC$$

反之，也可将逻辑式转换为真值表。其方法为：列出真值表，将输入信号及其所有取值组合按照二进制数递增的次序列入表格左边，然后将所有取值组合逐一代入逻辑式，求出相应的输出信号，将其填入表格对应的位置。

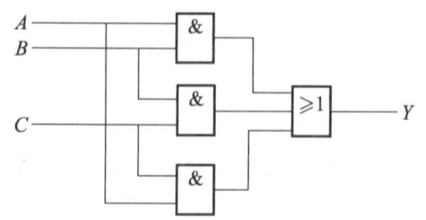

图 6-5 逻辑式 $Y = AB + BC + AC$ 的逻辑图

3. 逻辑图

要将给定的逻辑函数转换为逻辑图，可先将逻辑函数列为逻辑式，然后用图形符号代替逻辑式中的逻辑运算符号，最后按优先顺序将这些逻辑运算符号连接起来即可。如图 6-5 所示为逻辑式 $Y = AB + BC + AC$ 的逻辑图。

任务 6.2 认识逻辑门电路

 任务引入

逻辑门电路是数字电路的基本逻辑单元。如果把一个数字电路看作一个城市的道路交通网络,那么逻辑门电路就相当于各路口的交通信号灯。有了逻辑门电路,数字电路就可以对数字信号进行各种逻辑运算,从而实现相应的逻辑功能。

请选择合适的工具和器材,对 TTL 集成门电路的逻辑功能进行测试。本任务的知识与技能要求如表 6-15 所示。

表 6-15 知识与技能要求

任务内容	认识逻辑门电路	学习程度		
		识记	理解	应用
学习任务	分立元件的开关特性	●		
	与门、或门和非门电路		●	
	TTL 集成门电路的电路结构和电压传输特性		●	
	TTL 集成门电路的主要参数		●	
实训任务	测试 TTL 集成门电路的逻辑功能			●
自我勉励				

任务工单——测试 TTL 集成门电路的逻辑功能

1．知识准备

在集成门电路中，信号是用高电平和低电平两种状态表示的，这两种状态分别对应逻辑值 1 和 0。只有当输入信号的逻辑值满足某种逻辑关系时，集成门电路才会输出信号，进而实现相应的逻辑功能。TTL 集成门电路是较常用的集成门电路，向 TTL 集成门电路输入不同的高、低电平信号，用发光二极管测量其输出信号电平的高低，则可以测试 TTL 集成门电路的逻辑功能。

2．工具和器材准备

准备任务实施所需的工具和器材，补全表 6-16。

表 6-16　工具和器材清单

名称	规格	型号	数量	名称	规格	型号	数量
直流稳压电源	5 V			芯片底座			
数字万用表				发光二极管			
芯片		74LS00		导线			
芯片		74LS02					

3．任务实施

1）测试与非门电路的逻辑功能

（1）74LS00 型芯片的引脚分布如图 6-6 所示。将该芯片插入芯片底座，并将其引脚 14 接 5 V 直流稳压电源，引脚 7 接地。

（2）按表 6-17 所示 A、B 的逻辑值，在 74LS00 型芯片中选取一组输入端，输入逻辑电平，测量相应输出端的逻辑电平，将结果填入表 6-17 中，结果应符合逻辑式 $Y = \overline{AB}$。

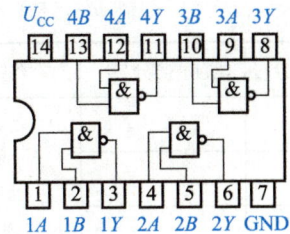

图 6-6　74LS00 型芯片的引脚分布

表 6-17　与非门逻辑功能测试真值表

A	B	Y
0	0	
0	1	
1	0	
1	1	

2）测试或非门电路的逻辑功能

74LS02 型芯片的引脚分布如图 6-7 所示。该芯片逻辑功能的测试方法与 74LS00 型芯片的相同，但要注意它与 74LS00 型芯片输入端和输出端的引脚不同。将结果填入表 6-18 中，结果应符合逻辑式 $Y = \overline{A + B}$ 。

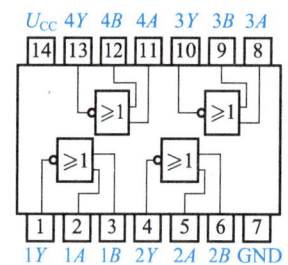

图 6-7 74LS02 型芯片的引脚分布

表 6-18 或非门逻辑功能测试真值表

A	B	Y
0	0	
0	1	
1	0	
1	1	

_____

_____

创想天地

拔插芯片时要执行操作规范，注意轻拿轻放、平稳用力，切忌"生拉硬拽"，必要时应使用镊子或芯片起拔器等专用工具。请分析操作规范对企业生产经营的重要性，讨论一下如何才能保证员工正确执行操作规范。

4. 任务评价

请指导教师按照学生的实际表现情况进行评价，并将评价结果填入表 6-19 中。学生结合自身表现和指导教师的评价，对本次任务进行总结。

表 6-19 考核评价表

评价项目	评价标准	满分/分	实际得分/分	教师评语
技能操作	正确测试与非门电路的逻辑功能	40		
	正确测试或非门电路的逻辑功能	40		
参与程度	认真参加活动，积极思考，主动与同学、指导教师进行交流，善于发现和解决问题	10		
合作意识	积极参与探讨，勇于接受任务，敢于承担责任	10		
总分		100		

相关知识

6.2.1 分立元件门电路

1. 分立元件的开关特性

1）二极管的开关特性

在逻辑代数中,逻辑函数各个逻辑变量的取值只能是 "0" 或 "1",这里的 "0" 和 "1" 表示的是两种不同的逻辑状态,如真和假、开和关、导通和截止、高电平和低电平等。

获得高、低电平的电路结构如图6-8所示。其中,输入电压 U_i 可以控制开关 S 的断开与闭合。当开关 S 断开时,输出电压 U_o 为高电平,表示一种逻辑状态;当开关 S 闭合时,输出电压 U_o 为低电平,表示另外一种逻辑状态。

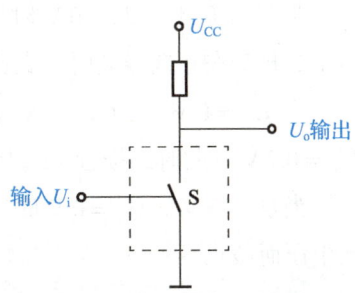

图 6-8　获得高、低电平的电路结构

利用二极管的单向导通性,可用二极管代替图 6-8 中的开关 S。一般情况下,当加在二极管两端的正向电压大于等于 0.7 V 时,二极管处于导通状态,此时的二极管相当于一个具有 0.7 V 电压降的闭合开关;当加在二极管两端的正向电压小于 0.7 V,或者加在二极管两端的是反向电压时,二极管处于截止状态,此时的二极管相当于处于断开状态的开关。

2）三极管的开关特性

在数字电路中,三极管的偏置电路应尽量使三极管处于非放大状态,即要求三极管工作在饱和导通状态或截止状态。一般情况下,当三极管发射结电压大于等于 0.7 V 时,三极管处于饱和导通状态,此时的发射结相当于具有 0.7 V 电压降的闭合开关,而集电结相当于具有 0.3 V 电压降的闭合开关。当三极管发射结电压小于 0.7 V 时,三极管处于截止状态,此时三极管各极之间是断开的。

拓展升华

场效应管的开关特性

绝大多数大规模及超大规模数字集成电路是由场效应管集成的 CMOS 集成电路。CMOS 集成电路主要由 N 沟道增强型 MOS 管(简称 NMOS 管)和 P 沟道增强型 MOS 管(简称 PMOS 管)组成。

对于 NMOS 管,当栅极电压为较大的正向电压时,NMOS 管饱和导通,此时源极 S 和漏极 D 导通,它们之间有导通电阻存在;当栅极电压较小或为反向电压时,NMOS 管截止,此时源极 S 与漏极 D 之间不导通。

对于 PMOS 管，当栅极电压为较大的反向电压时，PMOS 管饱和导通，此时源极 S 和漏极 D 导通，它们之间仍然有导通电阻存在；当栅极电压为较小的反向电压或为正向电压时，PMOS 管截止，此时源极 S 与漏极 D 之间不导通。

2. 与门电路

如图 6-9 所示为二极管与门电路。其中，A、B 为输入变量，Y 为输出变量。设 $U_{CC} = 5\ V$，A、B 的高、低电平分别为 3 V 和 0 V，二极管在正向导通时的电压降为 0.7 V。

当 $U_A = 0\ V$、$U_B = 0\ V$ 时，二极管 VD_1 和 VD_2 均导通。由于二极管在正向导通时具有钳位作用，因此 $U_Y = 0.7\ V$。

当 $U_A = 0\ V$、$U_B = 3\ V$ 时，二极管 VD_1 导通，$U_Y = 0.7\ V$，此时二极管 VD_2 因承受反向电压而截止。

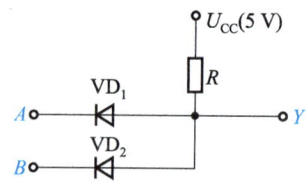

图 6-9　二极管与门电路

当 $U_A = 3\ V$、$U_B = 0\ V$ 时，二极管 VD_2 导通，$U_Y = 0.7\ V$，此时二极管 VD_1 因承受反向电压而截止。

当 $U_A = 3\ V$、$U_B = 3\ V$ 时，二极管 VD_1 和 VD_2 均导通，$U_Y = 3.7\ V$。

上述分析结果可以以表格的形式列出，如表 6-20 所示。其中，若规定 3 V 及以上为高电平，用逻辑 1 表示；0.7 V 及以下为低电平，用逻辑 0 表示，则由表 6-20 可得二极管与门电路的真值表，如表 6-21 所示。

表 6-20　二极管与门电路的输入、输出电平

A/V	B/V	Y/V
0	0	0.7
0	3	0.7
3	0	0.7
3	3	3.7

表 6-21　二极管与门电路的真值表

A	B	Y
0	0	0
0	1	0
1	0	0
1	1	1

由表 6-21 可列出与门电路的逻辑式，即

$$Y = AB$$

若在二极管与门电路中增加一个输入端和一个二极管，则该电路可变成三个输入端的与门电路。按此方法可组成更多输入端的与门电路。

3. 或门电路

如图 6-10 所示为二极管或门电路，其输入、输出电平如表 6-22 所示，其真值表如表 6-23 所示。

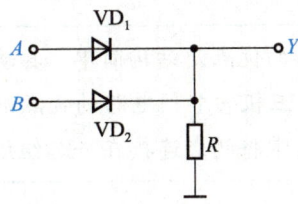

图 6-10 二极管或门电路

表 6-22 二极管或门电路的输入、输出电平

A/V	B/V	Y/V
0	0	0
0	3	2.3
3	0	2.3
3	3	2.3

表 6-23 二极管或门电路的真值表

A	B	Y
0	0	0
0	1	1
1	0	1
1	1	1

由表 6-23 可列出或门电路的逻辑式，即

$$Y = A + B$$

同样，或门电路也可通过增加输入端和二极管的方法，组成更多输入端的或门电路。

4. 非门电路

如图 6-11 所示为三极管非门电路，基于该电路制得的电子器件称为反相器。

设 A 端输入的高、低电平分别为 5 V 和 0 V。当 $U_A = 0$ V 时，三极管 VT 的发射结电压小于开启电压，满足截止条件，此时三极管 VT 截止，有 $U_Y \approx U_{CC} = 5$ V。

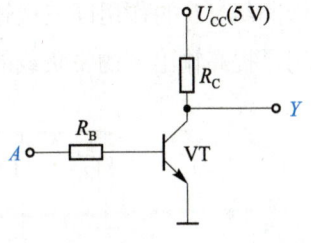

图 6-11 三极管非门电路

当 $U_A = 5$ V 时，三极管 VT 的发射结正向偏置且导通，此时只要该电路的参数设计合理并满足饱和条件 $I_B > I_{BS}$（临界饱和电流），则可使三极管 VT 工作在饱和状态，有 $U_Y \approx U_{CES} = 0.3$ V。

由上述分析可得三极管非门电路的输入、输出电平以及真值表，分别如表 6-24 和表 6-25 所示。

表 6-24 三极管非门电路的输入、输出电平

A/V	Y/V
0	5
5	0.3

表 6-25 三极管非门电路的真值表

A	Y
0	1
1	0

由表 6-25 可列出非门电路的逻辑式，即

$$Y = \overline{A}$$

经验传承

二极管与门电路和或门电路的优点是结构简单，其缺点是存在电平漂移，而且带负载能力和抗干扰能力都比较差。三极管非门电路的优点则是没有电平漂移，带负载能力和抗干扰能力也比较强。因此，常将两者连接在一起组成组合逻辑门电路。

6.2.2 TTL 集成门电路

如果把分立元件门电路中的所有元件，如二极管、三极管、电阻及导线等都制作在一块半导体芯片上，再把它们封装在一个管壳内，则可制得集成门电路。与分立元件门电路相比，集成门电路具有体积小、可靠性高等优点，应用非常广泛。

根据内部有源器件的类型不同，集成门电路可以分为双极型集成门电路和单极型集成门电路两大类。其中，最为常见的双极型集成门电路为晶体管-晶体管逻辑（transistor-transistor logic）集成门电路，简称 TTL 集成门电路。下面以 TTL 与非门电路为例，介绍 TTL 集成门电路的相关知识。

1. 电路结构

如图 6-12（a）所示为 TTL 与非门电路的电路结构。其中，输入级 VT_1 是一个多发射极三极管，它的作用同二极管与门电路的作用相似，它的等效电路如图 6-12（b）所示；中间级 VT_2 的作用同三极管非门电路的作用相同；VT_3、VT_4、VT_5 是输出级，它们的作用是提高输出端的带负载能力和抗干扰能力。

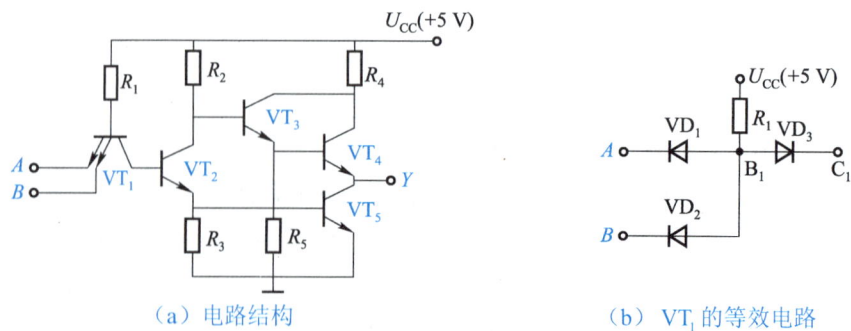

（a）电路结构　　　　　　　（b）VT_1 的等效电路

图 6-12　TTL 与非门电路

2. 电压传输特性

在 TTL 集成门电路中，输出电压随输入电压变化的特性称为电压传输特性。描述输出电压与输入电压关系的曲线称为电压传输特性曲线。如图 6-13 所示为 TTL 与非门电路的测试电路及电压传输特性曲线。

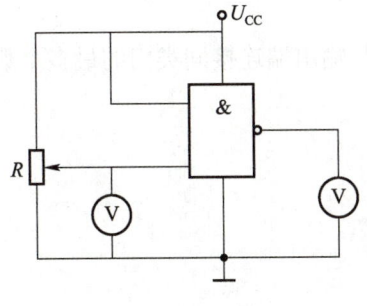 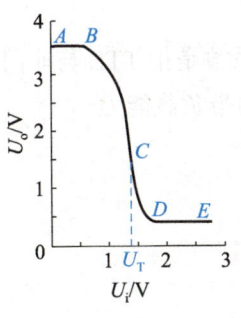 

（a）测试电路　　　　　　（b）电压传输特性曲线　　　　TTL 集成门电路的应用

图 6-13　TTL 与非门电路的测试电路及电压传输特性曲线

由图 6-13（b）可知，TTL 与非门电路的电压传输特性曲线可分为以下四段。

（1）在曲线的 AB 段，当输入电压 $U_i \leqslant 0.6$ V 时，VT_1 工作在深度饱和状态。此时，$U_{CE1} < 0.1$ V，$U_{B2} < 0.7$ V，因此 VT_2、VT_5 截止，而 VT_3、VT_4 导通。输出电压 $U_o \approx 3.6$ V，为高电平。曲线的 AB 段称为截止区。

（2）在曲线的 BC 段，当 0.6 V $< U_i < 1.3$ V 时，0.7 V $< U_{B2} < 1.4$ V，VT_2 导通而 VT_5 依然截止，VT_3、VT_4 处于发射极输出状态。此时，VT_2 工作在放大区，随着 U_i 的增大，U_{B2} 增大，U_{C2} 减小，U_o 也随之减小。由于 U_o 基本上随 U_i 的增大而线性减小，因此曲线的 BC 段称为线性区。

（3）在曲线的 CD 段，当 1.3 V $< U_i < 1.4$ V 时，VT_5 开始导通，并随着 U_i 的增大而趋于饱和，从而使 VT_4 截止，U_o 急剧减小为低电平。曲线的 CD 段称为转折区或过渡区。

（4）在曲线的 DE 段，VT_2、VT_5 饱和导通，VT_3、VT_4 截止，U_i 继续增大，但 U_o 不再变化。曲线的 DE 段称为饱和区。

3. 主要参数

（1）输出高电平和输出低电平。输出高电平 U_{OH} 是指电压传输特性曲线截止区的输出电压。输出低电平 U_{OL} 是指饱和区的输出电压。一般情况下，TTL 与非门电路要求 $U_{OH} \geqslant 2.4$ V，$U_{OL} \leqslant 0.4$ V。

（2）阈值电压。阈值电压 U_T 又称门槛电压，是指电压传输特性曲线转折区中点所对应的输入电压。一般情况下，在 TTL 与非门电路中，$U_T \approx 1.4$ V。

（3）开门电平和关门电平。开门电平 U_{ON} 是指为保证输出电平为额定低电平（0.3 V 左右），输入高电平所允许的最小电压值。一般情况下，在 TTL 与非门电路中，$U_{ON} \leqslant 1.8$ V。关门电平 U_{OFF} 是指为保证输出高电平为额定高电平的 90%（2.7 V 左右），输入低电平所允许的最大电压值。一般情况下，在 TTL 与非门电路中，$U_{OFF} \geqslant 0.8$ V。

（4）噪声容限。噪声容限是指在保持输出高、低电平基本不变，或者变化的大小不超过允许范围的前提下，输入电平所允许的波动范围。噪声容限反映了 TTL 与非门电路的抗干扰能力。

（5）扇出系数。扇出系数是指 TTL 与非门电路中与输出端连接同类门的最多个数，它反映了 TTL 与非门电路的带负载能力。

 笔记

砥节砺行

与时代互动，点亮成就彼此的光

近年来，中国科技事业取得举世瞩目的成就，从"上九天揽月"到"下五洋捉鳖"，一大批重大科技创新成果竞相涌现，让海内外中华儿女都为之振奋自豪。然而，中国科技在快速发展的过程中仍然存在许多短板，其中之一就是很多关键核心技术没有掌握在自己手中，包括高端芯片制造在内的诸多领域面临着被"卡脖子"的问题。

小小一枚芯片，展示着一个国家的科技实力；小小一枚芯片，也凝聚着几代人的不懈追求。如今，越来越多的科研人员选择在国家最需要的时刻献身报国，以爱国心成就"中国芯"，金锐便是其中一员。

金锐是一位留学归国博士，如今她是国网智能电网研究院功率半导体研究所副所长兼芯片设计研究室主任。随着全球各行业电子化进程的推进，我国作为全球最大的半导体消费市场，对实现半导体产业链自主可控的需求愈加急迫。国网智能电网研究院成立初期，大功率电力电子器件的研制便是该院的主攻方向之一。金锐在这里与同事们探索开创了该院的功率半导体专业，带领团队一步一步突破了功率绝缘栅双极型晶体管（IGBT）器件的核心技术。

十余年来，金锐也实现了个人的快速成长，践行着将个人梦融入强国梦之中的理想信念。2021 年，她获评国家电网有限公司劳动模范。"得益于好平台和好时代，我才能更快地做出成绩，实现自我价值。未来我将把技术做扎实，希望在我们这一代人的努力下能追上国际先进水平，做出的成果能够得到产业化应用，从而提升电网能效。"正如金锐所说，搞科研要有"好平台"和"好时代"，这或

项目 6　逻辑门电路与组合逻辑电路

许就是最好的科研时代,让我们见证了太多从 0 到 1 的开拓,也见证了无数从科技创新到产业落地的足迹;见证了科研环境的明显提升,也见证了基础研究环境的逐步改善……

这是一个属于奋斗者的时代。遇上了最好的时代,就心无旁骛地奋进前行吧!

(资料来源:https://rmh.pdnews.cn/Pc/ArtInfoApi/article?id=27457280,有改动)

任务 6.3　掌握组合逻辑电路的应用

任务引入

当由三人表决某项提案时,若两人及两人以上同意,则提案通过;否则,提案不能通过。为了实现这一逻辑功能,可设计一个三人表决器。由于采用分立元件门电路无法实现这类功能,因此该三人表决器需要采用如图 6-14 所示的组合逻辑电路。

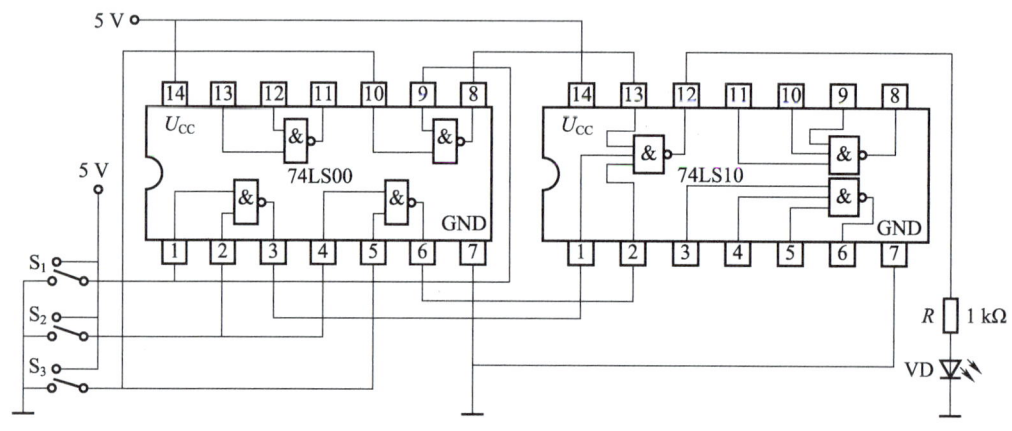

图 6-14　三人表决器组合逻辑电路

请选择合适的工具和器材,制作三人表决器,并对其进行调试。本任务的知识与技能要求如表 6-26 所示。

表 6-26　知识与技能要求

任务内容	掌握组合逻辑电路的应用	学习程度		
		识记	理解	应用
学习任务	组合逻辑电路的分析和设计方法		●	
	常用组合逻辑器件		●	
实训任务	制作三人表决器			●
自我勉励				

任务工单——制作三人表决器

1. 知识准备

如图 6-14 所示的三人表决器组合逻辑电路主要由 3 个表决开关（逻辑电平开关）、1 个 74LS00 型芯片、1 个 74LS10 型芯片（三 3 输入与非门）和 1 个发光二极管 VD 等组成。三人表决器组合逻辑电路的工作原理如下。

（1）表决开关 S_1、S_2 和 S_3 分别由三人控制，当其中任意一人同意或不同意通过提案时，可把对应的表决开关拨至 5 V 电压触点或接地触点，从而向三人表决器组合逻辑电路输入 1 个高电平或低电平信号。

（2）当三人拨动表决开关后，经过 S_1、S_2 和 S_3 的输入信号分别从 74LS00 型芯片的引脚 1 和 9、2 和 4、5 和 10 输入，74LS00 型芯片可分别对这三个信号中的任意两个进行与非运算，并从引脚 3、6、8 输出 3 个运算结果信号。这 3 个运算结果信号再分别从 74LS10 型芯片的引脚 1、2、13 输入，74LS10 型芯片对这 3 个运算结果信号进行与非运算，并通过引脚 12 输出。

（3）三人表决器用发光二极管 VD 的状态来表示表决结果。当提案获得通过时，74LS10 型芯片的引脚 12 输出高电平信号，发光二极管 VD 被点亮。否则，发光二极管 VD 不亮。

设表决开关 S_1、S_2 和 S_3 的开关状态分别为 A、B、C，发光二极管 VD 的状态为 Y，则三人表决器组合逻辑电路的逻辑图如图 6-15 所示。

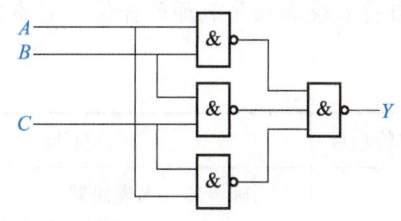

图 6-15　三人表决器组合逻辑电路的逻辑图

2. 工具和器材准备

准备任务实施所需的工具和器材，补全表 6-27。

表 6-27　工具和器材清单

名称	规格	型号	数量	名称	规格	型号	数量
直流稳压电源	5 V		1 台	发光二极管			1 个
万能实验板			1 个	电烙铁			1 个
逻辑电平开关			3 个	焊锡			
芯片		74LS00	1 个	电阻	1 kΩ		1 个
芯片		74LS10	1 个	导线			

3. 任务实施

1）组装调试

在万能实验板上连接如图 6-14 所示的电路，连接完毕并检查无误后，接通 5 V 直流稳压电源，观察各部件的工作情况。

2）表决测试

选择 3 名组员，分别控制表决开关 S_1、S_2 和 S_3，由指导教师提出一个提案，学生选择是否同意提案并将表决开关拨至相应位置。当多数人同意时发光二极管 VD 应被点亮，表示提案通过；反之，若发光二极管 VD 不亮，则表示提案不能通过。

创想天地

集体表决一般遵循少数服从多数的原则，而在某些重要场合则实行一票否决制。试分析两者的辩证关系，探索两者的应用场合。

4. 任务评价

请指导教师按照学生的实际表现情况进行评价，并将评价结果填入表 6-28 中。学生结合自身表现和指导教师的评价，对本次任务进行总结。

表 6-28 考核评价表

评价项目	评价标准	满分/分	实际得分/分	教师评语
技能操作	正确组装三人表决器	40		
	正确调试三人表决器	20		
	正确测试三人表决器	20		
参与程度	认真参加活动，积极思考，主动与同学、指导教师进行交流，善于发现和解决问题	10		
合作意识	积极参与探讨，勇于接受任务，敢于承担责任	10		
	总分	100		

笔记

相关知识

组合逻辑电路的特点是任何时刻的输出状态只与该时刻的输入状态有关,而与之前的输入状态无关。也就是说,组合逻辑电路不具备记忆功能,其电路中无反馈。

6.3.1 组合逻辑电路的分析方法

分析组合逻辑电路就是对给定的组合逻辑电路进行逻辑分析,求出其相应的输入、输出逻辑关系,确定其逻辑功能。

分析组合逻辑电路的一般方法是:首先从电路的输入信号到输出信号逐级列出逻辑式,最终得到表示输出与输入逻辑关系的逻辑式;然后将得到的逻辑式化简为最简式;最后分析电路的逻辑功能,此时需要将逻辑式的最简式转换为真值表,再根据真值表进行分析。如图 6-16 所示为某组合逻辑电路,其分析方法如下。

组合逻辑电路的分析

(1)从输入信号到输出信号逐级列出逻辑式。设 P 为中间变量,则有
$$P = \overline{ABC},\quad Y = AP + BP + CP = (A+B+C)\overline{ABC}$$

(2)化简逻辑式,得到逻辑式的最简式,即
$$Y = \overline{ABC}(A+B+C) = \overline{\overline{ABC} + \overline{A+B+C}}$$
$$= \overline{ABC + \overline{A} + \overline{B} + \overline{C}} = \overline{ABC + \overline{A} \cdot \overline{B} \cdot \overline{C}}$$

(3)根据逻辑式的最简式列出真值表,如表 6-29 所示。

表 6-29 图 6-16 所示组合逻辑电路的真值表

A	B	C	Y
0	0	0	0
0	0	1	1
0	1	0	1
0	1	1	1
1	0	0	1
1	0	1	1
1	1	0	1
1	1	1	0

图 6-16 某组合逻辑电路

(4)分析逻辑功能。由表 6-29 可知,当 A、B、C 三个变量不一致时,输出为 1;当 A、B、C 三个变量一致时,输出为 0。

对于多输入变量的组合逻辑电路,其分析方法与上述方法基本相同。

6.3.2 组合逻辑电路的设计方法

设计组合逻辑电路是分析组合逻辑电路的逆过程，即已知逻辑功能要求，据此设计出可实现该逻辑功能的组合逻辑电路。设计组合逻辑电路的一般步骤如下。

（1）分析逻辑功能，明确输入信号与输出信号。

（2）根据逻辑功能列出相应的真值表。

（3）根据真值表列出逻辑函数的最小项表达式。

（4）化简逻辑函数的最小项表达式，并根据可能提供的逻辑电路类型，将其转换为相应形式的逻辑式。

（5）绘制与逻辑式相对应的逻辑图。

组合逻辑电路的设计

经验传承

组合逻辑电路的设计一般应以电路简单、所用器件最少为目标，并尽量减少所用芯片的种类。

6.3.3 常用的组合逻辑器件

在各种数字系统中，经常会大量地使用一些组合逻辑器件，如编码器、译码器、加法器和数据选择器等。为了方便使用，这些组合逻辑器件被制成了标准化集成电路。下面分别介绍这些常用的组合逻辑器件。

1. 编码器

能实现编码功能的组合逻辑器件称为编码器，编码器的输入信号为被编信号，输出信号为二进制代码。根据编码形式的不同，编码器可分为二进制编码器和 BCD 编码器两种；根据编码方式的不同，编码器可分为普通编码器和优先编码器两种；根据输出二进制代码位数的不同，编码器可分为 4 线-2 线编码器、8 线-3 线编码器和 16 线-4 线编码器等。下面主要介绍二进制编码器和优先编码器的相关知识。

1）二进制编码器

将信号编为二进制代码的编码器称为二进制编码器，它利用 n 位二进制代码，可对 2^n 个信号进行编码。

3 位二进制编码器有 8 个输入端（I_0、I_1、I_2、I_3、I_4、I_5、I_6、I_7）和 3 个输出端（$\overline{A_2}$、$\overline{A_1}$、$\overline{A_0}$），因此又称为 8 线-3 线编码器。如表 6-30 所示为 3 位二进制编码器的真值表，其中输入为高电平有效，输出为低电平有效。

表 6-30 3 位二进制编码器的真值表

输入								输出		
I_0	I_1	I_2	I_3	I_4	I_5	I_6	I_7	$\overline{A_2}$	$\overline{A_1}$	$\overline{A_0}$
1	0	0	0	0	0	0	0	0	0	0
0	1	0	0	0	0	0	0	0	0	1
0	0	1	0	0	0	0	0	0	1	0
0	0	0	1	0	0	0	0	0	1	1
0	0	0	0	1	0	0	0	1	0	0
0	0	0	0	0	1	0	0	1	0	1
0	0	0	0	0	0	1	0	1	1	0
0	0	0	0	0	0	0	1	1	1	1

由表 6-30 可列出逻辑式，即

$$\overline{A_2} = \overline{\overline{I_4 I_5 I_6 I_7}}, \quad \overline{A_1} = \overline{\overline{I_2 I_3 I_6 I_7}}, \quad \overline{A_0} = \overline{\overline{I_1 I_3 I_5 I_7}}$$

如图 6-17 所示为 3 位二进制编码器的逻辑图。

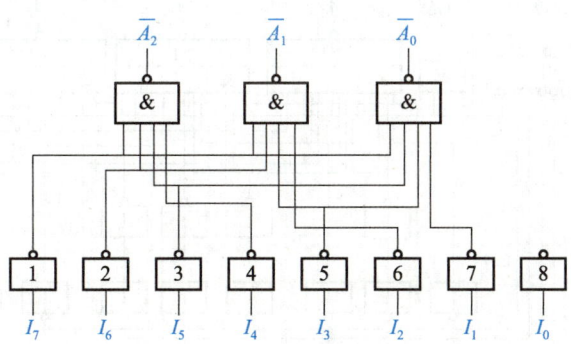

图 6-17 3 位二进制编码器的逻辑图

2）优先编码器

若要 3 位二进制编码器正确实现编码，则需要 8 个输入信号中每次只允许一个输入信号为逻辑 1，其余为逻辑 0。若有两个以上的输入信号为逻辑 1，则该编码器将会出错。而优先编码器则不同，它给所有输入信号规定了优先顺序，当多个输入信号同时出现时，只对其中优先级最高的输入信号进行编码。常用的优先编码器有 74LS148 型等。

74LS148 型优先编码器是一种 8 线-3 线优先编码器，其真值表如表 6-31 所示。其中，$\overline{I_0} \sim \overline{I_7}$ 为编码输入端，低电平有效，优先顺序为 $\overline{I_7} \to \overline{I_0}$，即 $\overline{I_7}$ 的优先级最高；$\overline{A_0} \sim \overline{A_2}$ 为编码输出端，低电平有效，即反码输出；$\overline{EI}$ 为使能输入端，低电平有效；$\overline{GS}$ 为编码器的工作标志，低电平有效；$\overline{EO}$ 为使能输出端。

表 6-31 74LS148 型优先编码器的真值表

输入									输出				
$\overline{EI}$	$\overline{I_0}$	$\overline{I_1}$	$\overline{I_2}$	$\overline{I_3}$	$\overline{I_4}$	$\overline{I_5}$	$\overline{I_6}$	$\overline{I_7}$	$\overline{A_2}$	$\overline{A_1}$	$\overline{A_0}$	$\overline{GS}$	$\overline{EO}$
1	×	×	×	×	×	×	×	×	1	1	1	1	1
0	1	1	1	1	1	1	1	1	1	1	1	1	0
0	×	×	×	×	×	×	×	0	0	0	0	0	1
0	×	×	×	×	×	×	0	1	0	0	1	0	1
0	×	×	×	×	×	0	1	1	0	1	0	0	1
0	×	×	×	×	0	1	1	1	0	1	1	0	1
0	×	×	×	0	1	1	1	1	1	0	0	0	1
0	×	×	0	1	1	1	1	1	1	0	1	0	1
0	×	0	1	1	1	1	1	1	1	1	0	0	1
0	0	1	1	1	1	1	1	1	1	1	1	0	1

如图 6-18 所示为 74LS148 型优先编码器的逻辑图。

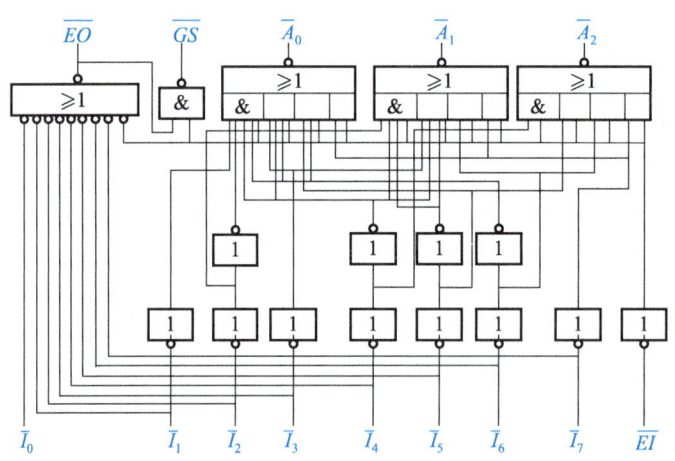

图 6-18 74LS148 型优先编码器的逻辑图

2. 译码器

具有译码功能的组合逻辑器件称为译码器。二进制代码在编码时被赋予了特定的含意，即表示一个确定的信号或对象，而译码器可以将代码所表示的特定含义"翻译"成输出信号。根据需要，输出信号可以是脉冲信号，也可以是高、低电平信号。

假设译码器有 n 个输入信号和 N 个输出信号，若 $N=2^n$，则这种译码器称为全译码器，常见的全译码器有 2 线-4 线译码器、3 线-8 线译码器、4 线-16 线译码器等；若 $N<2^n$，则这种译码器称为部分译码器，如二-十进制译码器等。

如表 6-32 所示为 2 线-4 线译码器的真值表，如图 6-19 所示为该译码器的逻辑图。

表 6-32 2 线-4 线译码器的真值表

输入			输出			
EI	A	B	$\overline{Y_0}$	$\overline{Y_1}$	$\overline{Y_2}$	$\overline{Y_3}$
1	×	×	1	1	1	1
0	0	0	0	1	1	1
0	0	1	1	0	1	1
0	1	0	1	1	0	1
0	1	1	1	1	1	0

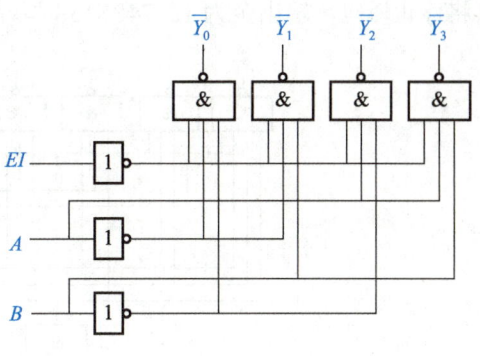

图 6-19 2 线-4 线译码器的逻辑图

由表 6-32 可列出逻辑式，即

$$\overline{Y_0} = \overline{\overline{A}\,\overline{B}},\quad \overline{Y_1} = \overline{\overline{A}B},\quad \overline{Y_2} = \overline{A\overline{B}},\quad \overline{Y_3} = \overline{AB}$$

74LS138 型译码器是一种典型的二进制译码器，其真值表如表 6-33 所示，其中，A_2、A_1 和 A_0 为输入端，$\overline{Y_0} \sim \overline{Y_7}$ 为输出端，G_1、$\overline{G_{2A}}$ 和 $\overline{G_{2B}}$ 为使能输入端。74LS138 型译码器属于全译码器，输出信号为低电平有效。

表 6-33 74LS138 型译码器的真值表

输入						输出							
G_1	$\overline{G_{2A}}$	$\overline{G_{2B}}$	A_2	A_1	A_0	$\overline{Y_0}$	$\overline{Y_1}$	$\overline{Y_2}$	$\overline{Y_3}$	$\overline{Y_4}$	$\overline{Y_5}$	$\overline{Y_6}$	$\overline{Y_7}$
×	1	×	×	×	×	1	1	1	1	1	1	1	1
×	×	1	×	×	×	1	1	1	1	1	1	1	1
0	×	×	×	×	×	1	1	1	1	1	1	1	1
1	0	0	0	0	0	0	1	1	1	1	1	1	1
1	0	0	0	0	1	1	0	1	1	1	1	1	1
1	0	0	0	1	0	1	1	0	1	1	1	1	1
1	0	0	0	1	1	1	1	1	0	1	1	1	1
1	0	0	1	0	0	1	1	1	1	0	1	1	1
1	0	0	1	0	1	1	1	1	1	1	0	1	1
1	0	0	1	1	0	1	1	1	1	1	1	0	1
1	0	0	1	1	1	1	1	1	1	1	1	1	0

由表 6-33 可列出逻辑式，即

$$\overline{Y_0} = \overline{\overline{A_0}\,\overline{A_1}\,\overline{A_2}},\quad \overline{Y_1} = \overline{A_0\,\overline{A_1}\,\overline{A_2}},\quad \overline{Y_2} = \overline{\overline{A_0}A_1\overline{A_2}},\quad \overline{Y_3} = \overline{A_0A_1\overline{A_2}}$$

$$\overline{Y_4} = \overline{\overline{A_0}\,\overline{A_1}A_2},\quad \overline{Y_5} = \overline{A_0\,\overline{A_1}A_2},\quad \overline{Y_6} = \overline{\overline{A_0}A_1A_2},\quad \overline{Y_7} = \overline{A_0A_1A_2}$$

由上述可知，当使能输入端 $G_1 = 1$ 且 $\overline{G_{2A}} = \overline{G_{2B}} = 0$ 时，74LS138 型译码器才会译码，而且会反码输出，相应输出端为低电平有效。这三个使能输入端只要有一个无效，该译码器将停止译码，输出全为 1。74LS138 型译码器的逻辑图如图 6-20 所示。

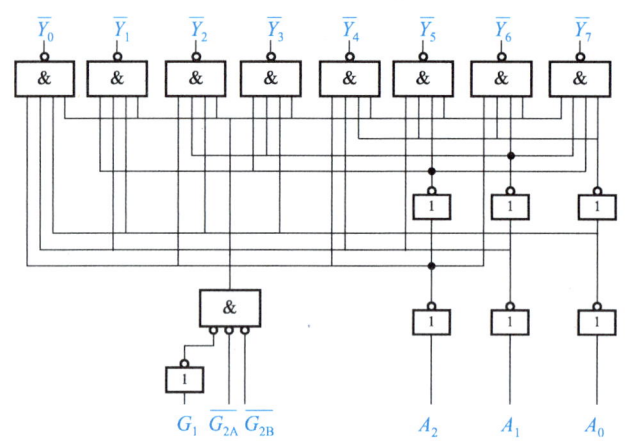

图 6-20　74LS138 型译码器的逻辑图

3．加法器

在数字电子计算机中，四则运算——加、减、乘、除都是通过加法运算来实现的，因此加法器便成了最基本的运算单元。加法器有半加器和全加器两种类型，它们都是能完成 1 位二进制数相加的组合逻辑器件。

1）半加器

不考虑低位进位的加法运算称为半加运算。能实现半加运算的组合逻辑器件称为半加器。半加器的真值表如表 6-34 所示。其中，A 和 B 分别表示被加数和加数的输入信号，S 为和数输出信号，C 为向相邻高位的进位输出信号。

由表 6-34 可列出逻辑式，即

$$S = \overline{A}B + A\overline{B} = A \oplus B，\quad C = AB$$

如图 6-21 所示为半加器的逻辑图。半加器由一个异或门和一个与门组成。

表 6-34　半加器的真值表

输入		输出	
被加数 A	加数 B	和数 S	进位数 C
0	0	0	0
0	1	1	0
1	0	1	0
1	1	0	1

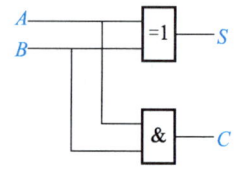

图 6-21　半加器的逻辑图

2）全加器

在进行多位数加法运算时，以加数、被加数和低位进位数为输入信号，和数、进位数为输出信号的组合逻辑器件称为全加器。

全加器的真值表如表 6-35 所示。其中，A_i 和 B_i 分别表示被加数和加数的输入信号，C_{i-1}

表示来自相邻低位的进位数输入信号。S_i 为和数输出信号，C_i 为向相邻高位的进位数输出信号。

表 6-35　全加器的真值表

输入			输出	
A_i	B_i	C_{i-1}	S_i	C_i
0	0	0	0	0
0	0	1	1	0
0	1	0	1	0
0	1	1	0	1
1	0	0	1	0
1	0	1	0	1
1	1	0	0	1
1	1	1	1	1

由表 6-35 可列出逻辑式，即

$$S_i = A_i \oplus B_i \oplus C_{i-1}, \quad C_i = A_i B_i + (A_i \oplus B_i) C_{i-1}$$

如图 6-22（a）所示全加器的逻辑图，如图 6-22（b）所示为全加器的逻辑图形符号。

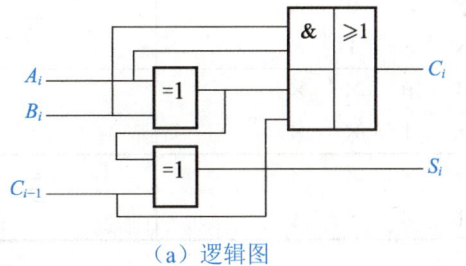
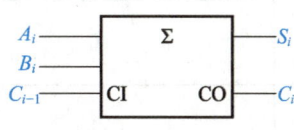

（a）逻辑图　　　　　　　　　　　　（b）逻辑图形符号

图 6-22　全加器的逻辑图及逻辑图形符号

4. 数据选择器

数据选择器是指根据给定的输入地址代码，从一组输入信号中选出一个并将其送到输出端的组合逻辑器件。数据选择器与如图 6-23 所示的单刀多掷开关类似，它通过切换开关将一组输入信号中的一个送到输出端。

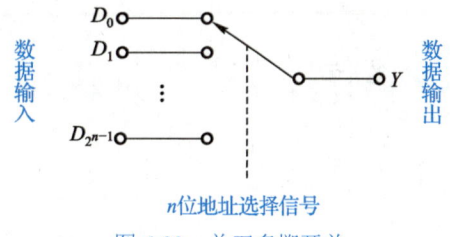

图 6-23　单刀多掷开关

具有 2^n 个输入信号和 1 个输出信号的多路数据选择器，通常有 n 个选择控制端（又称地址端）。常用的数据选择器有 4 选 1、8 选 1、16 选 1 等多种类型。如图 6-24 所示为 4 选 1 数据选择器的逻辑图，该数据选择器的真值表如表 6-36 所示。其中，D_0、D_1、D_2、D_3 为四个输入端，A_0 和 A_1 为两个选择控制端，G 为选通输入端，Y 为输出端。

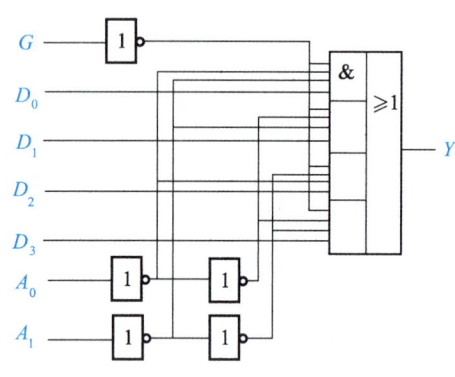

图 6-24 4 选 1 数据选择器的逻辑图

数值比较器

表 6-36 4 选 1 数据选择器的真值表

输入							输出
G	A_1	A_0	D_3	D_2	D_1	D_0	Y
1	×	×	×	×	×	×	0
0	0	0	×	×	×	0	D_0
0	0	0	×	×	×	1	D_0
0	0	1	×	×	0	×	D_1
0	0	1	×	×	1	×	D_1
0	1	0	×	0	×	×	D_2
0	1	0	×	1	×	×	D_2
0	1	1	0	×	×	×	D_3
0	1	1	1	×	×	×	D_3

由表 6-36 可列出逻辑式，即

$$Y = (\overline{A_1}\,\overline{A_0}D_0 + \overline{A_1}A_0D_1 + A_1\overline{A_0}D_2 + A_1A_0D_3)\overline{G}$$

笔记

综合测试

1. 填空题

（1）根据逻辑功能特点的不同，数字电路可分为_____和_____两大类。

（2）最基本的三种逻辑运算是_____、_____、_____。逻辑运算规则为"输入有 1，输出为 1；输入全 0，输出为 0"的门电路称为_____门电路；逻辑运算规则为"输入有 0，输出为 0；输入全 1，输出为 1"的门电路称为_____门电路。

（3）逻辑函数常用的表示方法有_____、_____、_____等。

（4）在数字电路中，通常要求三极管工作在_____状态或_____状态。

（5）组合逻辑电路的特点是_____。

（6）能实现半加运算的组合逻辑器件称为_____；在进行多位数加法运算时，以加数、被加数和低位进位数为输入信号，和数、进位数为输出信号的组合逻辑器件称为_____。

（7）具有 2^n 个输入信号和 1 个输出信号的多路数据选择器，通常有_____个选择控制端。

2. 解答题

（1）绘制能够实现逻辑式 $Y = AB + \overline{A}C + \overline{B}C$ 的逻辑电路。

（2）分析如图 6-25 所示电路的逻辑功能，列出 Y_1、Y_2 的逻辑式，列出真值表，并指出该电路的逻辑功能。

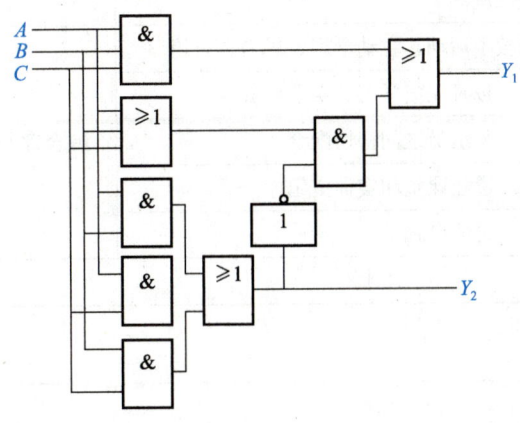

图 6-25　题（2）图

学习成果评价

指导教师根据学生对本项目的实际学习成果对其进行评价，学生配合指导教师共同完成如表 6-37 所示的学习成果评价表。

表 6-37 学习成果评价表

班级		组号		日期		
姓名		学号		指导教师		
学习成果/项目名称		逻辑门电路与组合逻辑电路				
评价项目	评价内容		评价方式		满分/分	评分/分
知识 40%	数制转换和编码		理论测试		6	
	逻辑运算				6	
	逻辑函数的表示方法				6	
	分立元件门电路				6	
	TTL 集成门电路				4	
	组合逻辑电路的分析和设计				6	
	常用组合逻辑器件				6	
技能 40%	分析数字集成电路的内部逻辑结构		实践操作		10	
	测试 TTL 集成门电路的逻辑功能				10	
	制作三人表决器				20	
素养 20%	积极参加教学活动，主动学习、思考、讨论		综合评判		6	
	认真负责，按时完成学习、实践任务				4	
	团结协作，与组员之间密切配合				4	
	服从指挥，遵守课堂和实训室纪律				4	
	守正创新，自信自强				2	
合计					100	
自我评价						
教师评价						

项目 7 触发器与时序逻辑电路

项目导读

在数字电路中,对于许多复杂逻辑运算,通常需要在中途将数据保存下来,以便进一步分析和计算,此时存储电路就成为数字电路不可缺少的组成部分。时序逻辑电路在组合逻辑电路的基础上加入了存储电路,从而具有了记忆和存储的功能。其中,触发器是一种可以存储电路状态的电子器件,是组成时序逻辑电路的基本单元之一。

本项目主要介绍触发器的基本知识,时序逻辑电路的分析和设计方法,以及常用的时序逻辑功能器件。

知识目标

- 掌握 RS 触发器、JK 触发器、D 触发器和 T 触发器的逻辑功能
- 掌握时序逻辑电路的分析和设计方法
- 掌握寄存器、计数器的电路结构和逻辑功能

技能目标

- 能够正确测试触发器的逻辑功能
- 能够制作简单的时序逻辑电路

素质目标

- 培养勇于担当、积极进取的职业品质
- 激发心系国家建设,勇担时代使命的爱国情怀

任务 7.1 认识触发器

 任务引入

触发器是组成时序逻辑电路及复杂数字电路的基本单元之一，它不但可以存储二进制数，而且可以通过改变输入信号来更改所存储的二进制数，从而转换自身的状态。对于不同的触发器，由于状态转换规则和对输入信号的要求不同，因此它们的逻辑功能也有所不同。

请选择合适的工具和器材，对触发器的逻辑功能进行测试。本任务的知识与技能要求如表 7-1 所示。

表 7-1 知识与技能要求

任务内容	认识触发器	学习程度		
		识记	理解	应用
学习任务	RS 触发器		●	
	JK 触发器		●	
	D 触发器	●		
	T 触发器	●		
实训任务	测试触发器的逻辑功能			●
自我勉励				

项目 7　触发器与时序逻辑电路

任务工单——测试触发器的逻辑功能

1. 知识准备

根据逻辑功能的不同，触发器可分为 RS 触发器、JK 触发器、D 触发器和 T 触发器等类型。其中，RS 触发器又可分为基本 RS 触发器和同步 RS 触发器等。基本 RS 触发器是各种触发器的基础形式，它由两个与非门电路（或两个或非门电路）通过输入端和输出端交叉连接组成，如图 7-1 所示。

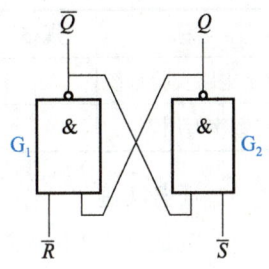

图 7-1　与非门基本 RS 触发器的电路结构

触发器的触发方式有电平触发、脉冲触发和边沿触发三种。其中，电平触发可在触发电平有效时，通过输入信号来控制触发器的状态；脉冲触发多用于具有主从结构的触发器，可在主触发器的触发电平有效时接收输入信号，在从触发器的触发电平有效时改变状态；边沿触发可在触发信号的上升沿或下降沿改变触发器的状态，输入信号只需要保持很短的时间。

如图 7-2 所示为与非门基本 RS 触发器的逻辑图形符号，其中对应的符号"○"表示低电平有效。该触发器的逻辑功能为：$\overline{R}$ 和 $\overline{S}$ 不可同时为 0；$\overline{R}$ 和 $\overline{S}$ 不同时，Q 与 $\overline{S}$ 相同，此时若将 $\overline{R}$ 和 $\overline{S}$ 同时变为 1，则 Q 保持不变。

如图 7-3 所示为下降沿 JK 触发器的逻辑图形符号。其中，$\overline{R_D}$ 和 $\overline{S_D}$ 分别为复位信号（低电平置 0）和置位信号（低电平置 1），它们用于设置触发器的初始状态；J 和 K 为输入信号；$\overline{CP}$ 为时钟脉冲信号，对应的符号"○"表示脉冲下降沿有效。该触发器的逻辑功能为：$\overline{CP}$ 为 0 时，该触发器处于稳态；$\overline{CP}$ 由 0 变为 1 时，该触发器的输出状态不变，但会保持接收输入信号的状态；$\overline{CP}$ 由 1 变为 0 时，该触发器在脉冲下降沿到来之前接收输入信号，在脉冲下降沿到来时触发翻转，在脉冲下降沿过去之后锁定状态。

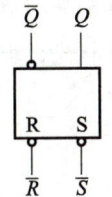　　　　　　　　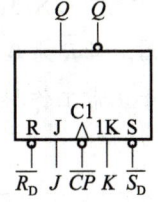

图 7-2　与非门基本 RS 触发器的逻辑图形符号　　图 7-3　下降沿 JK 触发器的逻辑图形符号

📋 笔　记

2. 工具和器材准备

准备任务实施所需的工具和器材，补全表 7-2。

表 7-2　工具和器材清单

名称	规格	型号	数量	名称	规格	型号	数量
数字电路实验系统			1 套	双 JK 触发器		74LS73	1 个
数字万用表			1 台	导线			

3. 任务实施

1）测试基本 RS 触发器的逻辑功能

（1）如图 7-1 所示，在数字电路实验系统上连接电路，将两个与非门电路连接成基本 RS 触发器。

（2）按如表 7-3 所示输入信号 $\bar{R}$ 和 $\bar{S}$ 的要求输入逻辑电平，用数字万用表测量输出电平，将结果填入表 7-3 中，并说明其功能。

表 7-3　基本 RS 触发器的逻辑功能表

$\bar{R}$	$\bar{S}$	Q^n	$\overline{Q^n}$	Q^{n+1}	$\overline{Q^{n+1}}$	功能说明
1	1→0					
	0→1					
1→0	1					
0→1						
0	0					

2）测试 JK 触发器的逻辑功能

如图 7-4 所示为 74LS73 型双 JK 触发器的内部逻辑结构及引脚分布，该芯片中有 2 个下降沿 JK 触发器。当 $\bar{R}$ 为 0 时，相对应的 JK 触发器处于置 0 状态；当 $\bar{R}$ 为 1 时，相对应的 JK 触发器处于正常工作状态。

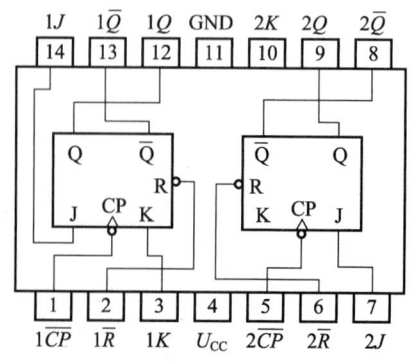

图 7-4　74LS73 型双 JK 触发器的内部逻辑结构及引脚分布

从 74LS73 型双 JK 触发器中任选 1 个 JK 触发器,按如表 7-4 所示输入信号的要求,给所选 JK 触发器输入逻辑电平,用数字万用表测量输出电平,将结果填入表 7-4 中,并说明其功能。

表 7-4 JK 触发器的逻辑功能表

$\overline{R}$	J	K	$\overline{CP}$	$Q^n \rightarrow Q^{n+1}$	$Q^n \rightarrow Q^{n+1}$	功能说明
0	×	×	×	0→	1→	
1	0	0	↓（1→0）	0→	1→	
1	0	0	↑（1→0）	0→	1→	
1	0	0	↓（1→0）	0→	1→	
1	0	0	↑（1→0）	0→	1→	
1	1	1	↓（1→0）	0→	1→	
1	1	1	↑（1→0）	0→	1→	
1	1	1	↓（1→0）	0→	1→	
1	1	1	↑（1→0）	0→	1→	

 创想天地

测试 JK 触发器的逻辑功能时,表 7-4 中的 $Q^n = 0$ 可用置 0 信号来产生;$Q^n = 1$ 可通过使 $J = 1$、$K = 0$,并在 CP 端手动输入单脉冲（下降沿有效）来得到。要想使数字电路中每一个命令都能得到正确执行,就必须准确输入相应的信号。请思考一下,在数字电路的实际应用中,应该采取哪些措施来保证输入信号的准确性。

4. 任务评价

请指导教师按照学生的实际表现情况进行评价,并将评价结果填入表 7-5 中。学生结合自身表现和指导教师的评价,对本次任务进行总结。

表 7-5 考核评价表

评价项目	评价标准	满分/分	实际得分/分	教师评语
技能操作	正确连接基本 RS 触发器的电路	20		
	正确测试基本 RS 触发器的逻辑功能	20		
	正确连接 JK 触发器的电路	20		
	正确测试 JK 触发器的逻辑功能	20		
参与程度	认真参加活动，积极思考，主动与同学、指导教师进行交流，善于发现和解决问题	10		
合作意识	积极参与探讨，勇于接受任务，敢于承担责任	10		
总分		100		

笔记

相关知识

时序逻辑电路中通常包含大量的存储单元，为了使这些存储单元在同一时刻同步工作，可在存储单元中增加一个触发信号输入端。只有当触发信号到达时，存储单元才能根据输入信号来改变输出状态，这种触发信号称为时钟脉冲信号，这种在时钟脉冲信号到达时才动作的存储单元称为触发器。

下面分别对 RS 触发器、JK 触发器、D 触发器和 T 触发器进行介绍。

7.1.1 RS 触发器

1. 基本 RS 触发器

根据电路结构的不同，基本 RS 触发器可分为与非门和或非门两种。下面以与非门基本 RS 触发器为例进行介绍。

1）电路结构

如图 7-1 所示，与非门基本 RS 触发器由两个与非门（G_1 和 G_2）的输入端和输出端交叉连接而成。在与非门基本 RS 触发器的逻辑图形符号中，$\bar{R}$ 和 $\bar{S}$ 分别为复位信号（低电平置 0）和置位信号（低电平置 1），对应的符号"○"表示输入低电平有效；Q 和 $\bar{Q}$ 为输出信号，两者的逻辑状态相反。

2）逻辑功能

一般规定将触发器 Q 的状态作为触发器的状态。触发器有 1 和 0 两个稳定状态：当 Q 为 1、$\bar{Q}$ 为 0 时，触发器处于 1 状态；当 Q 为 0、$\bar{Q}$ 为 1 时，触发器处于 0 状态。在与非门基本 RS 触发器中，$\bar{R}$ 和 $\bar{S}$ 平时为高电平信号，均处于 1 状态；当 $\bar{R}$ 和 $\bar{S}$ 为低电平信号时，它们将由 1 状态变为 0 状态。

设 Q^n 为与非门基本 RS 触发器原来的状态（初态）；Q^{n+1} 为新状态（次态）。

（1）当 $\bar{R}=0$、$\bar{S}=1$ 时，G_1 有 0 输入，则 $\bar{Q}=1$；$\bar{Q}$ 反馈到 G_2，G_2 为全 1 输入，因此 $Q=0$；Q 再反馈到 G_1，此时即使 $\bar{R}$ 出现变化，$\bar{Q}$ 也不会变化，与非门基本 RS 触发器将保持 0 状态。

（2）当 $\bar{R}=1$、$\bar{S}=0$ 时，G_2 有 0 输入，则 $Q=1$。由与非逻辑关系可知，此时与非门基本 RS 触发器将保持 1 状态。

（3）当 $\bar{R}=1$、$\bar{S}=1$ 时，由与非逻辑关系可知，与非门基本 RS 触发器将保持初态不变，这就是该触发器所具有的记忆功能。

（4）当 $\bar{R}=0$、$\bar{S}=0$ 时，由与非逻辑关系可得 $Q=\bar{Q}=1$。此时，Q 和 $\bar{Q}$ 无法满足逻辑状态相反的要求，与非门基本 RS 触发器的次态将无法确定，即出现不定状态，因此，在使用时应禁止出现这种情况。

触发器的逻辑功能可用特性表、特性方程或状态转换图表示。如表 7-6 所示为与非门基本 RS 触发器的特性表。

表 7-6 与非门基本 RS 触发器的特性表

$\overline{R}$	$\overline{S}$	Q^n	Q^{n+1}	功能说明
0	0	0	×	不定状态，禁用
0	0	1	×	
0	1	0	0	置 0（复位）
0	1	1	0	
1	0	0	1	置 1（置位）
1	0	1	1	
1	1	0	0	保持原状态
1	1	1	1	

2. 同步 RS 触发器

基本 RS 触发器的状态是由输入信号（即 $\overline{R}$ 和 $\overline{S}$ 的状态）直接控制的，而同步 RS 触发器则设置了一个时钟脉冲信号输入端，它可按照输入的时钟脉冲信号在某一指定时刻改变状态。

1）电路结构

如图 7-5（a）所示为同步 RS 触发器的电路结构。同步 RS 触发器在基本 RS 触发器的基础上增加了两个控制门 G_3 和 G_4。同步 RS 触发器的逻辑图形符号如图 7-5（b）所示。

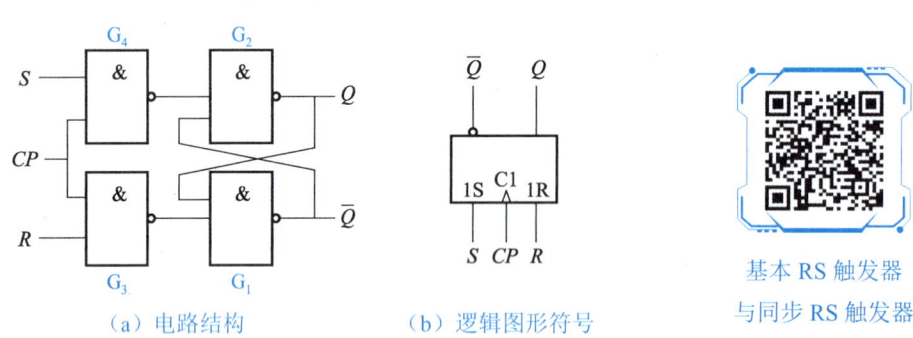

（a）电路结构　　　　（b）逻辑图形符号

基本 RS 触发器与同步 RS 触发器

图 7-5 同步 RS 触发器

2）逻辑功能

当 $CP=0$ 时，G_3 和 G_4 的输出均为 1，此时相当于 G_3 和 G_4 均关闭，无论 R 和 S 的状态如何变化，同步 RS 触发器的状态都将保持不变。

当 $CP=1$ 时，R 和 S 的信号可输入至 G_3 和 G_4，此时相当于 G_3 和 G_4 均开启，同步 RS 触发器的状态将由 R 和 S 的状态决定。

同步 RS 触发器的特性表如表 7-7 所示。

表 7-7　同步 RS 触发器的特性表

CP	R	S	Q^n	Q^{n+1}	功能说明
0	×	×	0	0	保持原状态
	×	×	1	1	
1	0	0	0	0	保持原状态
	0	0	1	1	
	0	1	0	1	置 1
	0	1	1	1	
	1	0	0	0	置 0
	1	0	1	0	
	1	1	0	×	不定状态，禁用
	1	1	1	×	

由表 7-7 可知，同步 RS 触发器的状态分别由 R、S 和 CP 控制。其中，R 和 S 控制状态转换的结果，即控制同步 RS 触发器转换为何种次态；CP 控制状态转换的时刻，即控制同步 RS 触发器的状态在何时发生转换。

根据表 7-7 所示的逻辑关系，可列出同步 RS 触发器的逻辑式，即

$$Q^{n+1} = S\overline{R} + \overline{R}\,\overline{S}Q^n,\quad RS = 0\,（约束条件）$$

在同步 RS 触发器的逻辑式中加入约束条件是为了使 R 和 S 不同时为 1，这是因为当 R 和 S 同时为 1 时，同步 RS 触发器的次态是不确定的。利用约束条件将上式化简，可得到同步 RS 触发器的特性方程，即

$$\begin{cases} Q^{n+1} = S + \overline{R}Q^n \\ RS = 0\,（约束条件） \end{cases} \tag{7-1}$$

7.1.2　JK 触发器

JK 触发器可分为主从 JK 触发器和边沿 JK 触发器两大类。下面以边沿 JK 触发器为例进行介绍。

1. 电路结构

如图 7-6（a）所示为边沿 JK 触发器的电路结构，如图 7-6（b）所示为上升沿 JK 触发

器的逻辑图形符号。其中，CP 端无符号"。"，表示 CP 上升沿有效，这类触发器称为上升沿 JK 触发器；若 CP 端有符号"。"，则表示 CP 下降沿有效，时钟脉冲信号相应地用 $\overline{CP}$ 表示，这类触发器称为下降沿 JK 触发器。下降沿 JK 触发器各端子的含义与上升沿 JK 触发器基本相同。

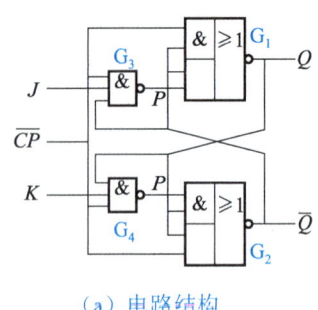

（a）电路结构

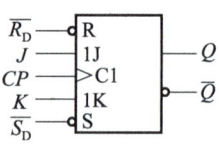

（b）上升沿 JK 触发器的逻辑图形符号

图 7-6 边沿 JK 触发器

2. 逻辑功能

边沿 JK 触发器的逻辑功能如表 7-8 所示。如表 7-9 所示为边沿 JK 触发器的特性表，它用于描述边沿 JK 触发器在稳定状态下，J、K、Q^n、Q^{n+1} 之间的逻辑关系。

表 7-8 边沿 JK 触发器的逻辑功能

J	K	Q^n	Q^{n+1}
0	0	0	0
0	0	1	1
0	1	0	0
0	1	1	0
1	0	0	1
1	0	1	1
1	1	0	1
1	1	1	0

表 7-9 边沿 JK 触发器的特性表

J	K	Q^{n+1}
0	0	Q^n
0	1	0
1	0	1
1	1	$\overline{Q^n}$

由表 7-9 可得出边沿 JK 触发器的特性方程，即

$$Q^{n+1} = J\overline{Q^n} + \overline{K}Q^n \tag{7-2}$$

由上述内容可知，边沿 JK 触发器与同步 RS 触发器不同，当 R、S 同时为 1 时它不存在状态不定的问题。边沿 JK 触发器有以下四个工作状态。

（1）当 $J = K = 0$ 时，边沿 JK 触发器为保持状态，即 $Q^{n+1} = Q^n$。

（2）当 $J = 0$、$K = 1$ 时，边沿 JK 触发器为置 0 状态。

（3）当 $J = 1$、$K = 0$ 时，边沿 JK 触发器为置 1 状态。

（4）当 $J = K = 1$ 时，边沿 JK 触发器的状态将发生翻转，即 $Q^{n+1} = \overline{Q^n}$。

> 若将边沿 JK 触发器的 J 端和 K 端相连并输入高电平,则它的逻辑功能为:次态是初态的反数。此时的边沿 JK 触发器就变成了翻转触发器或 T 触发器。

7.1.3 D 触发器

在下降沿 JK 触发器的 J 端和 K 端之间接入一个非门电路即可组成 D 触发器,其电路结构如图 7-7(a)所示。D 触发器的逻辑图形符号如图 7-7(b)所示。

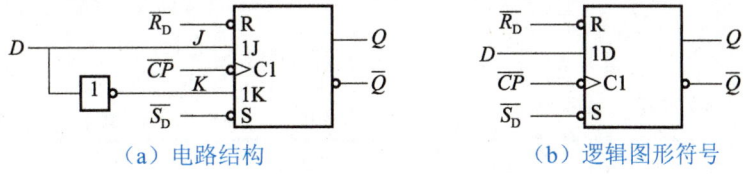

（a）电路结构　　　　　　　　　　（b）逻辑图形符号

图 7-7　D 触发器

当 $D=1$,即 $J=1$、$K=0$ 时,D 触发器在 $\overline{CP}$ 的下降沿翻转为(或保持)1 状态;当 $D=0$,即 $J=0$、$K=1$ 时,D 触发器在 $\overline{CP}$ 的下降沿翻转为(或保持)0 状态。

D 触发器的特性表如表 7-10 所示。

表 7-10　D 触发器的特性表

D	Q^n	Q^{n+1}	功能
0	0	0	置 0
	1	0	
1	0	1	置 1
	1	1	

由上述分析可知,在某个时钟脉冲到达之后,输出 Q 的状态与时钟脉冲到来之前 D 的状态一致。因此,D 触发器的特性方程为

$$Q^{n+1} = D \tag{7-3}$$

7.1.4 T 触发器

T 触发器的逻辑功能为:当 $T=1$ 时,每到达一个时钟脉冲,T 触发器的状态就翻转一次;而当 $T=0$ 时,时钟脉冲到达后其状态将保持不变。

T 触发器的逻辑图形符号如图 7-8 所示,其特性表如表 7-11 所示。T 触发器通常由其他触发器转换而来,无单独的产品。

由表 7-11 可得出 T 触发器的特性方程,即

$$Q^{n+1} = T\overline{Q^n} + \overline{T}Q^n = T \oplus Q^n \tag{7-4}$$

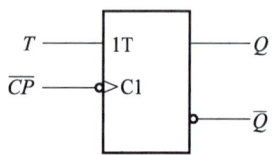

图 7-8　T 触发器的逻辑图形符号

表 7-11　T 触发器的特性表

T	Q^n	Q^{n+1}
0	0	0
0	1	1
1	0	1
1	1	0

梁骏：为国立"芯"，开启"视"界精彩

一台电视机的"雪花点"不断变小直至消失，图像从暗淡到光鲜，梁骏在一块芯片的方寸之间，开启了新"视"界的精彩。

作为杭州国芯科技股份有限公司（以下简称国芯科技）的首席技术专家，梁骏专注集成电路二十多年，主持了卫星数字电视芯片设计，在关键领域和"卡脖子"环节攻坚克难，参与研发了国内第一颗卫星数字电视接收机芯片、第一颗有线数字电视接收机芯片，也见证了机顶盒从标清到高清的跨越。

梁骏回忆，国芯科技在创立初期做的是标清数字电视芯片，当高清电视开始进入人们的家庭时，高清电视芯片还被国外芯片厂商垄断着，"青年员工和我一起做仿真，攻克高清电视芯片设计的难题，打破了垄断。"2017 年，国芯科技凭借在机顶盒音频技术上的积累成功进入人工智能领域。梁骏带领新加入国芯科技的青年员工们夜以继日地看论文、写代码、做仿真，只用了一年时间就推出了国内首个物联网 AI 芯片。

梁骏表示，立足新发展阶段，贯彻新发展理念，融入新发展格局，通过自力更生、创新驱动可有力推进高质量发展，为做强民族芯片、发展中国半导体事业贡献自己的全部力量。

（资料来源：http://qclz.youth.cn/znl/202112/t20211213_13349793.htm，有改动）

任务 7.2　掌握时序逻辑电路的应用

任务引入

如图 7-9 所示为同步十进制加法计数器的电路结构。其中，FF_0、FF_1、FF_2、FF_3 为 4 个下降沿 JK 触发器。请选择合适的工具和器材，安装和调试同步十进制加法计数器电路，并测试其逻辑功能。

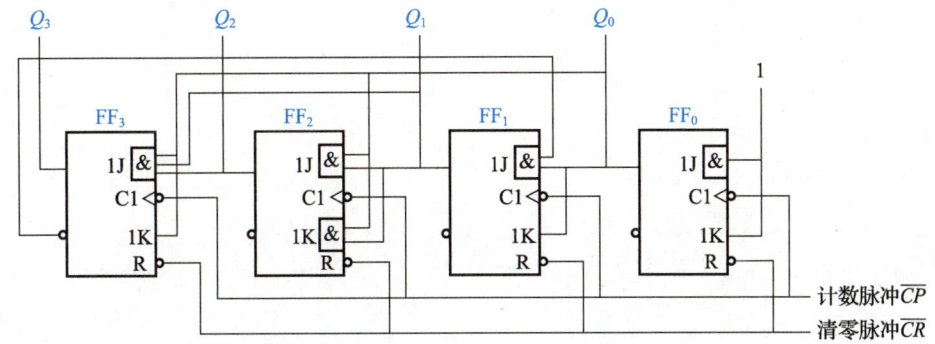

图 7-9　同步十进制加法计数器的电路结构

本任务的知识与技能要求如表 7-12 所示。

表 7-12　知识与技能要求

任务内容	掌握时序逻辑电路的应用	学习程度		
		识记	理解	应用
学习任务	时序逻辑电路的分析方法		●	
	时序逻辑电路的设计方法		●	
	寄存器和计数器		●	
实训任务	制作同步十进制加法计数器			●
自我勉励				

任务工单——制作同步十进制加法计数器

1. 知识准备

计数器是由触发器组成的时序逻辑电路,其功能是用触发器的状态记录输入端时钟脉冲的个数。十进制计数器是指用二进制代码来表示十进制数并进行计数的计数器,它通常采用 8421 码进行编码。

同步十进制加法计数器的状态转换表如表 7-13 所示。

表 7-13 同步十进制加法计数器的状态转换表

计数顺序	电路状态				等效十进制数
	Q_3	Q_2	Q_1	Q_0	
0	0	0	0	0	0
1	0	0	0	1	1
2	0	0	1	0	2
3	0	0	1	1	3
4	0	1	0	0	4
5	0	1	0	1	5
6	0	1	1	0	6
7	0	1	1	1	7
8	1	0	0	0	8
9	1	0	0	1	9

2. 工具和器材准备

准备任务实施所需的工具和器材,补全表 7-14。

表 7-14 工具和器材清单

名称	规格	型号	数量	名称	规格	型号	数量
数字电路实验系统			1 套	芯片		74LS11	1 个
数字万用表			1 台	芯片		74LS32	1 个
双 JK 触发器		74LS73	2 个	导线			
芯片		74LS08	2 个				

3. 任务实施

1) 连接电路

如图 7-9 所示连接电路,连接完毕并检查无误后,接通电源。

2) 测试电路

(1) 测试开始之前,首先将组装好的计数器清零,即在各触发器的 R 端输入清零脉冲，使 FF_0、FF_1、FF_2、FF_3 全部处于 0 状态。

（2）令 $J=K=1$，在各触发器的 CP 端输入 n 个时钟脉冲，然后用数字万用表测量各触发器 Q 端的电压，记录其逻辑值。

（3）将记录的逻辑值转换为十进制数，并将该十进制数与时钟脉冲的个数 n 进行比较，若它们相等，则表示该计数器的逻辑功能正常。

笔记

创想天地

根据上述测试结果，分析该计数器的特点，讨论其在工业生产和日常生活中有哪些应用。

4．任务评价

请指导教师按照学生的实际表现情况进行评价，并将评价结果填入表 7-15 中。学生结合自身表现和指导教师的评价，对本次任务进行总结。

表 7-15　考核评价表

评价项目	评价标准	满分/分	实际得分/分	教师评语
技能操作	正确连接同步十进制加法计数器电路	40		
	正确测试同步十进制加法计数器电路	40		
参与程度	认真参加活动，积极思考，主动与同学、指导教师进行交流，善于发现和解决问题	10		
合作意识	积极参与探讨，勇于接受任务，敢于承担责任	10		
总分		100		

相关知识

时序逻辑电路可分为同步时序逻辑电路和异步时序逻辑电路两类。在同步时序逻辑电路中,起存储作用的各触发器是在同一个时钟脉冲信号源的控制下工作的;而在异步时序逻辑电路中,各触发器的状态不是由同一个时钟脉冲信号源控制的。本任务主要介绍同步时序逻辑电路的分析和设计方法,下述时序逻辑电路均指同步时序逻辑电路。

7.2.1 时序逻辑电路的分析方法

分析时序逻辑电路的主要目的是确定其逻辑功能,即确定其输出状态,以及输出状态在输入状态和时钟脉冲信号作用下的变化规律。

1. 分析时序逻辑电路的一般步骤

分析时序逻辑电路的一般步骤如下。

(1)由给定的电路结构图列出每个触发器的驱动方程,即每个触发器输入信号的逻辑式。

(2)将得到的驱动方程代入相应触发器的特性方程,列出每个触发器的状态方程,从而得到整个时序逻辑电路的状态方程组。

(3)根据电路结构图和状态方程组列出时序逻辑电路的输出方程。

(4)当仅凭时序逻辑电路的输出方程不能完整地描述其逻辑功能时,可用状态转换表、状态转换图和时序图等来描述时序逻辑电路状态转换的全过程。

以某时序逻辑电路为例,其电路结构如图 7-10 所示。其中,JK 触发器 FF_0、FF_1、FF_2 均为下降沿触发器,输入端悬空时相当于输入高电平。

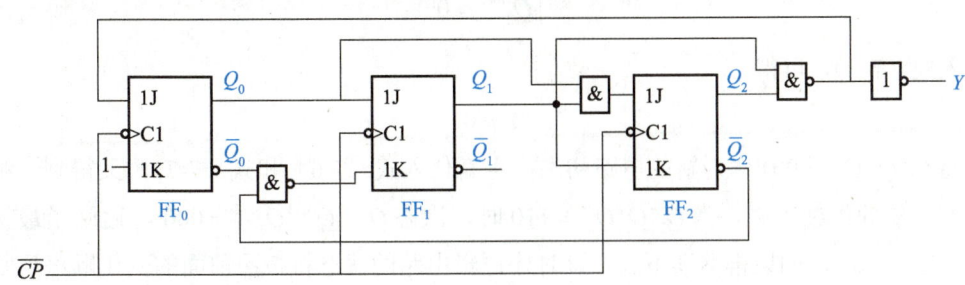

图 7-10 某时序逻辑电路的电路结构

由图 7-10 可得出该时序逻辑电路的驱动方程,即

$$\begin{cases} J_0 = \overline{Q_1 Q_2},\ K_0 = 1 \\ J_1 = Q_0,\ K_1 = \overline{\overline{Q_0}\ \overline{Q_2}} \\ J_2 = Q_0 Q_1,\ K_2 = Q_1 \end{cases} \tag{7-5}$$

将式（7-5）代入 JK 触发器的特性方程 $Q^{n+1} = J\overline{Q^n} + \overline{K}Q^n$ 中，可得出该时序逻辑电路的状态方程，即

$$\begin{cases} Q_0^{n+1} = \overline{Q_1^n Q_2^n \overline{Q_0^n}} \\ Q_1^{n+1} = Q_0^n \overline{Q_1^n} + \overline{Q_0^n \overline{Q_2^n}} Q_1^n \\ Q_2^{n+1} = Q_0^n Q_1^n \overline{Q_2^n} + \overline{Q_1^n} Q_2^n \end{cases} \quad (7-6)$$

由图 7-10 和以上状态方程可列出该时序逻辑电路的输出方程，即

$$Y = \overline{\overline{Q_1 Q_2}} = Q_1 Q_2 \quad (7-7)$$

2. 描述时序逻辑电路状态转换全过程的方法

描述时序逻辑电路状态转换全过程的方法主要有状态转换表、状态转换图和时序图等，下面分别进行介绍。

1）状态转换表

将时序逻辑电路的任何一组输入变量及电路初态的取值代入状态方程和输出方程，即可得到该时序逻辑电路初态和次态；以得到的次态作为新的初态，连同此时输入的取值一起代入状态方程和输出方程，则可得到新的次态。如此继续下去，将所有的计算结果以真值表的形式列出，即可得到该时序逻辑电路的状态转换表。

对于图 7-10 所示时序逻辑电路，由于其中无输入（注意：不要将 CP 当作输入，因为它只是控制 JK 触发器状态转换的操作信号），因此其次态和输出值只取决于初态。设该时序逻辑电路的初态为 $Q_2^n Q_1^n Q_0^n = 000$，将其代入式（7-6），可得

$$\begin{cases} Q_0^{n+1} = 1 \\ Q_1^{n+1} = 0 \\ Q_2^{n+1} = 0 \end{cases}$$

再代入式（7-7），可得

$$Y = 0$$

将 $Q_2^n Q_1^n Q_0^n = 001$ 作为新的电路初态，重新代入式（7-6）和式（7-7），又得到一组新的次态。如此继续下去，当 $Q_2^n Q_1^n Q_0^n = 110$ 时，次态 $Q_2^{n+1} Q_1^{n+1} Q_0^{n+1} = 000$，返回了最初设定的初态。此时，如果再继续下去，该时序逻辑电路的状态将按照前面的变化顺序反复循环，因此不需要继续进行下去了。由此可得出图 7-10 中的时序逻辑电路的状态转换表，如表 7-16 所示。

最后还要检查一下所得到的状态转换表中是否包含了该时序逻辑电路所有可能出现的状态。经检查发现，$Q_2^n Q_1^n Q_0^n$ 的组合状态共有 8 种，而根据上述计算过程列出的状态转换表中缺少了 $Q_2^n Q_1^n Q_0^n = 111$ 这一状态，将此状态代入式（7-6）和式（7-7），可得

$$\begin{cases} Q_0^{n+1} = 0 \\ Q_1^{n+1} = 0 \\ Q_2^{n+1} = 0 \\ Y = 1 \end{cases}$$

将这一结果补充到表 7-16 中,即可得到完整的状态转换表。

表 7-16　图 7-10 所示时序逻辑电路的状态转换表

Q_2^n	Q_1^n	Q_0^n	Q_2^{n+1}	Q_1^{n+1}	Q_0^{n+1}	Y
0	0	0	0	0	1	0
0	0	1	0	1	0	0
0	1	0	0	1	1	0
0	1	1	1	0	0	0
1	0	0	1	0	1	0
1	0	1	1	1	0	0
1	1	0	0	0	0	1
1	1	1	0	0	0	1

为了较为直观地体现时序逻辑电路状态转换的顺序,状态转换表还可以列成如表 7-17 所示的形式。从表 7-17 中可以看出,该时序逻辑电路每经过 7 个时钟脉冲,其状态循环变化 1 次,因此该时序逻辑电路具有计数功能。同时,由于每经过 7 个时钟脉冲,该时序逻辑电路的输出端就会输出 1 个脉冲(由 0 变 1,再由 1 变 0),因此这是 1 个七进制计数器,Y 端的输出就是进位脉冲。

表 7-17　图 7-10 所示时序逻辑电路状态转换表的另一种形式

CP 的顺序	Q_2	Q_1	Q_0	Y
0	0	0	0	0
1	0	0	1	0
2	0	1	0	0
3	0	1	1	0
4	1	0	0	0
5	1	0	1	0
6	1	1	0	1
7	0	0	0	0
1	1	1	1	1
2	0	0	0	0

2)状态转换图

为了更加形象、直观地描述时序逻辑电路的逻辑功能,可进一步将状态转换表的内容用状态转换图来表示。

如图 7-11 所示为图 7-10 所示时序逻辑电路的状态转换图。在该状态转换图中，圆圈表示电路的各个状态，箭头表示状态转换的方向。同时，在箭头旁注明状态转换前的输入变量取值和输出值，并用斜线分隔。通常将输入变量的取值标在斜线左侧（无输入变量时无须标注），输出值标在斜线右侧。

3）时序图

为了便于用实验观察的方法来检查时序逻辑电路的逻辑功能，还可以将状态转换表的内容用时间波形来表示。这种在输入信号和时钟脉冲信号的作用下，时序逻辑电路的状态和输出值随时间变化的波形图称为时序图。如图 7-12 所示为图 7-10 所示时序逻辑电路的时序图。

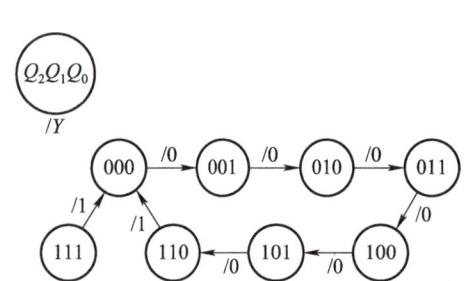

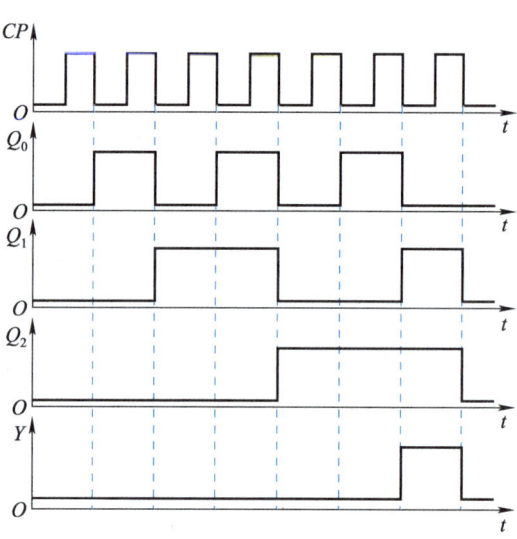

图 7-11 图 7-10 所示时序逻辑电路的状态转换图　　图 7-12 图 7-10 所示时序逻辑电路的时序图

7.2.2 时序逻辑电路的设计方法

在设计时序逻辑电路时，设计者应根据给定的逻辑功能要求，设计出能实现这些逻辑功能的时序逻辑电路。

设计的时序逻辑电路应力求简单。当选用小规模集成电路来设计时序逻辑电路时，其最简的标准是所用触发器和门电路的数量最少，而且触发器和门电路的输入端数量也最少。当选用中、大规模集成电路来设计时序逻辑电路时，其最简的标准则是使用集成电路的数量和种类都最少，而且各集成电路之间的连线也最少。

时序逻辑电路的设计方法一般如下。

1. 建立状态转换图或状态转换表

根据具体的逻辑功能要求建立时序逻辑电路的状态转换图或状态转换表，就是将要实现的时序逻辑功能用状态转换图或状态转换表等来表示，具体方法如下。

（1）明确具体的逻辑功能要求，确定电路的输入变量、输出值及电路状态的数量和类型。

（2）定义输入、输出的逻辑状态及每个逻辑状态的含义，并将不同的逻辑状态按顺序编号。可以先假定一个初始状态，以该状态为初态，根据输入条件确定电路输出的次态，以此类推，直至确定全部状态。

（3）建立状态转换图，并根据状态转换图建立状态转换表。

2. 状态化简

若时序逻辑电路的两个状态在相同的输入下有相同的输出，并且能够转换为相同的状态，则这两个状态称为等价状态。将时序逻辑电路状态中的等价状态合并的过程称为状态化简，通过状态化简可以得到最简状态转换图，从而使设计出来的时序逻辑电路更简单。

3. 状态分配

状态分配又称状态编码，是为时序逻辑电路的每个状态指定一个特定的二进制代码。时序逻辑电路的不同状态是用不同的触发器状态组合而成的。状态分配的一般方法如下。

（1）确定触发器的数量。n 个触发器有 2^n 种状态组合，因此为了获得时序逻辑电路所需的 M 个状态，须取 $2^{n-1} < M \leqslant 2^n$。

（2）为时序逻辑电路的每个状态指定对应的触发器状态组合，即指定一个二进制代码，使每组触发器的状态组合都是一个二进制代码。当 $M \leqslant 2^n$ 时，从 2^n 个二进制代码中选取 M 个来对应不同的状态，则状态分配方案有很多种。因此，选择合适的状态分配方案，可使设计的时序逻辑电路相对简单。

状态分配完成后，状态转换图或状态转换表中的字符便可替换成对应的二进制代码。

4. 选定触发器的类型

在设计具体的时序逻辑电路前，需要选定触发器的类型。此时，应考虑触发器的供货情况，并尽量减少所用触发器的类型。

5. 确定电路的状态方程、驱动方程和输出方程

根据状态转换图或状态转换表、分配的二进制代码、触发器的类型，可列出时序逻辑电路的驱动方程、状态方程和输出方程。

6. 绘制电路结构图

根据时序逻辑电路的驱动方程、状态方程和输出方程，可绘制该时序逻辑电路的电路结构图。

📋 笔记

经验传承

有些时序逻辑电路在设计时会出现没有用到的无效状态，它们在通电后可能会陷入这些无效状态而不能退出。因此，在设计出时序逻辑电路的电路结构图后，应检查其是否能进入有效状态，即是否具有自启动功能。若不能自启动，则应在该时序逻辑电路开始工作时，通过预置数将其状态置为有效状态，或者修改设计。

7.2.3 时序逻辑电路的典型应用

1. 寄存器

寄存器主要用来暂时存放一组二进制代码，它由若干触发器组成。1 个触发器可存放 1 位二进制代码，用 n 个触发器便可组成 1 个 n 位二进制寄存器。对于寄存器中的触发器，只要求它们具有置 1、置 0 功能。无论是电平触发式触发器，还是边沿触发式触发器，都可以组成寄存器。寄存器可分为数码寄存器和移位寄存器两种，下面分别进行介绍。

1）数码寄存器

如图 7-13 所示为 4 位数码寄存器的电路结构，该数码寄存器由 4 个 D 触发器组成。其中，$D_0 \sim D_3$ 为输入信号，$Q_0 \sim Q_3$ 为输出信号，时钟脉冲同时输入到各个触发器的 CP 端。该数码寄存器的功能如下。

（1）清零。当 $\overline{R_D}$ 为低电平时，可使各触发器清零，即 $Q_3Q_2Q_1Q_0 = 0000$。清零后 $\overline{R_D}$ 应为高电平，以允许数码寄存。

（2）并行数据输入。当 $\overline{R_D}$ 为高电平时，可通过发出一个时钟脉冲 CP，将要存入的二进制代码 $D_3D_2D_1D_0$ 输入。在时钟 CP 脉冲的下降沿，这些二进制代码将被并行存入数码寄存器。

（3）记忆保持。当 $\overline{R_D}$ 为高电平时，若无时钟脉冲 CP 的下降沿，则各触发器将保持原状态不变，该数码寄存器将处于记忆保持状态。

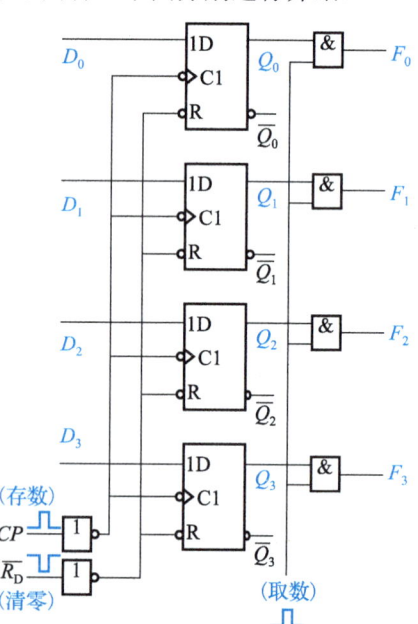

图 7-13 4 位数码寄存器的电路结构

（4）并行输出。当需要取出二进制代码时，可向各触发器发出 1 个取数正脉冲，使 4 个与门全部打开，原来存入的二进制代码将同时并行输出。

2）移位寄存器

移位寄存器除了可以存放二进制代码外，还具有移位的功能。所谓移位，就是寄存器里存储的二进制代码能在时钟脉冲的作用下向右或向左移动。

如图 7-14 所示为 4 位左移寄存器的电路结构，该移位寄存器由 4 个 D 触发器组成。其中，右侧触发器的 Q 端依次与左侧相邻触发器的 D 端相连。当待移位的二进制代码从高位依次输入到触发器的 D 端时，输入时钟脉冲 CP 可将这些二进制代码依次向左移位。

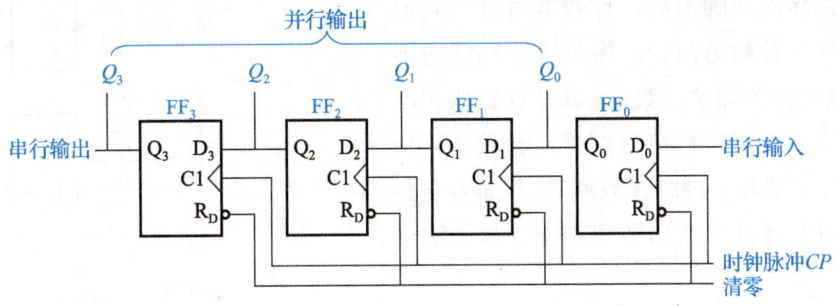

图 7-14　4 位左移寄存器的电路结构

例如，设 4 位左移寄存器的初始状态为 0000，该移位寄存器存储二进制代码 1011 的过程如下。

第 1 个待寄存的二进制代码为 1，即 $D_0=1$。当输入第 1 个时钟脉冲时，$Q_0=D_0=1$，移位寄存器的状态为 0001。

第 2 个待寄存的二进制代码为 0，即 $D_0=0$、$D_1=Q_0=1$。当输入第 2 个时钟脉冲时，$Q_1=D_1=1$、$Q_0=D_0=0$，移位寄存器的状态为 0010。

同理，当输入第 3 个时钟脉冲时，移位寄存器的状态为 0101；当输入第 4 个时钟脉冲时，移位寄存器的状态为 1011，二进制代码 1011 便自右向左依次存入了移位寄存器中。

如表 7-18 所示为 4 位左移寄存器的状态转换表。

表 7-18　4 位左移寄存器的状态转换表

时钟脉冲数	寄存器中的二进制代码				移位过程
	Q_3	Q_2	Q_1	Q_0	
0	0	0	0	0	清零
1	0	0	0	1	左移 1 位
2	0	0	1	0	左移 2 位
3	0	1	0	1	左移 3 位
4	1	0	1	1	左移 4 位

点　拨

对于上述移位寄存器，若从 4 个触发器的 Q 端直接读取二进制代码，这种输出方式称为并行输出；若只从 Q_3 端读取二进制代码，则必须再输入 4 个时钟脉冲，使所存二进制代码从 Q_3 端由高位至低位依次输出，这种输出方式称为串行输出。

2. 计数器

计数器是一种用于累计输入脉冲个数的时序逻辑电路，它以具有记忆功能的触发器作为基本计数单元。

根据翻转次序的不同，计数器可分为同步计数器和异步计数器两种；根据计数规则的不同，计数器可分为加法计数器、减法计数器和可逆计数器等；根据计数数制的不同，计数器可分为二进制计数器和十进制计数器等。下面主要介绍同步二进制加法计数器和同步十进制加法计数器。

1）同步二进制加法计数器

将计数脉冲的输入端与各触发器的 CP 端相连，在计数脉冲 $\overline{CP}$ 的触发下，所有能翻转的触发器同时动作，这种结构的计数器称为同步计数器。

4 个 T 触发器可组成 1 个 4 位同步二进制加法计数器，其电路结构如图 7-15 所示。

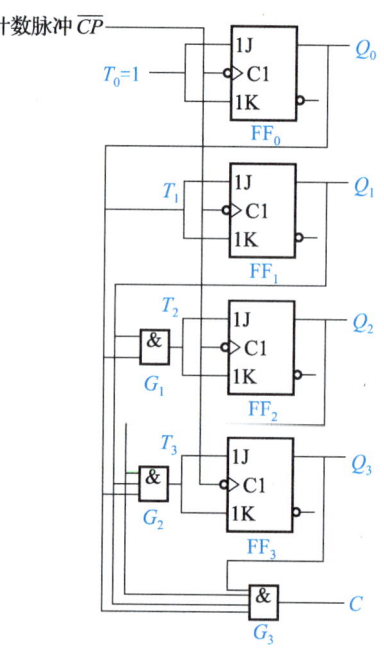

图 7-15 4 位同步二进制加法计数器的电路结构

同步二进制加法计数器的驱动方程为

$$\begin{cases} T_0 = 1 \\ T_1 = Q_0 \\ T_2 = Q_0 Q_1 \\ T_3 = Q_0 Q_1 Q_2 \end{cases} \tag{7-8}$$

将式（7-8）代入 T 触发器的特性方程，可得同步二进制加法计数器的状态方程，即

计数器的应用

$$\begin{cases} Q_0^{n+1} = \overline{Q_0^n} \\ Q_1^{n+1} = Q_0^n \overline{Q_1^n} + \overline{Q_0^n} Q_1^n \\ Q_2^{n+1} = Q_0^n Q_1^n \overline{Q_2^n} + \overline{Q_0^n Q_1^n} Q_2^n \\ Q_3^{n+1} = Q_0^n Q_1^n Q_2^n \overline{Q_3^n} + \overline{Q_0^n Q_1^n Q_2^n} Q_3^n \end{cases} \tag{7-9}$$

由此可建立 4 位同步二进制加法计数器的状态转换表，如表 7-19 所示。

表 7-19　4 位同步二进制加法计数器的状态转换表

计数顺序	电路状态				等效十进制数	进位输出 Y
	Q_3	Q_2	Q_1	Q_0		
0	0	0	0	0	0	0
1	0	0	0	1	1	0
2	0	0	1	0	2	0
3	0	0	1	1	3	0
4	0	1	0	0	4	0
5	0	1	0	1	5	0
6	0	1	1	0	6	0
7	0	1	1	1	7	0
8	1	0	0	0	8	0
9	1	0	0	1	9	0
10	1	0	1	0	10	0
11	1	0	1	1	11	0
12	1	1	0	0	12	0
13	1	1	0	1	13	0
14	1	1	1	0	14	0
15	1	1	1	1	15	1
16	0	0	0	0	0	0

如图 7-16 和图 7-17 所示分别为 4 位同步二进制加法计数器的状态转换图和时序图。从图中可以看出，若计数脉冲的输入频率为 f_0，则 Q_0、Q_1、Q_2 和 Q_3 的输出频率依次为 $f_0/2$、$f_0/4$、$f_0/8$ 和 $f_0/16$，这种具有分频功能的计数器又称分频器。计数器中能累计的最大数称为计数器的容量，n 位二进制计数器的容量为 $2^n - 1$。

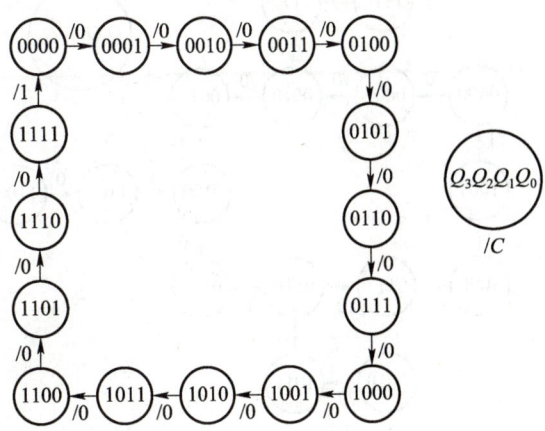

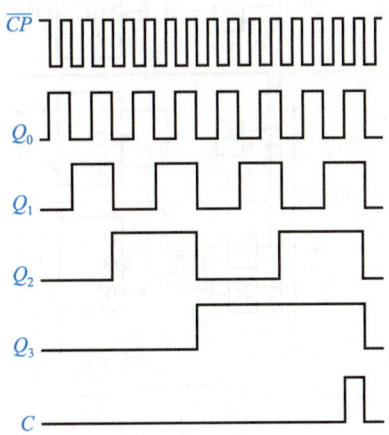

图 7-16　4 位同步二进制加法计数器的状态转换图　　图 7-17　4 位同步二进制加法计数器的时序图

2）同步十进制加法计数器

如图 7-18 所示为同步十进制加法计数器的电路结构。与同步二进制加法计数器相比，同步十进制加法计数器在第 10 个脉冲到来时的输出将由 1001 恢复为 0000，而不会变为 1010。

同步十进制加法计数器的驱动方程为

十进制计数器

$$\begin{cases} T_0 = 1 \\ T_1 = Q_0 \overline{Q_3} \\ T_2 = Q_0 Q_1 \\ T_3 = Q_0 Q_1 Q_2 + Q_0 Q_3 \end{cases} \quad （7\text{-}10）$$

将式（7-10）代入 T 触发器的特性方程，可得同步十进制加法计数器的状态方程，即

$$\begin{cases} Q_0^{n+1} = \overline{Q_0^n} \\ Q_1^{n+1} = Q_0^n \overline{\overline{Q_3^n} \, \overline{Q_1^n}} + \overline{Q_0^n \overline{Q_3^n}} Q_1^n \\ Q_2^{n+1} = Q_0^n \overline{Q_1^n \overline{Q_2^n}} + \overline{Q_0^n Q_1^n} Q_2^n \\ Q_3^{n+1} = (Q_0^n Q_1^n Q_2^n + Q_0^n Q_3^n) \overline{Q_3^n} + \overline{(Q_0^n Q_1^n Q_2^n + Q_0^n Q_3^n)} Q_3^n \end{cases} \quad （7\text{-}11）$$

由式（7-11）可得同步十进制加法计数器的状态转换图，如图 7-19 所示。如表 7-20 所示为同步十进制加法计数器的状态转换表。

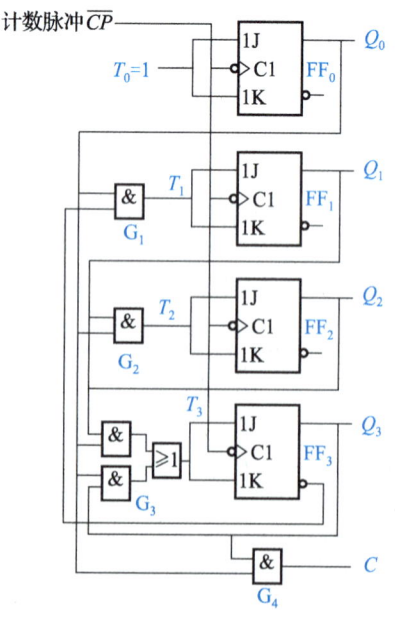

图 7-18　同步十进制加法计数器的电路结构

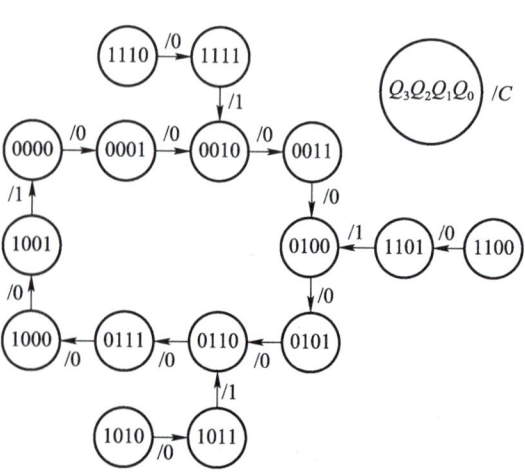

图 7-19　同步十进制加法计数器的状态转换图

表 7-20 同步十进制加法计数器的状态转换表

计数顺序	电路状态				等效十进制数	进位输出
	Q_3	Q_2	Q_1	Q_0		C
0	0	0	0	0	0	0
1	0	0	0	1	1	0
2	0	0	1	0	2	0
3	0	0	1	1	3	0
4	0	1	0	0	4	0
5	0	1	0	1	5	0
6	0	1	1	0	6	0
7	0	1	1	1	7	0
8	1	0	0	0	8	0
9	1	0	0	1	9	1
10	0	0	0	0	0	0
0	1	0	1	0	10（无效）	0
1	1	0	1	1	11（无效）	1
2	0	1	1	0	6	0
0	1	1	0	0	12（无效）	0
1	1	1	0	1	13（无效）	1
2	0	1	0	0	4	0
0	1	1	1	0	14（无效）	0
1	1	1	1	1	15（无效）	1
2	0	0	1	0	2	0

表 7-20 中有 6 个无效状态，这是因为 4 个触发器共有 16 个状态组合，除去 10 个有效状态后，剩下的无效状态依然可能在电路中出现。但当以无效状态作为初始状态时，经过几个计数脉冲后，触发器的状态会回归为有效状态。

笔记

综合测试

1. 填空题

（1）触发器具有_____个稳定状态，在输入信号消失后，它能保持_____不变。

（2）具有置 0、置 1 功能的触发器是_____。

(3)时序逻辑电路在任何时刻的输出信号,既与该时刻的_____有关,也与信号作用前一时刻的_____有关。

(4)同步 RS 触发器的特性方程为_____;JK 触发器的特性方程为_____;D 触发器的特性方程为_____;T 触发器的特性方程为_____。

(5)寄存器可分为_____寄存器和_____寄存器两种,其中_____寄存器具有存储二进制代码和移位功能。若要组成 n 位二进制寄存器,则需要_____个触发器。

2. 解答题

(1)绘制如图 7-20(a)所示与非门基本 RS 触发器的输出 Q 和 $\overline{Q}$ 的电压波形,其中输入 $\overline{S}$ 和 $\overline{R}$ 的电压波形如图 7-20(b)所示。

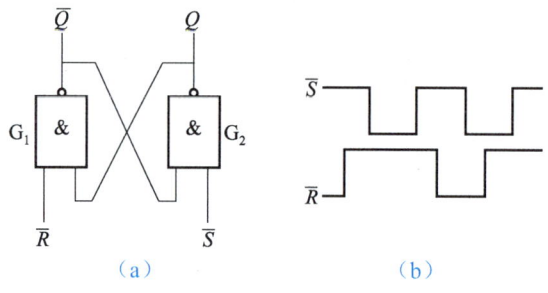

图 7-20 题(1)图

(2)试分析如图 7-21 所示的电路,并说明其逻辑功能。

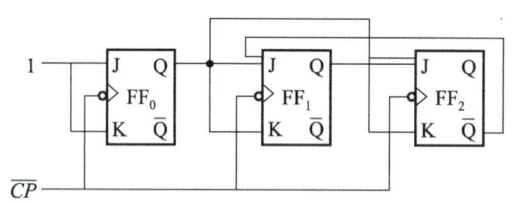

图 7-21 题(2)图

(3)试分析如图 7-22 所示时序逻辑电路的逻辑功能,列出其驱动方程、状态方程和输出方程,绘制该电路的状态转换图。其中,A 为输入逻辑变量。

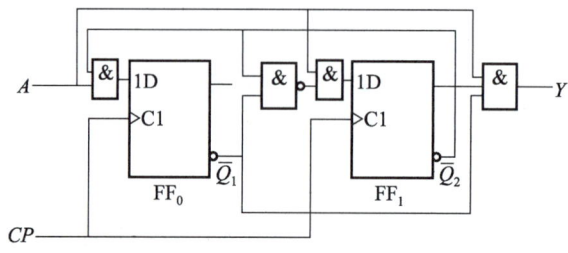

图 7-22 题(3)图

学习成果评价

指导教师根据学生对本项目的实际学习成果对其进行评价,学生配合指导教师共同完成如表 7-21 所示的学习成果评价表。

表 7-21 学习成果评价表

班级		组号		日期	
姓名		学号		指导教师	
学习成果/项目名称		触发器与时序逻辑电路			
评价项目	评价内容		评价方式	满分/分	评分/分
知识 40%	基本 RS 触发器		理论测试	4	
	同步 RS 触发器			4	
	JK 触发器			4	
	D 触发器和 T 触发器			4	
	时序逻辑电路的分析方法			6	
	时序逻辑电路的设计方法			6	
	寄存器			6	
	计数器			6	
技能 40%	测试触发器的逻辑功能		实践操作	20	
	制作同步十进制加法计数器			20	
素养 20%	积极参加教学活动,主动学习、思考、讨论		综合评判	6	
	认真负责,按时完成学习、实践任务			4	
	团结协作,与组员之间密切配合			4	
	服从指挥,遵守课堂和实训室纪律			4	
	守正创新,自信自强			2	
合计				100	
自我评价					
教师评价					

249

参考文献

[1] 林平勇，高嵩. 电工电子技术 [M]. 5版. 北京：高等教育出版社，2019.

[2] 申凤琴. 电工电子技术基础 [M]. 3版. 北京：机械工业出版社，2018.

[3] 徐淑华. 电工电子技术 [M]. 4版. 北京：电子工业出版社，2017.

[4] 李伟廷，汝晓艳，岳涵. 电工电子技术 [M]. 4版. 北京：航空工业出版社，2020.

[5] 曹建林，魏巍. 电工电子技术 [M]. 北京：高等教育出版社，2017.